ARM Cortex-M0 嵌入式系统开发与实践

——基于 NXP LPC1100 系列

韩春贤　刘兴杰　韩艳君　编著

北京航空航天大学出版社

内容简介

本书强调基础知识，侧重实际应用，深入浅出地介绍了 NXP LPC1100 系列芯片的应用。全书共 15 章，第 1 章概述 NXP LPC1100 芯片，通过与单片机对比体现其优势。第 2～5 章分别介绍 Cortex-M0 体系结构、LPC1100 硬件结构、低功耗特性、嵌入式 C 语言语法结构。第 6 章介绍 NXP LPCXpresso-CN 和 LPCXpresso 两个开发平台。第 7～14 章介绍 LPC1100 基本外设，将实验合理地穿插在每个任务中，结合作者多年的设计经验讲述典型应用程序设计思路并给出源代码。第 15 章以一款 LED 电子胸牌的应用案例给读者提供更大的发挥空间。本书共享所有程序源代码，读者可到北京航空航天大学出版社网站下载。

本书语言简洁，思路清晰，可作为高等院校电子工程、自动化、电气工程、计算机科学与技术等专业的教材和参考书，也可作为 Cortex-M0 和 LPC1100 系列相关工程技术人员的参考书。

图书在版编目(CIP)数据

ARM Cortex-M0 嵌入式系统开发与实践 ：基于 NXP LPC1100 系列 / 韩春贤等编著. -- 北京 ：北京航空航天大学出版社，2013.8

ISBN 978-7-5124-1201-9

Ⅰ. ①A… Ⅱ. ①韩… Ⅲ. ①微处理器－系统设计 Ⅳ. ①TP332

中国版本图书馆 CIP 数据核字(2013)第 164116 号

ARM Cortex-M0 嵌入式系统开发与实践——基于 NXP LPC1100 系列

韩春贤 刘兴杰 韩艳君 编著

责任编辑 刘晓明

*

北京航空航天大学出版社出版发行

北京市海淀区学院路 37 号(邮编 100191) http://www.buaapress.com.cn

发行部电话：(010)82317024 传真：(010)82328026

读者信箱：emsbook@gmail.com 邮购电话：(010)82316936

涿州市新华印刷有限公司印装 各地书店经销

*

开本：710×1 000 1/16 印张：20.75 字数：442 千字

2013 年 8 月第 1 版 2013 年 8 月第 1 次印刷 印数：3 000 册

ISBN 978-7-5124-1201-9 定价：45.00 元

前　言

随着嵌入式技术的快速发展，要求嵌入式产品界面更友好，功能更强大，因此市场对更高性能、更低价格、更低功耗的 MCU 的需求越来越强烈。恩智浦半导体(NXP Semiconductors)公司开始寻找 8 位单片机的替代品，虽然现在基于 Cortex - M3 内核的 32 位芯片在市场上越来越流行，价格也比 ARM7 时代降低不少，能够替代部分高端 8 位和 16 位 MCU 市场，但其相比低端的 8 位单片机市场应用仍然没有优势，不能完全满足更低价格的要求，不能成为 8 位单片机的替代品。为了进一步占领低端市场，ARM 公司在 2009 年 2 月推出了 Cortex - M0 处理器，它是市场上现有的内核最小、能耗最低、价格最低的 ARM 处理器。该处理器能耗非常低、门数量少、代码占用空间小，使得 MCU 开发人员能够以 8 位处理器的价位，获得 32 位处理器的性能。超低门数还使其能够用于模拟信号设备和混合信号设备及 MCU 应用中，可望明显节约系统成本。

NXP 公司推出世界首款功能性 ARM Cortex - M0 硅芯片。Cortex - M0 处理器在小尺寸、低功耗和高能效方面取得重大突破，其简约的特性使之成为当今市场上最方便易用的架构之一。作为第一家 Cortex - M0 处理器授权合作方，2009 年 NXP 公司在硅谷嵌入式系统大会第 1010 展台展示功能完善的 Cortex - M0 硅芯片，重点展示 Cortex - M0 处理器的能效表现以及在代码密度方面的重大改进；2010 年初，在市场上广泛推出基于 Cortex - M0 处理器的 LPC1100 系列产品，目标市场包括电池供电的产品应用、电子计量、消费电子外围设备、远程传感器以及几乎所有的 16 位应用；随后不断扩展，陆续推出 LPC1200、LPC11C00、LPC11U00、LPC11A00、LPC11D00 等系列产品，引起业界广泛关注。现在已有多家公司获得 Cortex - M0 处理器授权，比如新唐科技、ST 等。

目前 MCU 更新很快，虽然各官方网站有相关的技术资料，但 Cortex - M0 内核的 NXP LPC1100 系列芯片的书籍还比较少，特别是适合初学者和作为学校教材的书籍更是罕见。为了解决这一问题，从初学者的角度出发，我们以多年的项目开发经验和教学研究经验为基础，汇总了近几年积累的数十家企业对嵌入式产品的要求，进行了深入的研究，编写了这本书。

本书介绍了基于 Cortex - M0 内核的 NXP 公司生产的 LPC1100 系列产品的应用，强调基础知识，侧重实际应用，提供程序源代码。本书共有 15 章，各章内容安排如下：

第1章是对NXP LPC1100系列芯片的特点、内部结构、家族进行介绍，特别是与单片机对比介绍了LPC1100芯片的优势，并对LPC1100系列芯片的应用领域做了详细的介绍。

第2章介绍内核Cortex－M0体系结构，分别介绍了ARM家族系列版本，Cortex－M0处理器的结构特点、优势，Cortex－M0支持的数据类型、工作模式、堆栈、存储模式和寄存器组。

第3章介绍的LPC1100硬件结构包括引脚封装、存储器、复位系统和时钟系统。

第4章介绍LPC110芯片低功耗性能管理，具体介绍了LPC1100的几种节能模式，并通过实验进行低功耗分析，说明LPC110芯片低功耗特性。

第5章介绍LPC1100系列支持语言，详细介绍汇编语言指令集和编程结构、嵌入式C语言编程结构和相关知识，以及CMSIS库。

第6章介绍两个常用的LPC1100系列芯片开发平台，一个是NXP LPCXpresso－CN开发平台，包括硬件开发平台、开发环境和调试工具；第二个是LPCXpresso开发平台，包括硬件开发平台、开发环境和调试工具。

第7章介绍LPC1100系列芯片的最小系统组成。

第8章介绍LPC1100系列的GPIO接口应用，包括GPIO引脚、寄存器的使用，并以驱动LED亮灭为实例介绍应用程序的设计。

第9章介绍LPC1100系列芯片中断系统，详细介绍了中断概念、异常类型、中断机制、中断源、中断相关寄存器，特别重点介绍外部中断寄存器和外部中断应用程序设计。

第10章介绍LPC1100系列芯片定时器，包括通用定时器、2个32位定时器、2个16位定时器、系统定时器以及看门狗定时器，具体介绍了通用定时器的寄存器、初始化程序和定时器应用设计。

第11章介绍LPC1100异步串行通信UART，详细介绍了串行通信相关的引脚、寄存器使用方法和应用程序设计。

第12章介绍I^2C总线串行通信，详细介绍了I^2C相关引脚、I^2C总线特性和应用程序设计。

第13章介绍SSP同步串行通信，详细介绍了SSP引脚、传输数据格式、寄存器、中断模式和应用程序设计。

第14章介绍了LPC1100系列芯片的ADC引脚、寄存器、中断设置和应用程序设计。从第8章到第14章都是采用基于任务驱动的方式深入浅出地介绍了基本外设。

第15章是关于LED电子胸牌的具体应用实例分析，通过这个具体实例的开发过程，使读者进一步了解LPC1100系列芯片嵌入式系统开发的过程和提高读者的开发技术水平。

在本书的编写过程中得到了各方面的大力支持和帮助。首先得到了NXP公司的大力支持，为我们提供了开发板和调试器，特别要感谢NXP公司的资深工程师、经理王朋朋以及张宇、辛华锋给予的很多指导和大力支持，同时也非常感谢北京品佳电子资深经理何悦生以及李鹏辉、李廷耀为我们提供实验环境和很多技术前沿信息。其次感谢天津冶金职业技术学院电子信息工程系张涛主任、赵喆老师给予的鼓励与支持。还要感谢以下人员的支持：汤荣秀、王阔、韩翠玉、徐登、王淑玲、张艳丽、赵静、曹玲换、韩增元、尹杰、韩金芬、崔丹丹、李静、高丽萍、李森、王海强、李振杰等。最后感谢北京航空航天大学出版社的编辑对本书出版做出的有益建议和大量的帮助。

本书由韩春贤制定了目录，设计写作思路和风格，对全书进行统稿，并编写了第2～10章、附录A和附录B。韩艳君编写了第1章。刘兴杰编写了第11～15章。

由于时间仓促，加上作者编写水平有限，书中难免存在一些缺陷和不妥之处，恳请广大读者批评指正。有兴趣的朋友，请发送邮件到bhcbslx@sina.com，与本书策划编辑进行交流。

韩春贤

2013年5月

本教材还配有教学课件，需要用于教学的教师，请与北京航空航天大学出版社联系。北京航空航天大学出版社联系方式如下：

通信地址：北京市海淀区学院路37号北京航空航天大学出版社嵌入式系统事业部

邮编：100191

电话：010－82317035

传真：010－82328026

E－mail：emsbook@gmail.com

目 录

第 1 章

NXP LPC1100 系列芯片概述

学习目标：初步认识 NXP LPC1100 系列芯片。

学习内容：1. NXP LPC1100 系列芯片的特点；

2. 内部结构及其家族；

3. 典型电路。

NXP LPC1100 系列芯片采用体积更小、功耗更低、能效更高的新型 ARM 内核——Cortex－M0 架构，是电池供电的消费类电子设备、智能仪表、电机控制等设备的理想之选，它已经成为当前非常热门的技术领域之一，受到业界的广泛关注。因此，学习此技术已成为嵌入式系统开发工程师的当务之急。

NXP LPC1100 系列芯片结构图如图 1.1 所示。

图 1.1　LPC1100 系列芯片结构图

1.1　NXP 公司简介

NXP 公司是一家新近独立的半导体公司，由 Philips 公司创立，Philips 公司已拥有 50 年的悠久历史。NXP 公司主要提供各种半导体产品与软件，为移动通信、消费类电子、安全应用、非接触式付费与连线，以及车内娱乐与网络等产品带来更优质的感知体验。其共有25 000多项专利，全球超过 24 个研发中心，有 10 座晶圆厂以及 8 个测试与组装基地；拥有 50 多家直接客户，占营收 70 %，其中包括 Apple、Bosch、Dell、Erisson、Flextronics、FoxConn、Nokia、Philips、Samsung、Siemens 和 Sony 等公司。此外，通过 NXP 公司半导体经销伙伴往来的客户达 30 000 多家，这些经销伙伴包括 Arrow、Avnet、Future、SAC 和 WPG 等。

NXP 公司是业界最丰富的多重市场半导体产品的供应商之一，产品包含从基础器件（如计时器与放大器）到可提升媒体处理、无线连接与宽带通信等功能复杂的芯片等。这些产品专为节省空间与延长电池使用时间所设计，带来了能够根据客户需求量身定制的解决方案，也让最后的修改变得更加简单。

1.2 NXP LPC1100 系列芯片简介

1.2.1 NXP LPC1000 系列概述

LPC1000 系列包括 LPC1100、LPC1300 和 LPC1700 三个系列芯片。LPC1000 系列采用 ARM Cortex－M0/M3 处理器，是 NXP 目前最新的 ARM 微控制器产品。LPC1000 的三个系列各具特色，如图 1.2 所示。其高达 100 MHz 的运行速度、紧凑的尺寸、极高的能效与性能，使它特别适合 SoC、ASSP 和独立微控制器中的电源管理任务，主要应用在电池供电的消费类电子设备、高级电子仪表、安检系统、便携式医疗设备、电机控制、智能卡、无线通信等领域。据相关第三方发布的统计报告显示，在中国大陆，上述市场未来有很大增长潜力。

Cortex-M0 40~50 MHz LPC1100	Cortex-M3 60~70 MHz LPC1300	Cortex-M3 100 MHz以上 LPC1700
低功耗 16位应用 传感器 电池供电	混合信号 16/32位应用 人机接口 电源管理	高性能 快速通信 工业控制 电机控制

图 1.2 NXP 公司 LPC1000 系列芯片

LPC1000 系列产品具有先进高端的外设，可快速并行操作（100 Mbit Ethernet 及全速 USB），同时操作以太网、USB On－The－Go/Host/Device 和 CAN 等高带宽通信外设时，不会发生通信瓶颈。为强化通信性能，该系列产品结合了高性能、低功耗和众多的接口设备，被设计用来为那些要求高速并同时进行通信的应用提供灵活性。内建的以太网 MAC、On－The－Go USB、CAN，以及大量的标准外设：I^2C、I^2S、SPI、SSP、UART、SD、PWM、ADC，使得嵌入式系统设计师能够在不损失任何性能的前提下减少芯片上的组件数量，并且同时具备最完善的设备性能。针对医疗电子产品,NXP 公司还推出高速率的模/数转换接口产品以及无线传输组件,以支持市场的发展。图 1.3 为三款芯片外观图。

图 1.3 LPC1000 三个系列典型芯片

1.2.2 NXP LPC1100 系列特点

LPC1100 是 NXP 公司最早推出的基于 Cortex－M0 内核的低端产品的芯片。LPC1100 是市场上定价最低的 32 位微控制器解决方案,性能卓越、简单易用、功耗低。更重要的是,它能显著降低所有 8/16 位微控制器应用的代码长度,其价值和易用性比现有的 8/16 位微控制器更胜一筹。

LPC1100 系列每秒 4 500 多万条指令的傲人性能让 8 位(每秒不到 100 万条指令)及 16 位(每秒 300 万～500 万条指令)微控制器相形见绌;LPC1100 不仅能执行基本的控制任务,而且能进行复杂运算,即便最复杂的任务也能轻松应付。执行效率的提高直接转化为能耗的降低,实现该性能水平的 LPC1100 频率为 50 MHz,其功耗也得到了很大程度的优化,仅需不到 10 mA 的电流。

1.2.3 NXP LPC1300 系列特点

LPC1300 系列是基于第一代 ARM Cortex－M3 内核的微控制器,其系统性能大大提高,增强了调试特性,令所支持模块的集成级别更高,其最大亮点在于具有极高的代码集成度和极低的功耗。

LPC1300 系列 ARM 微控制器针对嵌入式 16 位和 32 位应用而设计,工作频率高达 70 MHz,功耗约为 200 μA/MHz,提供先进的电源管理和极高的集成度;具有三级流水线功能,并采用支持独立本地指令和数据总线以及用于外设的第三条总线的哈佛架构,使得代码执行速度高达 1.25 MIPS/MHz;此外,还包括了一个内部预取单元,支持预测分支操作。

1.2.4 NXP LPC1700 系列特点

LPC1700 系列 ARM 是基于第二代 ARM Cortex－M3 内核的微控制器,是为嵌入式系统应用而设计的高性能、低功耗的 32 位微处理器。根据嵌入式微处理器基准协会(EEMBC)测试结果显示,当以相同时钟速度运行时,LPC1700 执行应用程序代码的速度比其他主要 Cortex－M3 竞争产品平均快 35 %。当 LPC1700 以较高时钟速度运行时，其性能优势愈加显著。目前 LPC1700 已通过 EEMBC 72 MHz、100 MHz和 120 MHz 认证。速度和效能的提高主要归功于该微控制器的智能架构、灵活的直接存储访问(DMA)和市场最佳闪存的使用。

LPC1700 系列采用三级流水线、哈佛结构，带独立的本地指令和数据总线以及用于外设的低性能的第三条总线，代码执行速度高达 1.25 MIPS/MHz，并包含一个支持随机跳转的内部预取指单元。LPC1700 系列增加了一个专用的 Flash 存储器加速模块，使得在 Flash 中运行代码能够达到较理想的性能。

1.2.5 LPC1100/1300/1700 系列的区别

三个系列的主要区别如表 1.1 所列。

表 1.1 LPC1000 三个系列的区别

产品系列	微处理器	工作频率/MHz	特 性	典型应用
LPC1100 系列	Cortex－M0	40～50	低功耗	16 位应用，电池供电，传感器等
LPC1300 系列	Cortex－M3	60～70	混合信号	16/32 位应用，电源管理，人机接口等
LPC1700 系列	Cortex－M3	100 以上	高性能	16/32 位应用，快速通道，电机控制，工业控制等

除此之外，NXP 公司还陆续推出了 LPC2000、LPC3000 和 LPC4000 系列产品，为新老产品提供了无缝兼容，并为顾客展示了可预见的未来产品走势，提升了设计者选择 NXP 公司产品的信心。其中，LPC4000 系列是 Cortex－M4 ＋ Cortex－M0 双核架构的非对称构架处理器，是目前 NXP 公司又一个经典之作。

1.3 NXP LPC1100 系列芯片内部结构

LPC1100 是基于 ARM Cortex－M0 处理器的芯片，虽然价格很低，但是它具有丰富的外设，包括：高达 32 KB 的 Flash、8 KB 的数据存储器、1 个 Fast－mode plus 的 I^2C 总线接口、1 个 RS－485/EIA－485 通用异步收发器（UART)、2 个支持 SSP 功能的 SPI 接口、4 个通用定时器、1 个 10 位 ADC，以及多达 42 个通用 I/O 引脚。

LPC1100 系列芯片内部结构如图 1.4 所示。

① ARM Cortex－M0 处理器：

- ARM Cortex－M0 处理器，工作频率最高为 50 MHz；
- 内置嵌套向量中断控制器（NVIC)；
- 串行线调试（SWD，Serial Wire Debug)；
- 系统节拍定时器（STT，System Tick Timer)。

② 存储器：

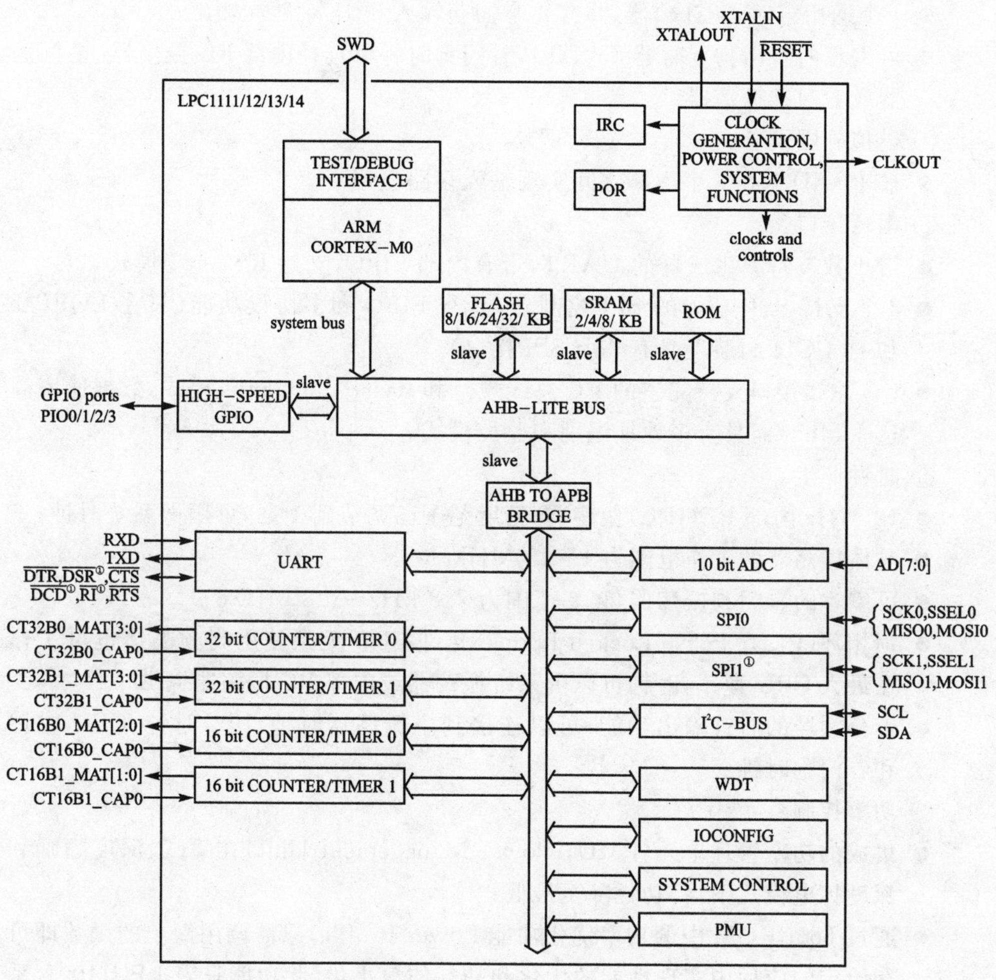

① 仅LQFP48/PLCC44封装具有。

图 1.4　LPC1100 系列内部结构

- 32 KB(LPC1114)、24 KB(LPC1113)、16 KB(LPC1112)或 8 KB(LPC1111)的片内 Flash 程序存储器；
- 8 KB、4 KB 或 2 KB 的静态随机访问存储器 SRAM；
- 通过片内 Bootloader 软件来实现在系统编程(ISP)和在应用编程(IAP)。

③ 外围设备：

- 多达 42 个通用 I/O 引脚 (GPIO，General Purpose I/O)，带可配置的上拉和下拉电阻；
- GPIO 引脚可用做边沿或电平触发的中断源；
- 一个引脚的最大电流输出驱动能力为 20 mA；
- Fast-mode plus 模式下，I^2C 总线引脚的最大灌电流为 20 mA；

- 4 个通用定时器/计数器，共有 4 个捕获输入和 13 个匹配输出；
- 可编程的看门狗定时器（WDT），看门狗时钟可选择内部 RC 振荡器、主振荡器或看门狗振荡器。

④ 模拟外围设备：

- 10 位 ADC，在 8 个引脚之间实现输入多路复用。

⑤ 串行接口：

- 带小数波特率生成器的 UART，带有内部 FIFO，支持 RS-485 模式；
- 2 个支持 SSP 功能的 SPI 控制器，具有 FIFO 和多协议功能（只在 LQFP48 和 PLCC44 封装上具有 2 个 SPI 接口）；
- I^2C 总线接口支持完整的 I^2C 总线规范和 Fast-mode plus 模式，数据速率高达 1 Mbit/s，具有多地址识别和监控模式。

⑥ 时钟产生：

- 12 MHz 内部 RC(IRC)振荡器，精度范围已调节到 1 %，可用做系统时钟；
- 晶体振荡器的工作范围为 1～25 MHz；
- 可编程的看门狗振荡器，频率范围为 7.8 kHz～1.8 MHz；
- 锁相环(PLL, Phase Locked Loops)允许 CPU 无须使用高频晶体也可工作在最大 CPU 速率，时钟可以由系统振荡器或内部 RC 振荡器提供；
- 带分频器的时钟输出功能，可以连接到主振荡器时钟、IRC 时钟、CPU 时钟和看门狗时钟。

⑦ 功率控制：

- 集成的功率管理单元(PMU, Power Management Unit)在睡眠、深度睡眠和深度掉电模式下，将功耗降至最低；
- 通过 boot ROM 中的功率优化功能 Power Profile，只需调用简单的函数即可在给定的应用中实现性能的优化和功耗的最小化（此功能只限 LPC1100L 系列产品：LPC111x/102/202/302）；
- 3 种节能模式：睡眠、深度睡眠和深度掉电；
- 处理器可通过专用启动逻辑(start logic)从深度睡眠模式中唤醒，最多可从 13 个功能引脚触发启动逻辑。

⑧ 上电复位（POR）。

⑨ 单电源供电(1.8～3.6 V)。

⑩ 提供 LQFP48、PLCC44 和 HVQFN33 几种封装形式。

⑪ 调试：

- 支持 SWD 串行调试；
- 支持 ISP、IAP 调试，通过片内 Bootloader 软件实现；
- 支持多种集成开发环境：Keil MDK、IAR、LPCXpresso。注意，调试时不要使用深度睡眠模式，调试时也不要进行低功耗测试，否则测试结果不准确。

1.4 NXP LPC1100 系列芯片的家族

随着嵌入式技术的高速发展，LPC1100 系列的家族在不断壮大，根据应用特点不同，可分为 5 种：带 USB 的 LPC11U00、带 CAN 的 LPC11C00、低功耗的 LPC1100L、带 LCD 驱动的 LPC11D00 和普通型 LPC1100。本书介绍普通型 LPC1100 系列。目前 LPC1100 系列包括 LPC1111、LPC1112、LPC1113 和 LPC1114 系列芯片，具体型号和封装如表 1.2 所列。

表 1.2 LPC1100 系列芯片

型 号	Flash	SRAM	UART	I^2C	SPI	ADC	封 装
LPC1111							
LPC1111FHN33/101	8 KB	2 KB	1	1	1	8	HVQFN33
LPC1111FHN33/102	8 KB	2 KB	1	1	1	8	HVQFN33
LPC1111FHN33/201	8 KB	4 KB	1	1	1	8	HVQFN33
LPC1111FHN33/202	8 KB	4KB	1	1	1	8	HVQFN33
LPC1112							
LPC1112FHN33/101	16 KB	2 KB	1	1	1	8	HVQFN33
LPC1112FHN33/102	16 KB	2 KB	1	1	1	8	HVQFN33
LPC1112FHN33/201	16 KB	4 KB	1	1	1	8	HVQFN33
LPC1112FHN33/202	16 KB	4 KB	1	1	1	8	HVQFN33
LPC1113							
LPC1113FHN33/201	24 KB	4 KB	1	1	1	8	HVQFN33
LPC1113FHN33/202	24 KB	4 KB	1	1	1	8	HVQFN33
LPC1113FHN33/301	24 KB	8 KB	1	1	1	8	HVQFN33
LPC1113FHN33/302	24 KB	8 KB	1	1	1	8	HVQFN33
LPC1113FBD48/301	24 KB	8 KB	1	1	2	8	LQFP48
LPC1113FBD48/302	24 KB	8 KB	1	1	2	8	LQFP48
LPC1114							
LPC1114FHN33/201	32 KB	4 KB	1	1	1	8	HVQFN33
LPC1114FHN33/202	32 KB	4 KB	1	1	1	8	HVQFN33
LPC1114FHN33/301	32 KB	8 KB	1	1	1	8	HVQFN33
LPC1114FHN33/302	32 KB	8 KB	1	1	1	8	HVQFN33
LPC1114FBD48/301	32 KB	8 KB	1	1	2	8	LQFP48

续表1.2

型　号	Flash	SRAM	UART	I^2C	SPI	ADC	封　装
LPC1114FBD48/302	32 KB	8 KB	1	1	2	8	LQFP48
LPC1114FA44/301	32 KB	8 KB	1	1	2	8	PLCC44
LPC1114FA44/302	32 KB	8 KB	1	1	2	8	PLCC44

1.5 LPC1100对比8/16位单片机优势

LPC1100是NXP公司大获成功的LPC1000微控制器系列的最新产品，主要针对目前8/16位微控制器占主流的低成本应用的市场。对比8/16位微控制器，LPC1100在功耗、代码密度、性能等方面具有很大优势。

LPC1100完全具有围绕LPC1300和LPC1700微控制器(均采用Cortex-M3内核)建立的生态系统优势。从诸如UART、I^2C和SPI等标准接口到高端的CAN和USB，LPC1100外设种类齐全；LPC1100生态系统包括多家供应商提供的编译器和调试工具、各种操作系统和软件；由于LPC1100系列微控制器Cortex-M0能够向上兼容M3内核，因此能够实现开发共享。

针对过去8/16位微控制器的薄弱应用环节，LPC1100解决了成本、功耗、性能和代码大小等难题，并且提高了传统8/16位微控制器应用领域的系统效率。

1. 低功耗

在电流消耗总量中，Cortex-M0内核和内部存储系统所占比重最大。尽管Cortex-M0内核的处理能力超强，但是采用该内核的LPC1100在无限循环运行时的平均耗电量仅为150 μA/MHz左右。预计在推出低功耗LPC1100新产品后，现有LPC1100微控制器低功耗的表现会得到进一步提升。工作模式耗电量有望降至130 μA/MHz左右。

此外，由于M0内核采用32位架构，因此电流利用效率要高于8/16位架构。对于执行相同的计算任务，M0内核的实际运行速度要比8/16位微控制器低一半或1/4，因此功耗要远低于8/16位微控制器。对于“深度睡眠”或“深度掉电”模式，Cortex-M0内核的强大处理能力同样有用武之地，与8/16位架构相比，32位架构执行任务的时间更短，因此微控制器更多时间会处于低功耗模式运行。新型LP系列产品将大幅减少深度睡眠模式(2 μA)和深度掉电模式(220 nA)耗电量。

2. 运算能力

LPC1100非常适合同时处理微控制器(MCU)基本任务和各种操作数(8位、16位或更高位)运算。嵌入快速的32位Cortex-M0内核(最大频率50 MHz)并保持微控制器操作和编程灵活性(Cortex-M0内核可以完全采用C语言)，是代替

16 位混合系统的最好解决方案。

Cortex - M0 微控制器可以轻松超越高端 8/16 位单片机。Cortex - M0 内核的额定处理能力高达 0.8 DMIPS/MHz，是高端 8 /16 位单片机的 2～4 倍。大多数常用 Cortex - M0 Thumb2 指令为单周期指令，所有 8 位、16 位和 32 位数据传输都在一个指令周期内完成。在 8 位和 16 位单片机中处理长字乘法运算，通常要花很长时间，但由于 Cortex - M0 内核是 32 位架构的，NXP 公司在 LPC1100 中采用了(32×32)位硬件乘法器，通过 MULS 指令，成功地在一个指令周期内完成了两个 32 位字的乘法运算。除法运算可通过软件完成，Cortex - M0 对于各种操作数除法运算有同样出色的表现。

对于具体的应用，复杂的计算通常会涉及多次加法、乘法和除法。对于浮点运算，C 语言代码可通过一个特定的 Cortex - M0 数学库函数做优化。

3. 中断处理

微控制器的性能不仅要看执行速度，中断处理也是一个重要方面。中断性能一般通过延迟时间和抖动(jitter)体现。延迟是指从中断事件产生到进入中断服务程序的时间，抖动用以描述延迟的变化。

Cortex - M0 通过将中断控制器和内核紧密耦合，最大程度地缩短了延迟时间。最高优先级中断延迟时间固定为 16 个时钟周期。中断控制器最多可支持 32 个不同的中断源，包含一个非屏蔽中断输入。LPC1100 对各种中断事件提供了专用中断向量，任何中断都会自动分配一个专用中断服务程序(ISR，Interrupt Service Routine)，无须软件处理。

为了缩短嵌套中断的延迟时间，LPC1100 采用了一种集成机制，如果高优先级中断在低优先级中断进入服务程序前到达，则可避免重新堆栈。此外，LPC1100 还支持尾链(tail chaining)功能，通过叠合异常出栈顺序以及随后出现的异常进栈顺序，可直接进入 ISR，缩短延迟时间。

4. 代码密度

LPC1100 系列总共有 56 条指令，执行 Thumb 指令集，包括少量使用 Thumb - 2 技术的 32 位指令。Thumb 指令集是 ARM Cortex - M3 和 ARM Cortex - M4 支持的指令集的子集，并与二进制编码向上兼容。

将 16 位 Thumb 指令和部分 Thumb - 2 功能强大的 32 位指令结合在一起使用，可以提高代码密度。编译器允许使用 16 位、32 位指令，两者可以完全共存。运行期间系统能够实现 16 位和 32 位代码无缝切换，无须像在使用 ARM7TDMI 时那样，需要专用指令。

因此，LPC1100 在低成本 MCU 市场具有很强的竞争力，其极低的功耗和强大的性能使之将会成为 8 位和 16 位架构的竞争对手。LPC1100 系列所有产品均支持 UART、I^2C 和 SPI 等常见外设，并可在 LPC1100 系列其他产品上复用这些外设的驱动。此外，LPC1100 还支持 USB 和 CAN 等高端外设，其驱动代码内嵌在 ROM 掩膜中，因此 Flash 闪存可完全用于用户自己的应用程序。

1.6 NXP LPC1100 系列芯片应用

丰富的外设配置，使得 LPC1100 微控制器适合于多种应用领域：电机驱动和应用控制、PC 外设、报警系统、电表、水表、煤气表、各种便携式仪表、电池供电产品、消费类电子外围设备、远程传感器等。

1. 便携式仪表

应用于便携式仪表，如智能抄表、流量计、电子计量台秤等，如图 1.5 所示。

(a) 智能抄表

(b) 流量计

(c) 电子计量台秤

图 1.5 电子计量

2. 消费类电子设备

应用于常见的消费类电子设备，如电子胸牌、音像产品、游戏机、读卡器、照相机等，如图 1.6 所示。

(a) 读卡器

(b) LED TV背光控制

(c) 电子胸牌

图 1.6 消费类产品

3. 医疗设备

LPC1100 系列产品含有最先进的 ARM Cortex－M0 微控制器技术，在高速运算、便携性、低成本、低功耗方面有卓越表现，因而在手持医疗设备领域，如家庭医疗监护设备、便携式心电图机、血氧仪等产品设计中，特别能够发挥重要作用，如图 1.7 所示。

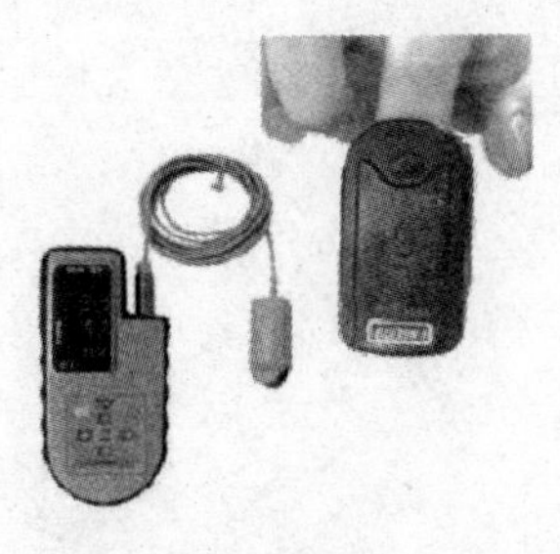

(a) 血氧仪

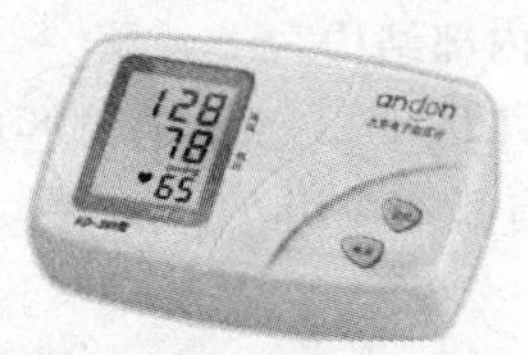

(b) 电子血压计

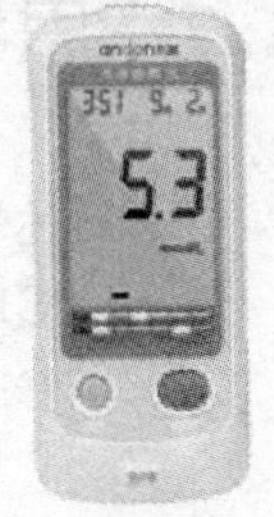

(c) 血糖测试仪

图 1.7 医疗设备

4. 远程传感器

LPC1100 系列产品在远程传感器中有很多应用，如门禁自动传感器、自动门控制传感器、下雨自动关窗传感器等，如图 1.8、图 1.9 所示。

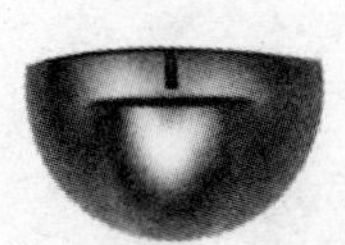

图 1.8 门禁自动传感器

图 1.9 下雨自动关窗传感器

为了开阔学者的眼界，本书提供下列网址，以便读者进入有关嵌入式技术学习、开发的网站，浏览有关 LPC110 芯片的更多信息。

① NXP 公司网址	http://www.cn.nxp.com/
② ARM 公司网址	http://www.arm.com/
③ Cortex-M0 电子发烧友	http://www.elecfans.com/tags/Cortex-M0/
④ 嵌入者之家	http://www.embeder.com/bbs/
⑤ ArmTime Technology	http://www.armtime.com/
⑥ 嵌入式开源项目	http://www.lumit.org/
⑦ ARM 时代	http://www.arm9e.com/
⑧ ARM 学习网	http://218.78.211.237:8088/
⑨ ARM 的中文网站	http://www.arm.com/chinese/
⑩ 嵌入式爱好者	http://bbs.witech.com.cn/

⑪ 嵌入式乐园　　　　http://www.embedstudy.com/
⑫ 嵌入式学习网　　　http://www.itsky2010.cn/

1.7 思考与练习

1. 简述 LPC1100 芯片内部结构。
2. LPC1100、LPC1300、LPC1700 系列有哪些区别？
3. LPC1100 系列芯片有哪些应用？

第 2 章

ARM Cortex - M0 体系结构

学习目标： 了解和掌握 Cortex - M0 架构。

学习内容： 1. Cortex 系列的特点；

2. Cortex - M0 的特点及优势；

3. 数据类型；

4. 堆栈和存储模式；

5. 寄存器。

NXP LPC1100 系列芯片采用体积更小、功耗更低、能效更高的新型 ARM 内核——Cortex - M0 架构。本章重点介绍 Cortex - M0 体系结构、特点及优势。

2.1 ARM 系列处理器简介

在认识 Cortex - M0 之前，有必要先了解 ARM，因为 Cortex - M0 是 ARM 内核中的一种。

2.1.1 ARM 的由来

ARM 系列嵌入式处理器是英国先进 RISC(Reduced Instruction Set Computer)机器公司(Advanced RISC Machines，简称 ARM 公司)的产品。ARM 公司是业界领先的知识产权供应商，是微处理器行业的一家知名企业。ARM 公司总部位于英国剑桥，与一般的公司不同，ARM 公司既不生产芯片，也不销售芯片，而是设计出高性能、低功耗、低成本和高可靠性的 IP 内核，如 ARM7TDMI、ARM9TDMI、ARM10TDMI、ARM720T、ARM920T/922T/940T、ARM1020E /1022E 等，授权给各半导体公司使用；半导体公司(ARM 公司合作伙伴)在 ARM 技术的基础上，根据自己公司的产品定位，添加自己的设计并推出各种嵌入式微处理器 MPU 或微控制器 MCU 芯片产品；最后由 OEM 客户采用这些芯片来构建基于 ARM 技术的最终应用系统产品。

由此可知，ARM 并不只是嵌入式处理器的内核名称，它还是一个公司的名称，也是一种技术名称。

ARM 处理器是精简指令集计算机(RISC)。RISC 的概念源于斯坦福大学和伯克利大学在 1980 年前后进行的处理器研究计划。最初 ARM 是 1983—1985 年间在英国剑桥的 Acorn Computer 公司开发的。它是第一个为商业用途开发的 RISC 微处理器，与后来的 RISC 体系结构有明显的不同。1990 年，ARM 特别为扩大开发 ARM 技术而成立了独立的公司。从那以后，ARM 已被授权给世界各地的许多半导体制造厂。它已经成为低功耗和追求低成本的嵌入式应用的市场领导者。目前，总共有 30 家半导体公司与 ARM 签订了硬件技术使用许可协议，其中包括 Intel、IBM、LG 半导体、NEC、SONY、Philips 和国家半导体这样的大公司。至于软件系统的合伙人，则包括微软、升阳和 MRI 等一系列知名公司。ARM 公司的合作伙伴如图 2.1 所示。

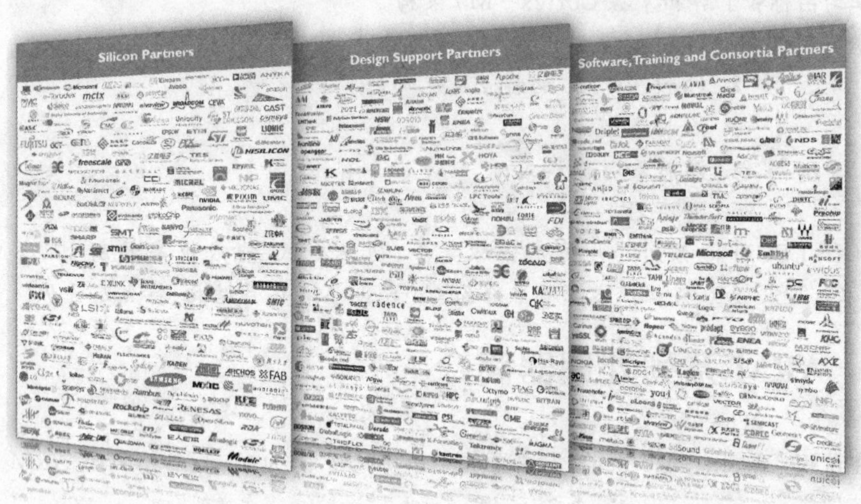

图 2.1　ARM 公司的合作伙伴

2.1.2　ARM 家族

ARM 微处理器经过 20 几年的发展，具有众多的“兄弟姐妹”，主要包括 ARM7 系列、ARM9 系列、ARM9E 系列、ARM10E 系列、ARM11 系列、SecurCore 系列、OptimoDE 系列、StrongARM 系列、XScale 系列，以及目前广泛推广的 Cortex 系列等。下面介绍这个家族的部分成员。

1. ARM7 系列

ARM7 系列微处理器为低功耗的 32 位 RISC 处理器，最适合用于对价位和功耗要求较高的消费类应用。ARM7 微处理器系列具有如下特点：

- 具有嵌入式 ICE - RT 逻辑，调试开发方便。
- 极低的功耗，适合对功耗要求较高的应用，如便携式产品。
- 能够提供 0.9 MIPS/MHz 的三级流水线结构。
- 代码密度高并兼容 16 位的 Thumb 指令集。

● 对操作系统的支持广泛，包括 μC/OS－II、μCLinux 等。
● 指令系统与 ARM9 系列、ARM9E 系列和 ARM10E 系列兼容，便于用户的产品升级换代。
● 主频最高可达 130 MIPS，高速的运算处理能力能胜任绝大多数的复杂应用。

ARM7 系列微处理器的主要应用领域为：工业控制、Internet 设备、网络和调制解调器设备、移动电话等多种多媒体和嵌入式应用。

ARM7 系列微处理器包括如下几种类型的核：ARM7TDMI、ARM7TDMI－S、ARM720T、ARM7EJ。其中，ARM7TMDI 是目前使用最广泛的 32 位嵌入式 RISC 处理器，属低端 ARM 处理器核。

2. ARM9 系列

ARM9 系列微处理器在高性能和低功耗特性方面提供最佳的性能，具有以下特点：

● 5 级整数流水线，指令执行效率更高。
● 提供 1.1 MIPS/MHz 的哈佛结构。
● 支持 32 位 ARM 指令集和 16 位 Thumb 指令集。
● 支持 32 位的高速 AMBA 总线接口。
● 全性能的 MMU，支持 Windows CE、Linux、Palm OS 等多种主流嵌入式操作系统。
● MPU 支持实时操作系统。
● 支持数据 Cache 和指令 Cache，具有更高的指令和数据处理能力。

ARM9 系列微处理器主要应用于无线设备、仪器仪表、安全系统、机顶盒、高端打印机、数字照相机和数字摄像机等。

ARM9 系列微处理器包含 ARM920T、ARM922T 和 ARM940T 三种类型，以适用于不同的应用场合。

3. ARM9E 系列

ARM9E 系列微处理器为可综合处理器，使用单一的处理器内核提供了微控制器、DSP、Java 应用系统的解决方案，极大地减少了芯片的面积和系统的复杂程度。ARM9E 系列微处理器提供了增强的 DSP 处理能力，很适合于那些需要同时使用 DSP 和微控制器的应用场合。

ARM9E 系列微处理器的主要特点如下：

● 支持 DSP 指令集，适合于需要高速数字信号处理的场合。
● 5 级整数流水线，指令执行效率更高。
● 支持 32 位 ARM 指令集和 16 位 Thumb 指令集。
● 支持 32 位的高速 AMBA 总线接口。
● 支持 VFP9 浮点处理协处理器。

- 全性能的 MMU，支持 Windows CE、Linux、Palm OS 等多种主流嵌入式操作系统。
- MPU 支持实时操作系统。
- 支持数据 Cache 和指令 Cache，具有更高的指令和数据处理能力。
- 主频最高可达 300 MIPS。

ARM9E 系列微处理器主要应用于下一代无线设备、数字消费品、成像设备、工业控制、存储设备和网络设备等领域。

ARM9E 系列微处理器包含 ARM926EJ - S、ARM946E - S 和 ARM966E - S 三种类型，以适用于不同的应用场合。

4. ARM10E

ARM10E 系列微处理器具有高性能、低功耗的特点，由于采用了新的体系结构，与同等的 ARM9 器件相比较，在同样的时钟频率下，性能提高了近 50 %；同时，ARM10E 系列微处理器采用了两种先进的节能方式，使其功耗极低。

ARM10E 系列微处理器的主要特点如下：

- 支持 DSP 指令集，适合于需要高速数字信号处理的场合。
- 6 级整数流水线，指令执行效率更高。
- 支持 32 位 ARM 指令集和 16 位 Thumb 指令集。
- 支持 32 位的高速 AMBA 总线接口。
- 支持 VFP10 浮点处理协处理器。
- 全性能的 MMU，支持 Windows CE、Linux、Palm OS 等多种主流嵌入式操作系统。
- 支持数据 Cache 和指令 Cache，具有更高的指令和数据处理能力。
- 主频最高可达 400 MIPS。
- 内嵌并行读/写操作部件。

ARM10E 系列微处理器主要应用于下一代无线设备、数字消费品、成像设备、工业控制、通信和信息系统等领域。

ARM10E 系列微处理器包含 ARM1020E、ARM1022E 和 ARM1026EJ - S 三种类型，以适用于不同的应用场合。

5. SecurCore

SecurCore 系列微处理器专为安全需要而设计，提供了完善的 32 位 RISC 技术的安全解决方案，因此，SecurCore 系列微处理器除了具有 ARM 体系结构的低功耗、高性能的特点外，还具有其独特的优势，即提供了对安全解决方案的支持。

SecurCore 系列微处理器除了具有 ARM 体系结构的各种主要特点外，还在系统安全方面具有如下特点：

- 带有灵活的保护单元，以确保操作系统和应用数据的安全。

● 采用软内核技术，防止外部对其进行扫描探测。

● 可集成用户自己的安全特性和其他协处理器。

SecurCore 系列微处理器主要应用于一些对安全性要求较高的产品及系统，如电子商务、电子政务、电子银行业务、网络和认证系统等领域。

SecurCore 系列微处理器包含 SecurCore SC100、SecurCore SC110、SecurCore SC200 和 SecurCore SC210 四种类型，以适用于不同的应用场合。

6. StrongARM 微处理器

Intel StrongARM SA-1100 处理器是采用 ARM 体系结构高度集成的 32 位 RISC 微处理器。它融合了 Intel 公司的设计和处理技术以及 ARM 体系结构的电源效率，采用在软件上兼容 ARMv4 体系结构，同时采用具有 Intel 技术优点的体系结构。

Intel StrongARM 处理器是便携式通信产品和消费类电子产品的理想选择，已成功应用于多家公司的掌上电脑系列产品。

7. XScale 处理器

XScale 处理器是基于 ARMv5TE 体系结构的解决方案，是一款全性能、高性价比、低功耗的处理器。它支持 16 位的 Thumb 指令和 DSP 指令集，已使用在数字移动电话、个人数字助理和网络产品等领域。

XScale 处理器是 Intel 目前主要推广的一款 ARM 微处理器。

8. Cortex 系列

以前 ARM 大多以 ARM 为前缀，如前面所讲的 ARM7、ARM9、ARM10、ARM11。目前 ARM 不再按照这样的方式命名，而是按照应用等级命名，以 Cortex 为前缀命名，并且分为若干个子系列。其包括 Cortex-M、Cortex-R 和 Cortex-A 三类，ARM Cortex 系列的三款产品全都基于 ARMv7 架构，集成了 Thumb®-2 指令集，可满足各种不同的市场需求。

① ARM Cortex-M 系列是为那些对开发费用非常敏感，同时对性能要求不断增加的嵌入式应用（如微控制器、汽车车身控制系统和各种大型家电）所设计的微处理器。

此系列是可向上兼容的高能效、易于使用的处理器，这些处理器可以帮助开发人员满足将来的嵌入式应用的需要。这些需要包括以更低的成本提供更多功能、不断增加连接、改善代码重用和提高能效。Cortex-M 系列针对成本和功耗敏感的 MCU 和终端应用（如智能测量、人机接口设备、汽车和工业控制系统、大型家用电器、消费类产品和医疗器械）的混合信号设备进行过优化。

② ARM Cortex-R 系列是针对需要运行实时操作系统来进行控制应用的系统，包括汽车电子、网络和影像系统。

这个系列是实时处理器，为具有严格的实时响应限制的深层嵌入式系统提供高性能计算解决方案。目前包括三种系列：Crotex - R4 处理器、Crotex - R5 处理器、Crotex - R7 处理器。

③ ARM Cortex - A 系列是针对日益增长的，运行包括 Linux、Windows CE 和 Symhian 操作系统在内的消费者娱乐和无线产品设计的高性能处理器。

这个系列的应用型处理器可向托管丰富的操作系统平台的设备和用户应用提供全方位的解决方案，包括超低成本的手机、智能手机、移动计算平台、数字电视、机顶盒、企业网络、打印机和服务器解决方案。高性能的 Cortex - A15、可伸缩的 Cortex - A9、经过市场验证的 Cortex - A8 处理器和高效的 Cortex - A5 处理器均共享同一体系结构，因此具有完整的应用兼容性，支持传统的 ARM、Thumb® 指令集和新增的高性能紧凑型 Thumb - 2 指令集。

随着在各种不同领域应用需求的增加，微处理器市场也在趋于多样化。

ARM 芯片还获得了许多实时操作系统供应商的支持，比较知名的有：Windows CE、μCLinux、Linux、Vxworks、Nucleus、μC/OS、Palm OS 等。

2.1.3 ARM 体系版本

ARM 架构自诞生至今，已经发生了很大的演变，至今已定义了 7 种不同的版本：

① V1 版架构：该架构只在原型机 ARM1 出现过，其基本性能包括基本的数据处理指令(无乘法)、字节、半字和字的 Load/Store 指令、转移指令，包括子程序调用及链接指令、软件中断指令，寻址空间为 64 MB。

② V2 版架构：该版架构对 V1 版进行了扩展，如 ARM2 与 ARM3(V2a 版)架构；增加的功能包括乘法和乘加指令、支持协处理器操作指令、快速中断模式、SWP/SWPB 的最基本存储器与寄存器交换指令，寻址空间为 64 MB。

③ V3 版架构：该版对 ARM 体系结构做了较大的改动，把寻址空间增至 32 位(4 GB)，增加了当前程序状态寄存器 CPSR 和程序状态保存寄存器 SPSR，以便于异常处理。增加了中止和未定义两种处理器模式。ARM6 就采用了该版结构。指令集变化包括增加了 MRS/MSR 指令，以访问新增的 CPSR/SPSR 寄存器；增加了从异常处理返回的指令功能。

④ V4 版架构：V4 版结构是目前应用最广泛的 ARM 体系结构，对 V3 版架构进行了进一步扩充，有的还引进了 16 位的 Thumb 指令集，使 ARM 使用更加灵活。ARM7、ARM9 和 StrongARM 都采用了该版结构。其指令集中增加的功能包括符号化和非符号化半字及符号化字节的存/取指令，增加了 16 位 Thumb 指令集，完善了软件中断 SWI 指令的功能。当处理器系统模式引进特权方式时，使用用户寄存器操作，把一些未使用的指令空间捕捉为未定义指令。

⑤ V5 版架构：在 V4 版基础上增加了一些新的指令。ARM10 和 XScale 都采用

该版架构。这些新增指令带有链接和交换的转移 BLX 指令、计数前导零计数 CLZ 指令、BRK 中断指令，增加了信号处理指令（V5TE 版），为协处理器增加了更多可选择的指令。

⑥ V6 版架构：ARM 体系架构 V6 是 2001 年发布的，基本特点包括 100 %与以前的体系兼容、SIMD 媒体扩展，使媒体处理速度快 1.75 倍；改进了的内存管理，使系统性能提高了 30 %；改进了的混合端（Endian）与不对齐数据相支持，使得小端系统支持大端数据（如 TCP/IP）；许多 RTOS 是小端的，为实时系统改进了中断响应时间，将最坏情况下的 35 个周期改进到了 11 个周期。

⑦ V7 版架构：ARM 体系架构 V7 是 2005 年发布的。它使用了能够带来更高性能、效率和代码密度的 Thumb - 2 技术。它首次采用了强大的信号处理扩展集，对 H.264 和 MP3 等媒体编、解码提供加速。Cortex - M3 处理器采用的就是 V7 版的结构。表 2.1 是 ARM 内核名称和体系结构。

表 2.1　ARM 内核的名称及采用的体系结构

ARM 内核名称	体系结构
ARM1	V1
ARM2	V2
ARM2As、ARM3	V2a
ARM6、ARM600、ARM610	V3
ARM7、ARM700、ARM710	V4
ARM7TDMI、ARM710T、ARM720T、ARM740T	V4T
Strong ARM、ARM8、ARM810	V4
ARM9TDMI、ARM920T、ARM940T	V4T
ARM9E - S	V5
ARM10TDMI、ARM1020E、XScale	V5TE
ARM11、ARM1156T2 - S、ARMT2F - S、Cortex - M0	V6
Crotex - A8TM、Cortex - M3	V7

2.2 Cortex - M0 处理器

2.2.1 Cortex - M0 处理器简介

Cortex - M 系列包括 Cortex - M4、Cortex - M3、Cortex - M1、Cortex - M0、Cortex - M0＋。Cortex - M 系列是考虑不同的成本、能耗和性能的各类可兼容、易于使用的嵌入式设备（如微控制器（MCU））的理想解决方案。每个处理器都针对十分广泛的嵌入式应用范围提供最佳权衡取舍。表 2.2 是对 Cortex－M 三大系列性能的比较。Cortex－M0＋是 2012 年 ARM 公司新开发的内核，比 Cortex－M0 功耗更低，并且结构上做了调整。

表 2.2　Cortex－M 系列性能比较

内　核	ARM Cortex－M0	ARM Cortex－M3	ARM Cortex－M4
应　用	8/16 位应用	16/32 位应用	32 位/DSC 应用
特　点	低成本和简单性	性能效率高	有效的数字信号控制

2.2.2　Cortex－M0 处理器结构

Cortex－M0 处理器的基本结构如图 2.2 所示，内部包括 ARM Cortex－M0 内核、NVIC、总线矩阵、调试部件、唤醒中断等。

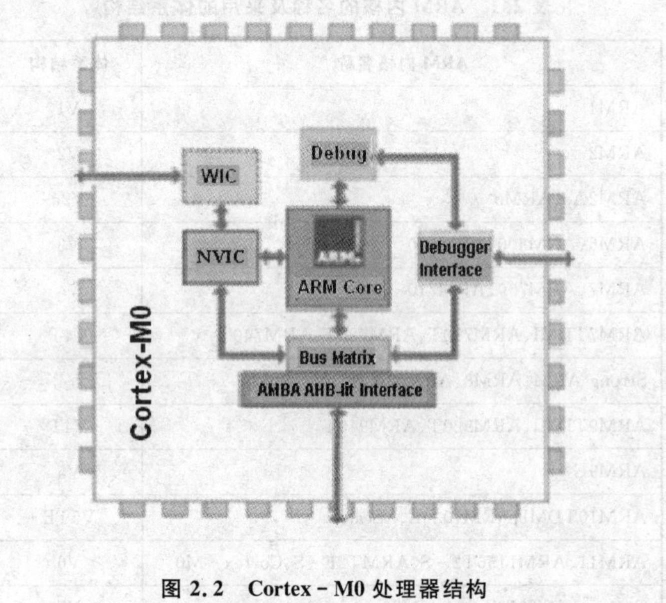

图 2.2　Cortex－M0 处理器结构

1. ARM Cortex－M0 处理器的特点

- 采用 ARMv6－M (ARMv7－M 的子集，向上兼容)、冯・诺依曼体系结构。
- Handler 和 Thread 两种操作模式。
- 支持大端和小端访问。
- 执行 Thumb 指令集，包括 Thumb－2 技术，共有 56 条指令。
- 支持三级流水线。
- 工作频率高达 50 MHz。
- 采用精简指令集(RISC)的 32 位处理器，其具有 0.9 DMIPS/MHz 的指令执行速度。

- 支持睡眠和深度睡眠两种低功耗模式。
- 带 32 位硬件乘法器。
- 有 13 个通用 32 位寄存器、2 个堆栈指针寄存器，以及链接寄存器、程序计数寄存器和程序状态寄存器。

2. 内嵌向量中断控制器 NVIC

NVIC 是 Cortex－M0 不可分割的一部分。它与 CPU 紧密结合，降低了中断延时。它的特点归结为以下几点：

① 可对系统异常和外设中断进行控制；

② 4 个可编程的中断优先级，具有硬件优先级屏蔽；

③ 采用硬件实现寄存器堆栈、抢占、延迟、尾链等技术，降低中断处理延时。

3. 总线矩阵

有一个 32 位的 AMBA AHB 总线矩阵，将所有系统外设和内存连接在一起。

4. 唤醒中断 WIC

WIC 是中断后使微控制器从深度睡眠模式中唤醒的。它由硬件信号控制，当系统控制寄存器 SCR 中的 DEEPSLEEP 位为 1 时，WIC 工作。

5. 调试接口

① 具有 0～4 个硬件断点、0～2 个硬件观察点；

② 具有单步和向量捕捉能力；

③ 支持 JTAG 和 SWD 串口调试。

2.2.3 Cortex－M0 处理器优势

Cortex－M0 系列处理器是专为解决需要低功耗和快速中断响应能力的深层嵌入式应用而设计的理想微控制器。新的 ARM Cortex－M0 对 Cortex－M3 进行了补充，它向上兼容 ARM Cortex－M3 处理器的所有功能，并且具有更小的面积和更低的功耗。令人难以置信的是，ARM Cortex－M0 在只有 ARM7TDMI 1/3 的大小和功率的情况下，几乎能够达到与其一样的性能。与 8 位单片机对比，Cortex－M0 处理器具有很多优势，主要包括以下几点。

(1) 体积小、功耗低

Cortex－M0 处理器不到 12K 门，功耗低至 130 μA/MHz。相对于 8 位和 16 位微控制器，对于同一应用，Cortex－M0 微控制器可以将功耗减少一半或 1/4，能够以更快的速度完成任务，可在断电模式下运行更长时间。此外，Cortex－M0 微控制器具有三种低功耗模式，分别是 Sleep（睡眠）、Deep Sleep（深度睡眠）、Deep Power Down（深度掉电），可以进一步减小功耗。所凭借的是作为低能耗技术的领导者和创建超低能耗设备的主要推动者的无与伦比的 ARM 技术。

(2) 代码密度高

Cortex - M0 支持 Thumb 指令集，包含 Thumb - 2 技术，只有 56 条指令；指令长度固定，译码变得容易；采用三级流水线技术的冯·诺依曼结构；大量使用寄存器，指令执行速度更快。完成 8、16 或 32 位的数据传输只需一条指令，能够显著降低所有 8/16 位应用的代码长度。51 单片机具有 111 条指令，指令执行时间不确定，需要多个周期。

(3) 高性能

M0 微控制器可以轻松超越高端 8 位和 16 位器件的性能水平。M0 内核额定性能为 0.9 MIPS/MHz，相当于与其最接近的 8 位和 16 位产品的 2～4 倍。多数常用 M0 指令均为单周期指令，所有 8 位、16 位和 32 位数据传输都通过一条指令完成。内部具有 32 位硬件乘法器，而且内置一个 NVIC，可以实现高速的中断服务程序；还采用了大量的中断延迟新技术，降低中断延时时间。

表 2.3 是当实现两个 32 位数相乘时，Cortex - M0 与 51 单片机性能对比表。

表 2.3　Cortex - M0 系列处理器与 51 单片机性能对比

8051		ARM Cortex - M0
MOV　A,XL; 2 bytes	MVL　AB; 1 byte	
MOV　B,YL; 3 bytes	ADD　A,R1; 1 byte	
MUL　AB; 1 byte	MOV　R1,A; 1 byte	
MOV　R0,A; 1 byte	MOV　A,B; 2 bytes	
MOV　R1,B; 3 bytes	ADDC　A,R2; 1 bytes	
MOV　A,XL; 2 bytes	MOV　R2,A; 1 bytes	
MOV　B,YH; 3 bytes	MOV　A,XH; 2 bytes	
MUL　AB; 1 byte	MOV　B,YH; 3 bytes	MULS r0, r1, r0
ADD　A,R1; 1 byte	MUL　AB,1 byte	
MOV　R1,A; 1 byte	ADD　A,R2; 1 byte	
MOV　A,B; 2 bytes	MOV　R2,A; 1 byte	
ADDC　A,#0; 2 bytes	MOV　A,B; 2 bytes	
MOV　R2,A; 1 byte	ADDC　A,#0; 2 bytes	
MOV　A,XH; 2 bytes	MOV　R3,A; 1 byte	
MOV　B,YL; 2 bytes		
时间:48 个时钟周期 代码长度:48 字节		时间:1 个时钟周期 代码长度:2 字节

从表 2.3 中可知，实现相同的功能，Cortex - M0 无论在代码密度还是在性能上都远远超过了 51 单片机。在 8 位或 16 位机器上处理长字时，乘运算始终会占用大量时钟资源。然而，由于 M0 基于 32 位架构，利用一个通过 MULS 指令直接与内核相连的(32×32)位硬件乘法器，M0 指令模式可以在单个周期中对两个 32 位字进行

乘法运算。

除此之外，微控制器的性能不仅要看执行速度，同时还要看其对中断的处理效率。中断性能可通过延迟和抖动来衡量。延迟指的是处理器进入中断服务程序所需要的时间，抖动指的是延迟的变异性。M0 将中断控制器紧密地耦合到内核上，最大程度地降低了延迟。为降低嵌套中断延迟，采用了一种内置机制，当更高优先级的中断在上个中断进入服务程序之前到达时，可避免重堆栈；同时，支持尾链技术，这种技术将异常出栈序列与后续异常入栈序列相堆叠，从而降低了中断延迟，并允许直接进入 ISR。第 9 章将具体介绍中断性能。

(4) 可移植性强

Cortex－M0 指令集能够向上兼容 Cortex－M3，并与 ARM7 处理器二进制兼容。对希望简化内核并保持未来软件兼容性的用户来说，基于 M0 控制器系列为移植 M3－、ARM7 和 ARM9 处理器产品指明了一条升级之路。

2.3 数据类型

Cortex－M0 处理器支持下列三种数据类型：

① 字节，8 位(必须分配为占用 1 字节)；

② 半字，16 位(必须分配为占用 2 字节)；

③ 字，32 位(必须分配为占用 4 字节)。

2.4 工作模式

Cortex－M0 处理器有 Thread 和 Handler 两种工作模式，分别适用于普通应用程序代码和异常处理代码。

Thread 模式：用于执行应用程序，当处理器完成复位处理之后，进入 Thread 模式。

Handler 模式：用于异常处理，当处理器完成所有异常处理之后，进入 Handler 模式。

2.5 堆 栈

处理器使用满递减堆栈，也就是说栈顶指针指向最后入栈的数据，处理器的压栈操作为栈顶指针自动递减，再存入新的数据。处理器的堆栈有主堆栈(main stack)和进程堆栈(process stack)，它们的栈顶指针相互独立。

在 Thread 模式下，由 CONTROL 寄存器来决定使用主堆栈还是进程堆栈。而 Handler 模式通常使用主堆栈。处理器工作模式与栈选择之间的关系如表 2.4 所列。

表 2.4 处理器工作模式和堆栈选择之间的关系

处理器工作模式	执行任务	所用堆栈
Thread	应用程序	主堆栈或进程堆栈
Handler	异常处理器	主堆栈

2.6 存储模式

Cortex - M0 处理器的存储映射地址空间有 4 GB,如图 2.3 所示。其中,1 MB 的 PPB(Priwate Peripheral Bus)地址区域用于处理器及核内设备。存储映射被分成多个区,每个区都有其存储类型,有些区还有附加属性。存储类型及附加属性决定了如何访问该存储区。

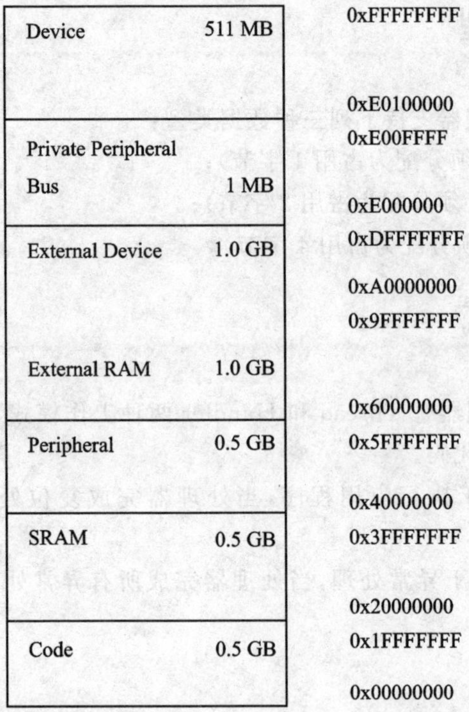

Device	511 MB	0xFFFFFFFF 0xE0100000
Private Peripheral Bus	1 MB	0xE00FFFF 0xE000000
External Device	1.0 GB	0xDFFFFFFF 0xA0000000
External RAM	1.0 GB	0x9FFFFFFF 0x60000000
Peripheral	0.5 GB	0x5FFFFFFF 0x40000000
SRAM	0.5 GB	0x3FFFFFFF 0x20000000
Code	0.5 GB	0x1FFFFFFF 0x00000000

图 2.3 Cortex - M0 处理器存储器映射图

1. 存储类型

普通型(Normal):为了提高效率,处理器可以对该类型存储器的存取操作进行重排序。

强顺序型(Strong Ordered):任何与该类型存储器相关的存取操作,处理器将保持其顺序不变。

设备型(Device):该类型存储器与设备型或强顺序型存储器之间的存取操作,处理器将保持其顺序不变。

强顺序型和设备型存储器的顺序要求不同,存储系统不能缓存到一个强顺序型的存储器中,但可以将一个写操作缓存到一个设备型存储器中。

2. 附加属性

① 可共享(Shareable)——对于可共享的存储区,在多总线主设备系统中,存储系统可提供主设备之间的数据同步。

强顺序型存储器都具有可共享属性。

注意:仅当处理器在共享存储器的多处理器系统中时,该属性才有效。

② 不可执行(XN)——不可执行存储区指令的执行将被处理器阻止,也就是说,如果从一个不可执行存储区取指令并执行,那么将会产生一个硬故障。

3. 存储访问方式

内存映射中每个区的访问方式如表 2.5 所列。

表 2.5 存储访问行为

地址范围	存储区	存储器类型	功能描述
0x00000000～0x1FFFFFFF	Code	Normal	存放代码的可执行区,也可放数据
0x20000000～0x3FFFFFFF	SRAM	Normal	存放数据的可执行区,也可放代码
0x40000000～0x5FFFFFFF	Peripheral	Device	外部设备存储区
0x60000000～0x9FFFFFFF	External RAM	Normal	存放数据的可执行区
0xA0000000～0xDFFFFFFF	External Device	Device	外部设备存储区
0xE0000000～0xE00FFFFF	Private Peripheral BUS	Strongly Ordered	该区包含 NVIC、系统时钟、系统控制块。该区只可进行字访问
0xE0100000～0xFFFFFFFF	Device	Device	在处理器实现时定制

其中 Code、SRAM 和 External RAM 区可以存放程序。

4. 存储系统的端格式

存储端格式分为大端格式和小端格式。

大端格式:处理器在存储器的最低地址存储字的最高字节,而字的最低字节存放在最高地址。示意图如图 2.4 所示。

小端格式:处理器在存储器的最低地址存储字的最低字节,而字的最高字节存放在最高地址。示意图如图 2.5 所示。

其中 LSB 是传送字的最低字节,MSB 是传送字的最高字节。M 是存储区的低地址,M+3 是高地址。

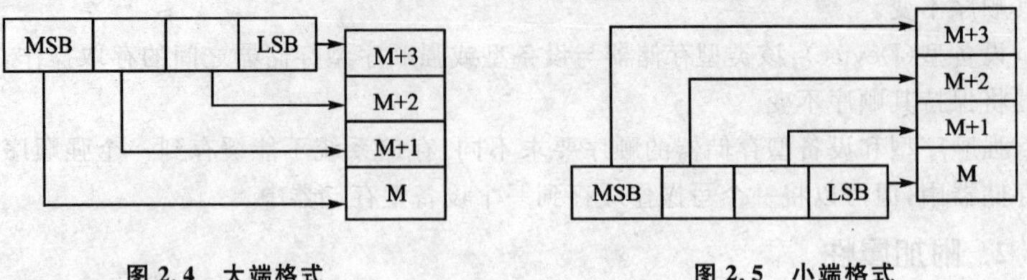

图 2.4　大端格式　　　　图 2.5　小端格式

2.7　寄存器组

Cortex－M0 内核包括 13 个通用寄存器、3 个特殊功能寄存器，以及 SP 堆栈指针寄存器、PC 程序计数器和 LR 链接寄存器。各寄存器的名称如图 2.6 所示。

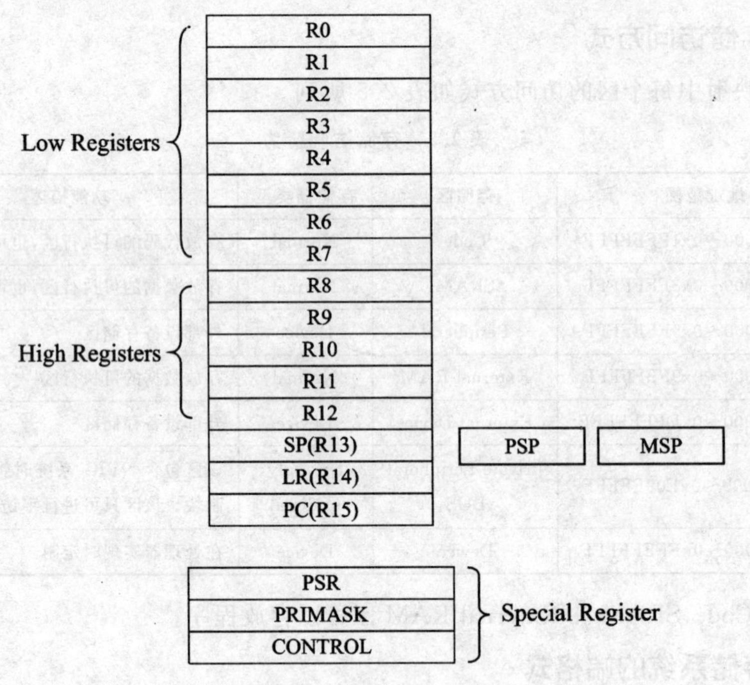

图 2.6　内核寄存器组

1. 通用寄存器(R0～R12)

R0～R12 都是通用寄存器，用于数据的基本操作，大多数指令都可以用。

2. 堆栈寄存器(SP)

R13(SP)是堆栈指针寄存器，包括两个指针寄存器，分别是主堆栈指针 MSP 和进程堆栈指针 PSP。在 Thread 线程模式下，由 CONTROL 寄存器的位 1 来选择使用主堆栈指针 MSP 还是进程堆栈指针 PSP。当 CONTROL[1]＝0 时，选择使用主堆栈指针 MSP；当 CONTROL[1]＝1 时，选择使用进程堆栈指针 PSP。

当系统复位时，处理器从地址 0x0000000 处加载 MSP 的值。

3. 链接寄存器(LR)

R14(LR)是链接寄存器，当子程序调用、函数调用以及异常处理时，R14 自动存储返回地址。复位时，LR 的值未知。

4. 程序计数寄存器(PC)

R15(PC)是程序计数寄存器，指向当前程序的地址。复位时，bit[0]的值被加载到 EPSR 的 T－bit 中，必须为 1。

5. 程序状态寄存器(PSR)

PSR 包括应用程序状态寄存器(APSR)、中断状态寄存器(IPSR)和运行状态寄存器(EPSR)。

这些寄存器位于 32 位 PSR 寄存器相互独立的位域中。PSR 的位分布如图 2.7 所示。

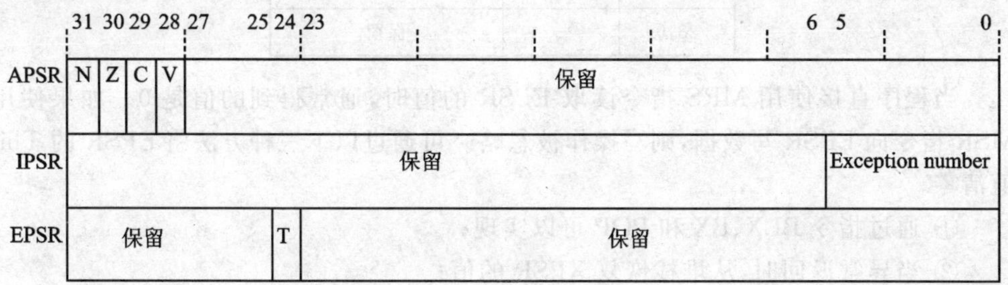

图 2.7 PSR 的位分布

(1) 应用程序状态寄存器(APSR)

APSR 根据程序执行情况保存条件标志。位定义如表 2.6 所列。

表 2.6 APSR 位定义

位	名 称	功能描述
[31]	N	负数标志
[30]	Z	零标志
[29]	C	进位或借位标志
[28]	V	溢出标志
[27:0]	—	保留

(2) 中断程序状态寄存器(IPSR)

IPSR 保存了当前 ISR 的异常号,位定义如表 2.7 所列。

表 2.7 PSR 位定义

位	名 称	功能描述		
[31:6]	—	保留		
[5:0]	异常编号	0＝Thread 模式	1＝保留	2＝NMI
		3＝硬故障	4～10＝保留	11＝SVCall
		12,13＝保留	14＝PendSV	15＝SysTick if implemented
		16＝IRQ0 …	$n+15$＝IRQ($n-1$)^b	($n+16$)～63＝保留

(3) 执行程序状态寄存器(EPSR)

EPSR 包含 Thumb 状态位。其位定义如表 2.8 所列。

表 2.8 EPSR 位定义

位	名 称	功能描述
[31:25]	—	保留
[24]	T	Thumb 状态位
[23:0]	—	保留

当程序直接使用 MRS 指令读取 EPSR 的值时,通常得到的值是 0。如果使用 MSR 指令向 EPSR 写数据,则写操作被忽略。可通过以下三种方法将 EPSR 的 Tbit 值清零。

① 通过指令 BLX、BX 和 POP 可以实现;

② 当异常返回时,从堆栈恢复 XPSR 的值;

③ 异常处理入口向量值位[0]为 0。

但当 Tbit 值为 0 时,执行一条指令将导致硬件故障或锁定。

6. 异常屏蔽寄存器(PRIMASK)

异常屏蔽寄存器(PRIMASK)用于屏蔽处理器所有的异常,对于那些对时序要求非常严格的代码,有时需要把异常屏蔽掉。

除了可以使用 MRS 和 MSR 指令设置 PRIMASK 寄存器之外,还可以使用专用的 CPS 指令进行设置。该寄存器的位定义如表 2.9 所列。

表 2.9 PRIMASK 位定义

位	名 称	功能描述
[0]	PRIMASK	0:无影响;1:屏蔽所有可配置优先级的异常
[31:1]	—	保留

7. 控制寄存器(CONTROL)

CONTROL 用于选择在 Thread 模式下当前使用哪个堆栈指针,该寄存器的位定义如表 2.10 所列。

默认情况下,Tread 模式下使用 MSP;如果想要改为 PSP,则可以通过指令 MSR 将 CONTROL 相应位置为 1。还可以在异常进入和异常返回时更新 CONTROL 寄存器。

表 2.10 CONTROL 位定义

位	名 称	功能描述
[31:2]	—	保留
[1]	当前堆栈指针	定义当前堆栈: 0:MSP 作为当前堆栈;1:PSP 作为当前堆栈。 在 Handler 模式下,该位总为 0,不可写入
[0]	—	保留

在 Handler 模式下不能写入,所以总是使用 MSP,但是可以在异常进入和异常返回时更新 CONTROL 寄存器。

2.8 思考与练习

1. Cortex 有哪些系列,各自具备什么特点?
2. 简述 Cortex - M0 的特点。
3. 简述 Cortex - M0 具备哪些优势。
4. Cortex - M0 支持几种数据类型?
5. 简述 Cortex - M0 3 个程序状态寄存器的含义。

第 3 章

解剖 NXP LPC1100 硬件结构

学习目标：理解 NXP LPC1100 芯片的硬件结构。

学习内容：1. 封装引脚；

2. 复位系统；

3. 时钟系统；

4. 存储系统。

本章详细介绍 NXP LPC1100 芯片的硬件结构，以及 NXP LPC1100 的最小系统。

3.1 NXP LPC1100 封装和引脚

NXP LPC1100 系列有 4 款芯片，分别是 LPC1111、LPC1112、LPC1113 和 LPC1114；有三种封装形式：LQFP48（LPC1113、LPC1114）、PLCC44（LPC1114）和 HVQFN33（LPC1111、LPC1112、LPC1113、LPC1114）。

LQFP48 封装具有 48 个引脚；PLCC44 封装具有 44 个引脚；HVQFN33 封装具有 33 个引脚。三种不同封装的引脚图如图 3.1、图 3.2、图 3.3 所示。

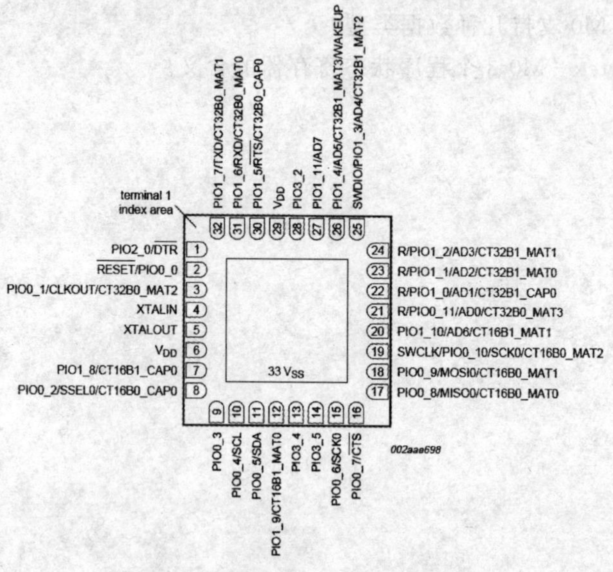

图 3.1　HVQFN33 封装引脚图

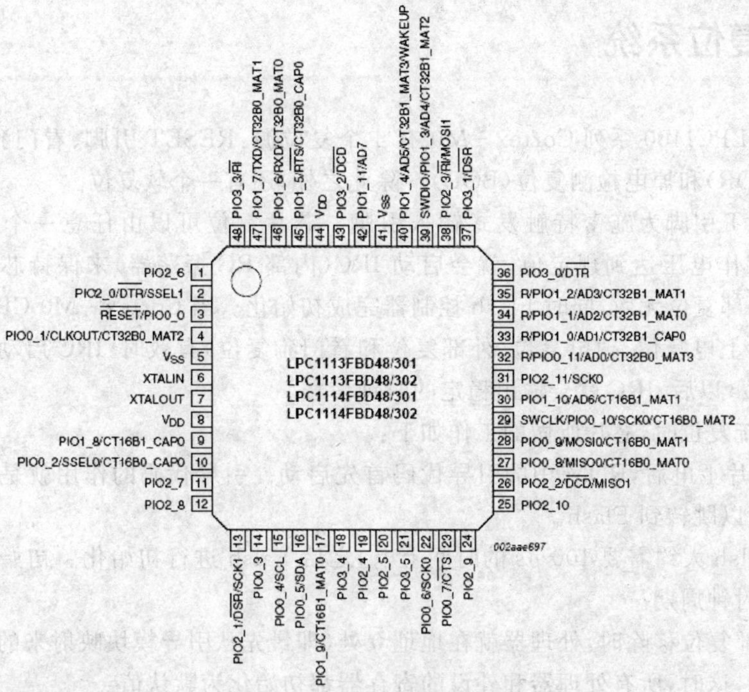

图 3.2　LQFP48 封装引脚图

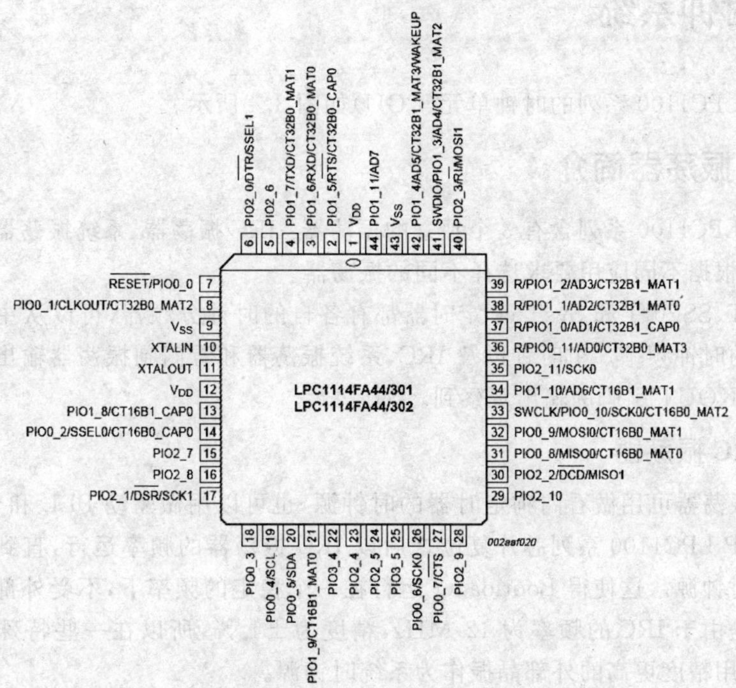

图 3.3　PLCC44 封装引脚图

3.2 复位系统

NXP LPC1100 系列 Cortex－M0 有 4 个复位源：RESET 引脚、看门狗复位、上电复位(POR)和掉电检测复位(BOD)。除此之外，还有一个软复位。

RESET 引脚为施密特触发式输入引脚。芯片复位可以由任意一个复位源引起，只要工作电压达到规定值，就会启动 IRC(内部 RC 振荡器)来保持芯片复位状态，直到外部复位无效，同时 Flash 控制器完成初始化。当 Cortex－M0 CPU 外部复位源(包括上电复位、掉电复位、外部复位和看门狗复位)有效时，IRC 启动。IRC 启动最多 6 μs 以后，IRC 就会输出稳定的时钟信号。

当系统复位时，芯片所做的工作如下：

① 芯片上电后，ROM 中的引导代码首先启动。引导代码的作用就是执行引导任务，也可以跳转到 Flash。

② Falsh 大约需要 100 μs 的时间上电，之后 Falsh 进行初始化。初始化需要大约 250 个时钟周期。

当内部复位移除时，处理器就在地址 0 处(即最先从引导模块映射来的复位向量地址)运行，这时，所有处理器和外设的寄存器都初始化为默认值。

3.3 时钟系统

NXP LPC1100 系列的时钟单元(CGU)如图 3.4 所示。

3.3.1 振荡器简介

NXP LPC1100 系列含有 3 个独立的振荡器：IRC 振荡器、系统振荡器和看门狗振荡器，可根据不同应用要求选择不同的振荡器。

UART、SSP0/1 和 SysTick 定时器都有各自的时钟分频器，可以从主时钟获得它们所需的时钟频率。主时钟以及 IRC、系统振荡器和看门狗振荡器输出的时钟可直接从 CLKOUT 引脚的输出观察到。

1. IRC 振荡器

IRC 振荡器可用做看门狗定时器的时钟源，也可以用做驱动 PLL 和 CPU 的时钟源。NXP LPC1100 系列芯片复位之后以 IRC 振荡器的频率运行，直到被软件切换到别的时钟源。这使得 Bootloader 运行在一个稳定的频率下，不受外部振荡器的影响。但是由于 IRC 的频率为 12 MHz，精度为±1 %，所以在一些特殊的应用场合，需要使用精度更高的外部晶振作为系统时钟源。

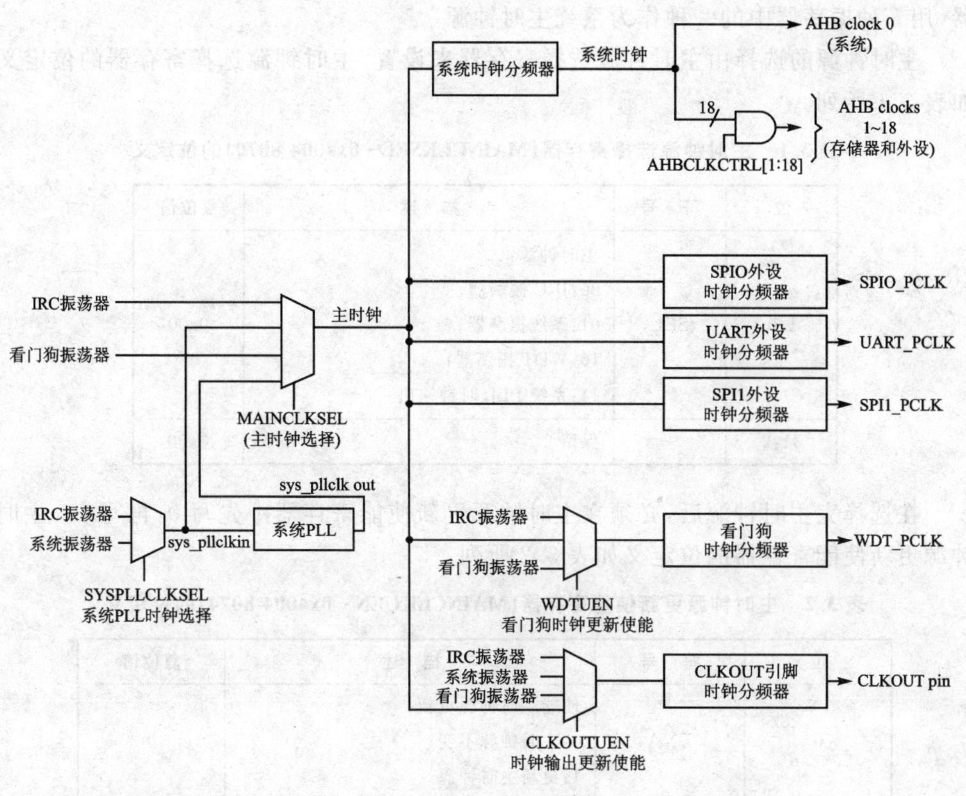

图 3.4　芯片内部时钟单元

2. 系统振荡器

系统振荡器(外部晶体振荡器)可作为 CPU 的时钟源。系统振荡器工作在 10~25 MHz 下,用户可通过 PLL 来提高 CPU 的工作频率。系统振荡器的输出称为 OSC_CLK,可用做 PLL 输入时钟 PLLCLKIN。在本书中,Cortex-M0 处理器的工作频率称为 CCLK,在 PLL 无效或还未连接时,PLLCLKIN 和 CCLK 的值是相同的。

3. 看门狗振荡器

看门狗振荡器(WDT 振荡器)可用做看门狗定时器的时钟源,也可以用做 CPU 的时钟源。由于看门狗振荡器的频率为 500 kHz~3.4 MHz,精度为±25 %,不是太高,所以在一些对时钟要求较高的场合,需要使用 IRC 振荡器或精度更高的外部晶体振荡器作为系统时钟源。

3.3.2　时钟源的选择

1. 输入时钟源的选择

NXP LPC1100 系列含有 3 个独立的振荡器,用户可以通过设置时钟源选择寄存器，用 3 种振荡器中的一种作为系统主时钟源。

主时钟源的选择由主时钟源选择寄存器来设置，主时钟源选择寄存器的位定义如表 3.1 所列。

表 3.1　主时钟源选择寄存器(MAINCLKSEL－0x4004 8070)的位定义

位	符　号	描　述	复位值
1:0	SEL	主时钟源： 00：IRC 振荡器； 01：系统振荡器； 10：WDT 振荡器； 11：系统 PLL 时钟输出	0x00
31:2	—	保留	0x00

在选择完主时钟源后，必须在主时钟源更新使能寄存器中先写 0，再写 1。主时钟源更新使能寄存器的位定义如表 3.2 所列。

表 3.2　主时钟源更新使能寄存器(MAINCLKUEN－0x4004 8074)的位定义

位	符　号	描　述	复位值
0	ENA	使能主时钟源更新： 0：主时钟源不变； 1：更新主时钟源	0
31:1	—	保留	0x00

2. 输出时钟源的选择

为了便于系统测试和开发，NXP LPC1100 系列的任何一个内部时钟均可作为外部时钟源输出。外部时钟源输出引脚是 CLKOUT(即 PIO0.1)。CLKOUT 输出选择时钟源框图如图 3.5 所示。

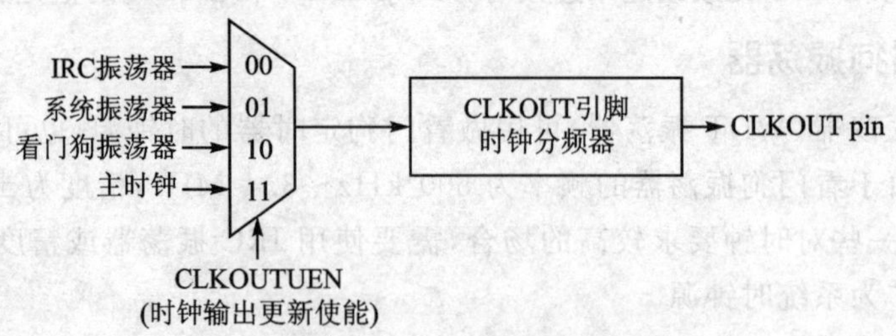

图 3.5　CLKOUT 输出选择时钟源框图

用户可以通过 CLKOUT 时钟源选择寄存器(CLKOUTCLKSEL)来选择用做输出的内部时钟。CLKOUT 时钟源选择寄存器的位定义如表 3.3 所列。

表 3.3　CLKOUT 时钟源选择寄存器(CLKOUTCLKSEL－0x4004 80E0)的位定义

位	符　号	描　述	复位值
1:0	SEL	CLKOUT 时钟源： 00:IRC 振荡器；　01:系统振荡器； 10:WDT 振荡器；　11:主时钟	0x00
31:2	—	保留	0x00

将值写入 CLKOUTCLKSEL 寄存器以后，CLKCLKUEN 寄存器用于允许使用新的时钟来更新 CLKOUT 引脚输出的时钟源。为了使在 CLKOUT 引脚的输入更新生效，需要先向 CLKCLKUEN 寄存器中写 0，然后再写 1。CLKOUT 时钟源更新使能寄存器的位定义如表 3.4 所列。

表 3.4　CLKOUT 时钟源更新使能寄存器(CLKOUTUEN－0x4004 80E4)的位定义

位	符　号	描　述	复位值
0	ENA	0:CLKOUT 时钟源不变；1:更新 CLKOUT 时钟源	0
31:1	—	保留	0x00

3. 系统 AHB 时钟设置

系统 AHB 桥上的时钟频率是把主时钟分频后的时钟信号，并向内核、存储器、外设提供时钟信号。分频值是由 AHB 时钟分频寄存器(SYSAHBCLKDIV)设置的。表 3.5 就是该寄存器的位定义。

表 3.5　AHB 时钟分频寄存器(SYSAHBCLKDIV－0x4004 8078)的位定义

位	符　号	描　述	复位值
7:0	DIV	设置系统 AHB 时钟分频值： 1:分频值为 1；…；255:分频值为 255	0x01
31:8	—	保留	0x00

AHB 时钟控制寄存器用于允许时钟提供给独立的系统和外设模块。该寄存器的位定义如表 3.6 所列。

表 3.6　AHB 时钟控制寄存器(SYSAHBCLKCTRL－0x4004 8080)的位定义

位	符　号	功能描述	复位值
0	SYS	1:允许 AHB 到 APB 桥、AHB 矩阵、Cortex－M0 FCLK 和 HCLK、系统时钟和 PMU 时钟； 0:保留。 该位为只读	1

续表 3.6

位	符　号	功能描述	复位值
1	ROM	1:允许 AHB 时钟提供给 ROM;0:禁止 AHB 时钟提供给 ROM	1
2	RAM	1:允许 AHB 时钟提供给 RAM;0:禁止 AHB 时钟提供给 RAM	1
3	FLASHREG	1:允许 AHB 时钟提供给 Flash;0:禁止 AHB 时钟提供给 Flash	1
4	FLASHARRAY	1:允许 AHB 时钟提供给 Flash array;0:禁止 AHB 时钟提供给 Flash array	1
5	I²C	1:允许 AHB 时钟提供给 I²C;0:禁止 AHB 时钟提供给 I²C	0
6	GPIO	1:允许 AHB 时钟提供给 GPIO;0:禁止 AHB 时钟提供给 GPIO	1
7	CT16B0	1:允许 AHB 时钟提供给 16 位定时器 0;0:禁止 AHB 时钟提供给 16 位定时器 0	0
8	CT16B1	1:允许 AHB 时钟提供给 16 位定时器 1;0:禁止 AHB 时钟提供给 16 位定时器 1	0
9	CT32B0	1:允许 AHB 时钟提供给 32 位定时器 0;0:禁止 AHB 时钟提供给 32 位定时器 0	0
10	CT32B1	1:允许 AHB 时钟提供给 32 位定时器 1;0:禁止 AHB 时钟提供给 32 位定时器 1	0
11	SSP0	1:允许 AHB 时钟提供给 SPI0;0:禁止 AHB 时钟提供给 SPI0	1
12	UART	1:允许 AHB 时钟提供给 UART;0:禁止 AHB 时钟提供给 UART	0
13	ADC	1:允许 AHB 时钟提供给 ADC;0:禁止 AHB 时钟提供给 ADC	0
14	—	保留	0
15	WDT	1:允许 AHB 时钟提供给 WDT;0:禁止 AHB 时钟提供给 WDT	0
16	IOCON	1:允许 AHB 时钟提供给 I/O 配置模块;0:禁止 AHB 时钟提供给 I/O配置模块	0
17	CAN	1:允许 AHB 时钟提供给 CAN;0:禁止 AHB 时钟提供给 CAN	0
18	SSP1	1:允许 AHB 时钟提供给 SPI1;0:禁止 AHB 时钟提供给 SPI1	0
31:19	—	保留	0x00

3.3.3 PLL 工作原理

NXP LPC1100 系列利用 PLL 升频可以获得更高的系统时钟(F_{CLKOUT}),来为内核以及外设提供时钟信号。

1. PLL 内部结构

PLL 是由相位频率检测、流控振荡器、2P 分频器(后置分频器)、M 分频器(反馈分频器)构成,PLL 的方框图如图 3.6 所示。

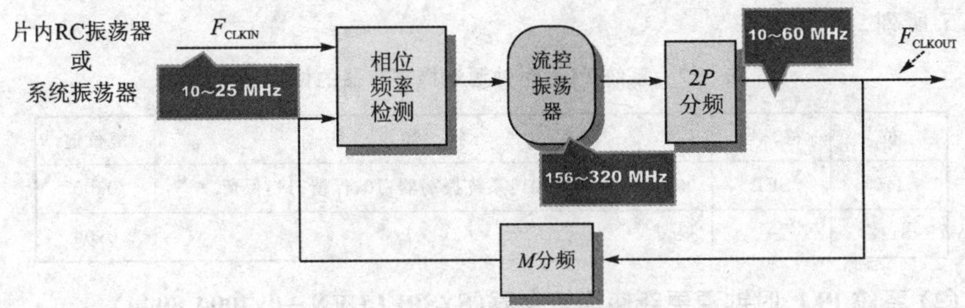

图 3.6 PLL 工作原理方框图

各组成部分具体描述如下：

相位频率检测：检测两路输入信号的相位频率，并根据误差，输出不同大小的电流信号。

流控振荡器：由输入电流大小来控制其振荡频率。

2*P* 分频器：调整 *P* 值，使 CCO 振荡在规定频率范围内。

M 分频器：调整 *M* 值，实现 F_{OSC} 到 F_{CCLK} 的倍频。

2. PLL 工作原理

通过设置 SYSPLLCLKSEL 寄存器来选择 PLL 的时钟源，PLL 将输入时钟升频，然后再分频以提供 CPU 及芯片外设所使用的实际时钟。PLL 可产生的时钟频率最大可达 50 MHz，这也是 CPU 的最高工作频率。

输入到 PLL 的时钟频率范围为 10～25 MHz，输入时钟和反馈时钟输入到“相位频率检测”部件，该部件会比较两个信号的相位和频率，并根据误差输出不同的电流值来控制 CCO 的振荡频率。通常 CCO 的输出频率是有限的，超出这个范围则无法输出预期的时钟信号。NXP LPC1100 系列 Cortex - M0 内部的 CCO 可工作在 156～320 MHz。图 3.6 中所示的“2*P* 分频”和“*M* 分频”就是为了保证 CCO 工作在正常范围内而设计的。

3. PLL 的锁定过程

CCO 的输出频率受到“相位频率检测”部件的控制，输出所需频率的过程不是一蹴而就的，而是一个拉锯反复的过程。CCO 的输出频率在高低起伏一段时间后，渐渐稳定在了预期的频率值上，输出频率稳定后即“锁定”成功，如图 3.7 所示。

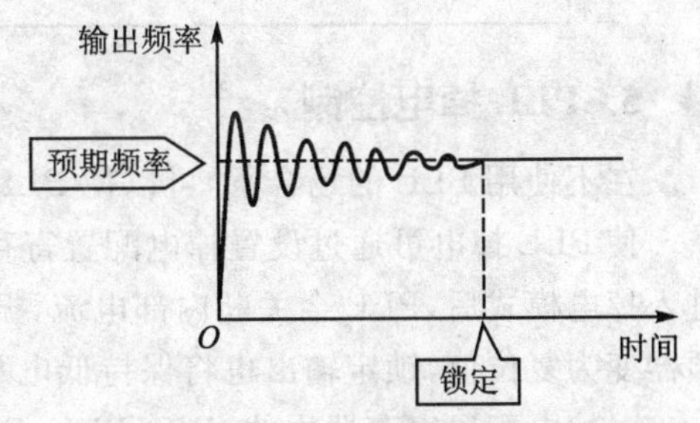

图 3.7 PLL 的锁定过程

4. PLL 相关寄存器

(1) 系统 PLL 时钟源选择寄存器(SYSPLLCLKSEL - 0x4004 8040)

系统 PLL 时钟源选择寄存器为系统 PLL 选择时钟源，该寄存器的位定义如

表 3.7 所列。

表 3.7　系统 PLL 时钟源选择寄存器的位定义

位	符　号	描　述	复位值
1:0	SEL	00:IRC 振荡器;01:系统振荡器;10:保留;11:保留	0x00
31:2	—	保留	0x00

(2) 系统 PLL 时钟源更新使能寄存器(SYSPLLUEN-0x4004 8044)

系统 PLL 时钟源更新使能寄存器可以更新系统 PLL 的时钟源,新的输入时钟源由时钟源选择寄存器决定。为了使更新有效,必须向系统 PLL 时钟源更新使能寄存器,先写 0,再写 1。系统 PLL 时钟源更新使能寄存器的位定义如表 3.8 所列。

表 3.8　系统 PLL 时钟源更新使能寄存器的位定义

位	符　号	描　述	复位值
0	ENA	0:PLL 时钟源不变;1:更新 PLL 时钟源	0
31:1	—	保留	0x00

(3) 系统 PLL 控制寄存器(SYSPLLCTRL-0x4004 8008)

系统 PLL 控制寄存器用来设置 PLL 的分频值,如表 3.9 所列。

表 3.9　系统 PLL 控制寄存器的位定义

位	符　号	描　述	复位值
4:0	MSEL	反馈分频器值。 00000: $M=1$;…;11111: $M=32$	0x00
6:5	PSEL	后置分频器速率 P。分频比率为 $2P$ 00:$P=1$; 01:$P=2$; 10:$P=4$;11:$P=8$	0x00
31:7	—	保留	0x00

5. PLL 掉电控制

在不使用 PLL 的场合下,可以使 PLL 进入掉电模式以降低功耗。

使 PLL 掉电可通过设置掉电配置寄存器中的 SYS_PLL_PD 位来实现。当 PLL 进入掉电模式后,PLL 会关断内部电流,振荡器和相位频率检测器都将停止工作,分频器变为复位值,锁定输出也将保持低电平,以表示 PLL 未锁定。

对掉电配置寄存器中的 SYS_PLL_PD 位写"0",会结束 PLL 的掉电状态;PLL 重新上电后,恢复工作状态,等待一段时间后,PLL 重新锁定,锁定后的时钟便可以正常使用。

注意:PLL 进入掉电模式和芯片进入掉电模式不是同一个概念,芯片进入掉电模式后会自动关闭并断开 PLL,即 PLL 也会进入掉电模式;但是芯片在正常操作时,如果不使用 PLL，也可以使 PLL 进入掉电模式，以降低功耗。

6. PLL 频率计算

PLL 输出频率公式如下：

$$F_{CLKOUT} = M \times F_{CLKIN} = F_{CCO}/(2 \times P)$$

式中 F_{CLKIN}——时钟输入频率，频率范围为 10～25 MHz；

F_{CCO}——PLL 电流控制振荡器的频率，CCO 可工作在 156～320 MHz 频率范围内；

F_{CLKOUT}——PLL 输出频率；

M——系统 PLL 的反馈分频比率，M 值的范围为 1～32，由 SYSPLLCTRL 中的位 MSEL 来设置；

P——系统 PLL 的后置分频比率，由 SYSPLLCTRL 中的位 PSEL 来设置。

为了选择合适的 M 和 P 值，采用如下步骤：

① 指定输入时钟频率 F_{CLKIN}；

② 计算 M 值以获得所需的输出频率 F_{CLKOUT}，$M = F_{CLKOUT}/F_{CLKIN}$；

③ 找出一个值，使得 $F_{CCO} = 2 \times P \times F_{CLKOUT}$；

④ 检查所有的频率和分频器值设置，是否符合系统 PLL 控制寄存器（SYSPLLCTRL）内的限定。

注意：在 PLL 运行过程中不要改变分频器的比率，先将 PLL 掉电，再调整分频值，然后启动。

7. PLL 设置步骤

要对 PLL 进行正确的初始化，应注意下列步骤：

① 如果选择系统振荡器作为 PLL 的输入时钟源，则应在 PDRUNCFG 中对系统振荡器先上电；

② 在系统 PLL 时钟源选择寄存器中选择作为 PLL 输入的时钟源、系统振荡器或 IRC 振荡器；

③ 写系统 PLL 时钟源更新使能寄存器，使系统 PLL 时钟源选择有效；

④ 在系统 PLL 控制寄存器中写计算好的 M 和 P 值；

⑤ 在 PDRUNCFG 中对系统 PLL 上电，并等待 PLL 信号锁定；

⑥ 在主时钟源选择寄存器中选择 PLL 时钟作为系统的时钟；

⑦ 写主时钟源选择更新使能寄存器，使主时钟源选择系统 PLL 时钟输出有效。

PLL 操作代码如程序清单 3.1 所示。

程序清单 3.1　设置 PLL 的代码

```
......
PDRUNCFG &= ~(0x1ul << 5);                /* 系统振荡器上电 */
for (i = 0; i < 0x100; i++)
```

```
{                                               /* 等待振荡器稳定 */
}
SYSPLLCLKSEL = MAIN_CLKSRCSEL_VALUE;            /* 选择系统振荡器 OSC */
SYSPLLCLKUEN = 0x00;                            /* 切换时钟源 */
SYSPLLCLKUEN = 0x01;                            /* 更新时钟源 */
while (!(SYSPLLCLKUEN & 0x01))
{                                               /* 等待更新完成 */
}
uiRegVal = SYSPLLCTRL;
uiRegVal &= ~0x1FF;
SYSPLLCTRL = (uiRegVal | (PLL_PVALUE << 5) | PLL_MVALUE); /* 预分频:M+1 与 2×P */
PDRUNCFG &= ~(0x01ul << 7);                     /* 系统 MAIN PLL 上电 */
while (!(SYSPLLSTAT & 0x01))
{                                               /* 等待锁定 */
}
MAINCLKSEL = 0x03;                              /* 选择 PLL 输出 */
MAINCLKUEN = 0x01;                              /* 更新 MCLK 时钟源选择 */
MAINCLKUEN = 0x00;                              /* 翻转更新寄存器 */
MAINCLKUEN = 0x01;
while (!(MAINCLKUEN & 0x01));                   /* 等待更新完成 */
```

3.4 存储器和存储器映射

3.4.1 片上存储器

1. 片上 Flash 存储器

(1) 基本性质

① LPC1100 系列中 ARM 微处理器内部都带有容量不等的 Flash，如表 3.10 所列。该存储器可用做代码和数据的存储，片内 Flash 通过 128 位宽度的总线与 ARM 内核相连，具有很高的速度，加上特有的存储器加速功能，可以将程序直接放在 Flash 上运行。对 Flash 存储器的编程可通过几种方法来实现：通过内置的串行 JTAG 接口，通过在系统编程（即 ISP，使用 UART0 通信），或通过在应用编程（IAP）。使用在应用编程的应用程序，可以在应用程序运行时对 Flash 进行擦除和/或编程，这样就为数据存储和现场固件的升级带来了极大的灵活性。

(2) 片内 Flash 编程方法

① 使用 JTAG 仿真/调试器，通过芯片的 JTAG 接口下载程序；

② 使用在系统编程(即 ISP)技术，通过 UART0 接口下载程序；

③ 使用在应用编程(即 IAP)技术，在用户程序运行时对 Flash 进行擦除和/或编

程操作，实现数据的存储和固件的现场升级。

表 3.10 LPC1100 系列存储器的分布

器 件	片内 Flash 容量/KB	SRAM 容量/KB		
		/101	/102	/103
LPC1111	8	2	4	—
LPC1112	16	2	4	—
LPC1113	24	—	4	8
LPC1114	32	—	4	8

2. 片内静态 RAM

LPC1111/ LPC1112/LPC1113/LPC1114 含有不同容量的静态 RAM，可用做代码和/或数据的存储。

3. 存储器的分布

LPC1100 系列 Cortex－M0 含有 4 GB 的地址空间，地址分布如表 3.11 所列。

表 3.11 LPC1100 系列存储器的地址分布

地址范围	用 途	描 述
0x0000 0000～0x0000 7FFF	片上非易失性存储器	Flash 存储器(32 KB)
0x1000 0000～0x1000 1FFF	片上 SRAM	静态 RAM(8 KB)
0x1FFF 0000～0x1FFF 3FFF	片上 ROM	16 KB 引导 ROM
0x4000 0000～0x4007 FFFF	APB 外设	32 个外设模块，每个 16 KB
0x5000 0000～0x501F FFFF	AHB 外设	高速 GPIO
0xE000 0000～0xE00F FFFF	Cortex－M0 相关功能	包括 NVIC 和系统时钟定时器

3.4.2 存储器映射

存储器本身不具有地址信息，它们在芯片中的地址是由芯片厂家或用户分配的。给物理存储器分配逻辑地址的过程称为存储器映射。通过这些逻辑地址，就可以访问到相应存储器的物理存储单元。

如图 3.8 所示，AHB 外设区域为 2 MB，可分配多达 128 个外设。在 LPC1100 系列 Cortex－M0 上，GPIO 端口是唯一的 AHB 外设。APB 外设区的大小为 512 KB，可分配多达 32 个外设，每个外设空间大小都为 16 KB，这样可简化外设的地址译码。

所有外设寄存器无论规格大小，地址都是字对齐的(32 位边界)。这样不管是字

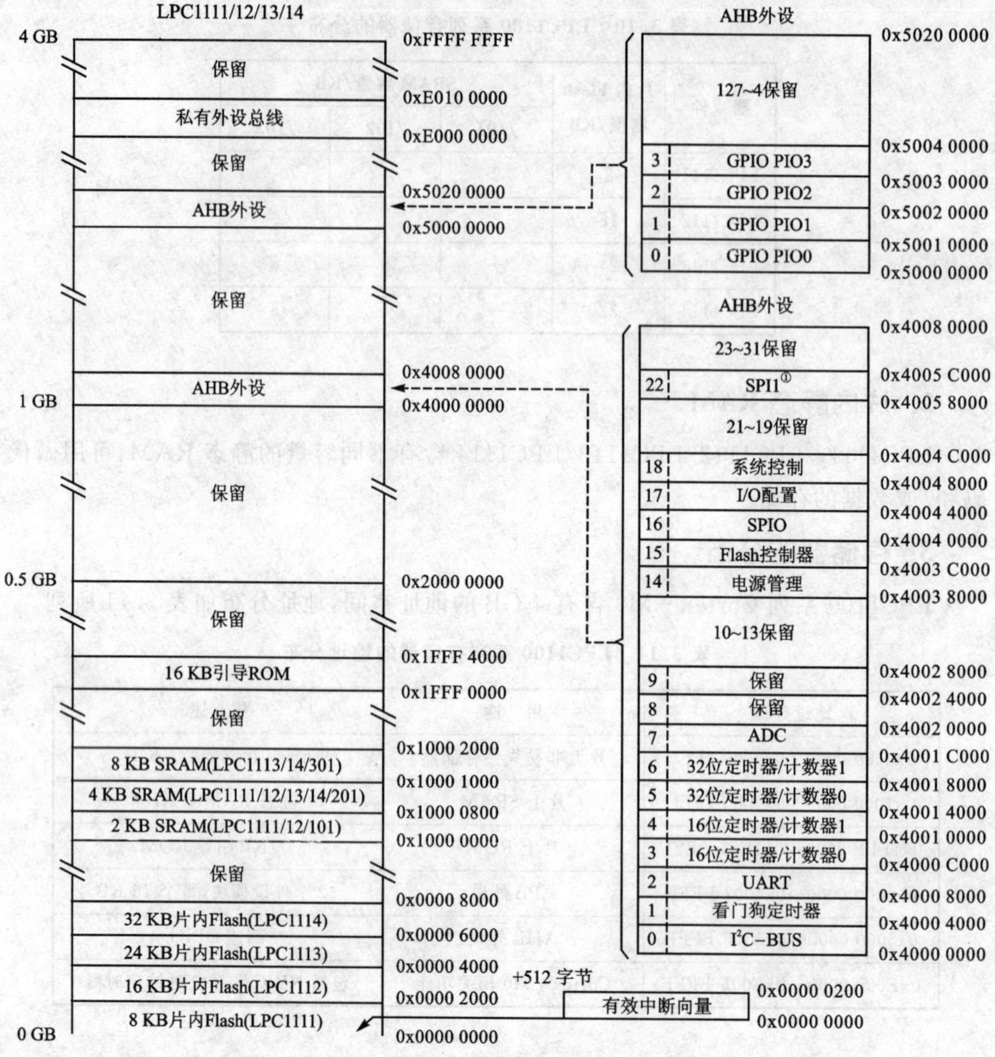

LPC1111/12/13/14

4 GB		0xFFFF FFFF
	保留	
		0xE010 0000
	私有外设总线	
		0xE000 0000
	保留	
		0x5020 0000
	AHB外设	
		0x5000 0000
	保留	
		0x4008 0000
	AHB外设	
1 GB		0x4000 0000
	保留	
0.5 GB		0x2000 0000
	保留	
		0x1FFF 4000
	16 KB引导ROM	
		0x1FFF 0000
	保留	
		0x1000 2000
	8 KB SRAM(LPC1113/14/301)	
		0x1000 1000
	4 KB SRAM(LPC1111/12/13/14/201)	
		0x1000 0800
	2 KB SRAM(LPC1111/12/101)	
		0x1000 0000
	保留	
		0x0000 8000
	32 KB片内Flash(LPC1114)	
		0x0000 6000
	24 KB片内Flash(LPC1113)	
		0x0000 4000
	16 KB片内Flash(LPC1112)	
		0x0000 2000
	8 KB片内Flash(LPC1111)	
0 GB		0x0000 0000

AHB外设

编号	外设	地址
		0x5020 0000
	127~4保留	
		0x5004 0000
3	GPIO PIO3	
		0x5003 0000
2	GPIO PIO2	
		0x5002 0000
1	GPIO PIO1	
		0x5001 0000
0	GPIO PIO0	
		0x5000 0000

AHB外设

编号	外设	地址
		0x4008 0000
	23~31保留	
		0x4005 C000
22	SPI1①	
		0x4005 8000
	21~19保留	
		0x4004 C000
18	系统控制	
		0x4004 8000
17	I/O配置	
		0x4004 4000
16	SPIO	
		0x4004 0000
15	Flash控制器	
		0x4003 C000
14	电源管理	
		0x4003 8000
	10~13保留	
		0x4002 8000
9	保留	
		0x4002 4000
8	保留	
		0x4002 0000
7	ADC	
		0x4001 C000
6	32位定时器/计数器1	
		0x4001 8000
5	32位定时器/计数器0	
		0x4001 4000
4	16位定时器/计数器1	
		0x4001 0000
3	16位定时器/计数器0	
		0x4000 C000
2	UART	
		0x4000 8000
1	看门狗定时器	
		0x4000 4000
0	I²C-BUS	
		0x4000 0000

+512 字节

有效中断向量	0x0000 0200 — 0x0000 0000

① 仅 LQFP48/PLCC44 封装具有。

图 3.8 LPC1111/12/13/14 系统存储器映射

节、半字还是字长度的寄存器都是一次性访问。例如，不可能对一个字寄存器的最高字节执行单独的读或写操作。

AHB 外设是挂接在芯片内部 AHB 总线上的外设部件，具有较高的速度，LPC1100 系列 Cortex－M0 中，AHB 外设地址映射如表 3.12 所列。APB 外设是挂接在芯片内部 VPB 总线上的外设部件，速度通常比 AHB 外设要低。LPC1100 系列 Cortex－M0 中 APB 外设地址映射如表 3.13 所列。

表 3.12 AHB 外设地址映射

AHB 外设	基 址	外设名称
0	0x5000 0000	GPIO PIO0
1	0x5001 0000	GPIO PIO1
2	0x5002 0000	GPIO PIO2
3	0x5003 0000	GPIO PIO3
4～127	0x5004 0000～0x501F FFFF	未使用

表 3.13 APB 地址映射表

APB 外设	基 址	外设名称
0	0x4000 0000	I^2C
1	0x4000 4000	看门狗定时器
2	0x4000 8000	UART
3	0x4000 C000	16 位定时器/计数器 0
4	0x4001 0000	16 位定时器/计数器 1
5	0x4001 4000	32 位定时器/计数器 0
6	0x4001 8000	32 位定时器/计数器 1
7	0x4001 C000	ADC
8	0x4002 0000	未使用
9	0x4002 4000	未使用
10～13	0x4002 8000～0x4003 7FFF	未使用
14	0x4003 8000	电源管理
15	0x4003 C000	Flash 控制器
16	0x4004 0000	SSP0
17	0x4004 4000	I/O 配置
18	0x4004 8000	系统控制
19～21	0x4004 C000～0x4005 7FFF	未使用
22	0x4005 8000	SSP1①
22～31	0x4005 C000～0x4007 FFFF	未使用

① 仅 LQFP48/PLCC44 封装具有。

3.4.3 重映射及引导块

1. 重映射

将已经映射过的存储器再次映射的过程称为存储器重映射，它使同一物理存储单元出现多个不同的逻辑地址。这些存储单元主要包括引导块 Boot Block 和用于保存异常向量表的少量存储单元。

由 Cortex - M0 体系结构可知，Cortex - M0 的异常向量表位于 Flash 的起始地址 0x0000 0000 处，当发生异常事件时，硬件将自动从向量表中取出对应中断服务程序的入口地址。异常向量如图 3.9 所示。LPC1100 系列 Cortex - M0 含有片内 Flash、片内 SRAM、Boot ROM 等，通过存储器的重映射机制对异常向量表进行重映射，可以实现在不同的存储器中处理异常事件。

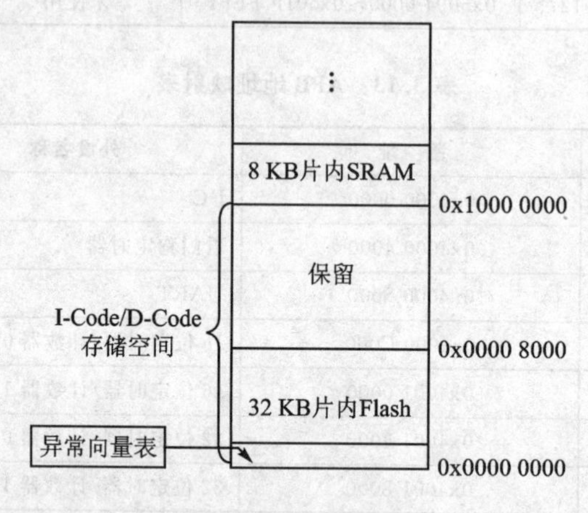

图 3.9　异常向量表

在应用中若需动态修改向量表，则向量表中至少要包含以下 4 个向量：

① 主堆栈指针(MSP)的初始值；

② 复位向量；

③ NMI 向量；

④ 硬 fault 向量。

复位后的异常向量表如表 3.14 所列。

表 3.14　复位后异常向量表

地　址	异常编号	描　述
0x0000 0000	—	MSP 的初始值
0x0000 0004	1	复位向量(PC 初始值)
0x0000 0008	2	NMI 处理函数入口地址
0x0000 000C	3	硬 fault 处理函数入口地址
…	…	其他异常处理函数的入口地址

2. 引导块(Boot Block)

(1) Boot Block 概述

Boot Block 是芯片设计厂家在 LPC1100 系列 Cortex - M0 内部固化的一段代

码，用户无法对其修改或删除。这段代码在芯片复位后首先运行，它提供对 Flash 存储器编程的方法。

(2) Boot Block 功能描述

Boot Block 的功能包括：判断用户代码是否有效、芯片是否加密、是在应用编程(IAP)还是在系统编程(ISP)。

1) 用户代码是否有效

Boot Block 在把芯片的控制权交给用户程序之前，要先判断用户程序是否有效，否则将不运行用户程序。这样，可以避免在现场设备中的芯片因为代码损坏导致程序跑飞而引起事故。

2) 芯片是否加密

芯片可加密是 LPC1100 系列 Cortex－M0 的一个重要特性，该功能可以保护芯片用户的知识产权不受侵害。加密后的芯片是无法使用 JTAG 接口进行调试的，也无法使用 ISP 工具对存储器进行代码下载和读取，而只有对芯片整片擦除后才能做进一步的操作。

3) 在应用编程(IAP)

LPC1100 系列 Cortex－M0 内部的 Flash 是无法从外部直接擦写的，这些功能必须通过 IAP 代码来实现。IAP 可以实现片内 Flash 的擦除、查空、将数据从 RAM 写入指定 Flash 空间、校验和读器件 ID 等功能。

IAP 代码是可以被用户程序调用的，实际应用中，可以通过 IAP 把片内 Flash 用于数据的保存或实现用户程序的在线升级。

4) 在系统编程(ISP)

ISP 功能是一种非常有用的片内 Flash 烧写方式。LPC1100 系列 Cortex－M0 通过 UART0 使用约定的协议与计算机上的 ISP 软件进行通信，并按用户的操作要求，调用内部的 ISP 代码实现各种功能，如把用户代码下载到片内 Flash 中。

有两种情况可以使芯片进入 ISP 状态：

① 当复位芯片并将芯片的 PIO0_1 引脚拉低时，可进入 ISP 状态；

② 当芯片内部无有效用户代码时，Boot Block 令 CPU 进入 ISP 状态。

一旦处理器进入 ISP 模式，Boot Block 就将片内 RC 振荡器作为 PLL 的输入时钟源，并产生 14.748 MHz 的系统时钟。

3.5 思考与练习

1. 简述 NXP LPC1100 系列 3 个独立的振荡器。
2. 选择时钟源时，如何设置相应的寄存器？
3. 简述 NXP LPC1100 的复位系统。
4. 简述 PLL 工作原理。

第 4 章

NXP LPC1100 系列低功耗特性管理

学习目标：理解 NXP LPC1100 芯片的低功耗特性。

学习内容：1. 节能模式简介；

2. 三种节能模式设置方法；

3. 低功耗特性分析。

本章重点介绍 NXP LPC1100 芯片三种节能模式的特点、设置方法及进行低功耗特性分析。该芯片比 8/16 位单片机有较大优势。

4.1 节能模式简介

NXP LPC1100 系列 Cortex－M0 处理器支持睡眠模式、深度睡眠模式和深度掉电模式三种节能模式。在不同模式下，处理器自动关闭的时钟、外设功能模块不同。此外，为降低功耗，进入节能模式后，调试功能也会被禁止。

三种节电模式的节电效果也不相同，深度掉电模式最为省电，深度睡眠模式次之，最后是睡眠模式。三种节电模式对比如表 4.1 所列。

表 4.1 三种节电模式对比

模　式	时钟源	PLL	内　核	Flash 存储器	片内外设
睡眠	IRC 振荡器； 系统振荡器； 看门狗振荡器	允许使用	暂停工作； 指令暂时不执行	允许访问	所有片内外设可运行； 需手动关闭未使用的片内外设
深度睡眠	看门狗振荡器	禁止使用	暂停工作； 指令暂时不执行	允许访问	除了 WDT 和 BOD 振荡器之外的模拟模块掉电，其余数字模块都可运行； 需手动关闭未使用的片内外设
深度掉电	无	禁止使用	完全关闭； 指令不执行	不允许访问	片内外设都关闭

处理器运行时用户可以对片内的外设进行单独控制，把不需要用到的外设关闭，避免不必要的动态功耗。为了方便进行功率控制，外设（UART、SSP0/1、SysTick 定时器、看门狗定时器）都有独立的时钟分频器。

CPU 的时钟速率也可以通过改变时钟源、重置 PLL 值或改变系统时钟分频值来调整。这样，就使得处理器速率和处理器所消耗的功率达到平衡，满足应用的需求。

4.2 节能模式的设置

4.2.1 运行模式

在运行模式下，ARM Cortex－M0 内核、存储器和外设都使用分频后的系统时钟，系统时钟由时钟分频寄存器 AHBCLKDIV 来决定。用户通过寄存器 AHBCLKCTRL 选择需要运行的存储器和外设。

特定的外设（UART、SSP0/1、WDT 和 Systick 定时器）除了有系统时钟以外，还有单独的外设时钟和自己的时钟分频器，用户可以通过外设的时钟分频器来关闭外设。

模拟模块（PLL、振荡器、ADC、BOD 电路和 Flash 模块）的电源可以通过掉电配置寄存器（PDRUNCFG）（见表 4.2）来单独控制。

掉电配置寄存器中的位用于控制各个外设模块是否上电，用户应用程序在任何时刻都可以写该寄存器。除 IRC 的掉电信号外，其他外设模块在掉电配置寄存器中的相应控制位写“0”，相应的模块会立即掉电。掉电配置寄存器的位定义如表 4.2 所列。

表 4.2 掉电配置寄存器（PDRUNCFG）的位定义

位	符 号	描 述	复位值
0	IRCOUT_PD	IRC 振荡器输出掉电配置位。1：掉电；0：上电	0
1	IRC_PD	IRC 振荡器掉电配置位。1：掉电；0：上电	0
2	FLASH_PD	Flash 掉电配置位。1：掉电；0：上电	0
3	BOD_PD	BOD 掉电配置位。1：掉电；0：上电	0
4	ADC_PD	ADC 掉电配置位。1：掉电；0：上电	1
5	SYSOSC_PD	系统振荡器掉电配置位。1：掉电；0：上电	1
6	WDT_PD	WDT 掉电配置位。1：掉电；0：上电	1
7	SYSPLL_PD	PLL 掉电配置位。1：掉电；0：上电	1
8	—	保留	待定
9	0	保留。在运行模式下该位必须为 0	0
10	—	保留	待定
11	1	保留。在运行模式下该位必须为 1	0
12	0	保留。在运行模式下该位必须为 0	0
31:13	—	保留	0x00

注意：为了确保在运行模式下处理器能正常运行，PDRUNCFG 寄存器中的位 9 和位 12 必须为 0。

4.2.2 睡眠模式

在睡眠模式下，ARM Cortex－M0 内核的时钟停止，指令的执行被中止直至复位或中断出现。

1. 睡眠模式相关寄存器

系统控制寄存器(SCR)的位定义如表 4.3 所列。

表 4.3 系统控制寄存器(SCR)的位定义

位	符 号	描 述	复位值
0	—	保留。不能向该位写 1	0
1	SLEEPONEXIT	该位设置从处理模式到线程模式是否进入睡眠模式。此位置 1 使能中断，避免应用程序返回空的 main 函数。 0：在线程模式中不睡眠； 1：当从 ISR 返回到线程模式时，进入睡眠模式或深度睡眠模式	0
2	SLEEPDEEP	在低功耗模式下，选择处理器使用睡眠模式还是深度睡眠模式 0：睡眠；1：深度睡眠	0
3	—	保留	0
4	SEVONPEND	发送中断信号。当有中断进入时，等待中断模式，中断信号可将 CPU 从 WFE 中唤醒。如果 CPU 没有等待中断，但是中断信号已经有效，则将会在下一个 WFE 指令后生效。当然执行 SEV 指令也可将 CPU 唤醒。 0：只有使能的中断才可以将 CPU 唤醒，没有使能的中断将被忽略； 1：所有的中断，包括使能和没有使能的中断都可以将 CPU 唤醒	0
31：5	—	保留。不能向该位写 1	0x00

在睡眠模式下，寄存器 AHBCLKCTRL 开启的外设继续运行，并可能产生中断使处理器重新运行。睡眠模式不使用处理器自身的动态电源、存储器系统、相关控制器和内部总线。处理器的状态、寄存器、外设寄存器和内部 SRAM 的值都会保留，引脚的逻辑电平也会保留。

2. 如何进入和退出睡眠模式

(1) 进入睡眠模式的软件设置

① 向 SCR 寄存器中的位 SLEEPDEEP 写 0；

② 通过使用等待中断(WFI)指令使处理器进入睡眠模式。

进入睡眠模式的程序代码如下：

```
SYSAHBCLKCTRL = 0x1F;            /* 关闭所有外设时钟 */
PDRUNCFG = (0x1 << 7) |          /* 关闭系统 PLL 单元 */
           (0x1 << 5) |          /* 关闭系统振荡器单元 */
           (0x1 << 3);           /* 关闭掉电检测单元 */
SCR &= ~(0x01 << 2);             /* 设置为睡眠状态 */
__wfi();                         /* 进入睡眠模式 */
```

(2) 退出睡眠模式设置

当出现任何使能的中断时，都会使 CPU 内核从睡眠模式中唤醒。

4.2.3 深度睡眠模式

1. 深度睡眠模式简介

在深度睡眠模式中，ARM 内核的时钟关断，其他各种模拟模块可掉电。深度睡眠模式的进入由深度睡眠模块和深度睡眠有限状态机来控制。由起始逻辑启动从深度睡眠模式唤醒的进程，当被唤醒后，由唤醒配置寄存器(PDAWAKECFG)确定哪些外设模块需要上电。

深度睡眠模块使 LPC1100 系列 Cortex-M0 进入深度睡眠模式，直到内核应答睡眠保持的请求；在保持时间内，Cortex-M0 内核仍然可以退出掉电序列，而且 Cortex-M0 内核可以选择在睡眠模式时不保持这个请求，这样，深度睡眠的请求也是无效的。

深度睡眠有限状态机确保在进入深度睡眠模式时忽略起始逻辑的唤醒信号。这样，能保证在短时间内不进入深度睡眠模式，因为频繁进入该模式，将在掉电信号上产生干扰。

一旦检测到 Cortex-M0 深度睡眠请求，Syscon 模块对内核掉电，掉电配置寄存器(PDRUNCFG)将下载深度睡眠模式配置寄存器(PDSLEEPCFG)(见表 4.4)的值，并且选择的模拟模块将在子序列时钟边沿掉电。在下一个 30 ns 延时之后，Cortex-M0 处于深度睡眠模式，并且能够接受来自起始逻辑的起始信号进行唤醒。

注意：如果 IRC 选择为掉电，则深度睡眠有限状态机将等待一个信号，声明在 30 ns 延时之前已经安全关断 IRC。

2. 深度睡眠模式相关寄存器

(1) 深度睡眠模式配置寄存器(PDSLEEPCFG)

深度睡眠模式配置寄存器用于配置在芯片进入深度睡眠后，哪些外设模块掉电。当芯片进入深度睡眠模式时，深度睡眠模式配置寄存器会自动更新掉电配置寄存器(PDRUNCFG)的值。该寄存器的位定义如表 4.4 所列。

(2) 唤醒配置寄存器(PDAWAKECFG)

当被唤醒后，由唤醒配置寄存器确定哪些外设模块需要上电。该寄存器的位定义如表 4.5 所列。

表 4.4 深度睡眠配置寄存器(PDSLEEPCFG)的位定义

位	符 号	描 述	复位值
2:0	—	保留	0x00
3	BOD_PD	深度睡眠模式下的 BOD 掉电控制位。1:掉电;0:上电	0
5:4	—	保留	0x00
6	WDT_PD	深度睡眠模式下的 WDT 掉电控制位。1:掉电;0:上电	0
7	—	保留。一般为 1	0
10:8	—	保留。一般为 000	0x00
12:11	—	保留。一般为 11	0x00
31:13	—	保留	0x00

表 4.5 唤醒配置寄存器(PDAWAKECFG)的位定义

位	符 号	描 述	复位值
0	IRCOUT_PD	IRC 振荡器输出唤醒配置位。1:掉电;0:上电	0
1	IRC_PD	IRC 振荡器掉电唤醒配置位。1:掉电;0:上电	0
2	FLASH_PD	Flash 唤醒配置位。1:掉电;0:上电	0
3	BOD_PD	BOD 唤醒配置位。1:掉电;0:上电	0
4	ADC_PD	ADC 唤醒配置位。1:掉电;0:上电	1
5	SYSOSC_PD	系统振荡器唤醒配置位。1:掉电;0:上电	1
6	WDT_PD	WDT 唤醒配置位。1:掉电;0:上电	1
7	SYSPLL_PD	PLL 唤醒配置位。1:掉电;0:上电	1
8	—	保留。在运行模式下该位必须置 1	1
9	0	保留。在运行模式下该位必须为 0	0
10	—	保留。在运行模式下该位必须置 1	1
11	1	保留。在运行模式下该位必须置 1	1
12	0	保留。在运行模式下该位必须为 0	0
15:13	—	保留。在运行模式下该位必须置 1	111
31:16	—	保留	

为了保证在深度睡眠模式下处理器功耗最小，寄存器 PDRUNCFG、PDSLEEPCFG 和 PDAWAKECFG 中的第 9、11、12 位必须正确地配置。三个寄存器设置方法如表 4.6 所列。

在深度睡眠模式期间，处理器的状态和寄存器、外设寄存器以及内部 SRAM 的值都保留，而且引脚的逻辑电平也不变。

表 4.6　深度睡眠模式下的低功耗设置

位	PDSLEEPCFG	PDAWAKECFG	PDRUNCFG
9	0	0	0
11	1	1	1
12	1	0	0

深度睡眠的优点在于可以使一些时钟模块（例如振荡器和 PLL）掉电，这样深度睡眠模式所消耗的动态功耗就比一般睡眠模式消耗的要少得多。另外，在深度睡眠模式中 Flash 可以掉电，这样静态漏电流就会减少，但消耗的 Flash 存储器唤醒时间就更多。

3. 如何进入和退出深度睡眠模式

(1) 进入深度睡眠模式设置

① 通过 PDSLEEPCFG 寄存器选择在深度睡眠模式下需要掉电的模拟模块（振荡器、PLL、ADC、Flash 和 BOD）；

② 向 SCR 寄存器中的位 SLEEPDEEP 写 1；

③ 通过使用等待中断（WFI）指令进入深度睡眠模式。

进入深度睡眠模式的程序代码如下：

```
SYSAHBCLKCTRL = 0x1F;            /* 关闭所有外设时钟 */
PDRUNCFG = (0x01 << 0) |         /* 关闭 IRC 振荡器输出单元 */
           (0x01 << 1) |         /* 关闭 IRC 振荡器单元 */
           (0x01 << 2) |         /* 关闭 Flash 单元 */
           (0x01 << 3) |         /* 关闭掉电检测单元 */
           (0x01 << 4) |         /* 关闭 A/D 转换器单元 */
           (0x01 << 5) |         /* 关闭系统振荡器单元 */
           (0x01 << 7) |         /* 关闭系统 PLL 单元 */
           (0x01 << 11) |        /* 保留位(强制为 1) */
           (0x01 << 12);         /* 保留位(强制为 1) */
PDAWAKECFG = PDRUNCFG;
SCR |= 0x01 << 2;                /* 设置为深度睡眠状态 */
__wfi();                         /* 进入深度睡眠模式 */
```

(2) 退出深度睡眠模式设置

NXP LPC1100 系列 Cortex－M0 可以不通过中断，而直接通过监控起始逻辑的输入从深度睡眠模式中唤醒。大部分的 GPIO 引脚都可以用做起始逻辑的输入引脚，起始逻辑不需要任何时钟便可以产生中断，将 CPU 从深度睡眠模式中唤醒。

在起始逻辑向 Cortex－M0 内核发送一个中断时，内核退出深度睡眠模式。

13 个PIO 端口(PIO0_0～PIO0_11 和 PIO1_0)输入都连接到起始逻辑并作为唤醒引脚。用户必须对起始逻辑寄存器的每一个输入进行编程，为对应的唤醒事件设置合适的边沿极性。另外，必须在 NVIC 中使能对应每个输入的中断。NVIC 中的 0～12 对应于 13 个 PIO 引脚。起始逻辑不要求时钟运行，因为在使能时它用 PIO 输入信号来产生时钟边沿。因此，在使用前必须清除起始逻辑信号。

(3) 无干扰关断的振荡器——12 MHz IRC 振荡器

IRC 采用一种机制确保 12 MHz 振荡器在不产生干扰的情况下关断。一旦该振荡器关断(在 2 个 12 MHz 时钟周期内)，将会有一个应答信号发送到 Syscon 模块。

注意：IRC 是 NXP LPC1100 系列 Cortex－M0 中唯一可以无干扰关断的振荡器。因此，建议用户在芯片进入深度睡眠模式之前，将时钟源切换为 12 MHz 的 IRC，除非在深度睡眠模式下有另外的仍在供电的时钟作为时钟源。

4.2.4 深度掉电模式

在深度掉电模式下，整个芯片的电源和时钟都关闭，只能通过 WAKEUP 引脚唤醒。

1. 深度掉电模式相关寄存器

(1) 电源控制寄存器(PCON)

当电源控制寄存器决定使用 ARM WFI 指令时，芯片选择进入深度掉电模式还是睡眠模式。该寄存器的位定义如表 4.7 所列。

表 4.7 电源控制寄存器(PCON)的位定义

位	符 号	描 述	复位值
0	—	保留。不能向该位写 1	0
1	DPDEN	节能模式的控制位 1:通过使用 ARM WFI 指令，使器件进入深度掉电模式(ARM Cortex－M0 内核掉电) 0:通过使用 ARM WFI 指令，使器件进入睡眠模式(ARM Cortex－M0 内核的时钟停止)	0
10:2	—	保留。不能向该位写 1	0x00
11	DPDFLAG	深度掉电标志 1:读：进入深度掉电模式；写：清除深度掉电标记。 0:读：没有进入深度掉电模式；写：无效	0
31:12	—	保留	0x00

(2) 掉电模式数据保存相关寄存器

给 WAKEUP 引脚一个脉冲信号就可以使 LPC1100 系列 Cortex－M0 处理器从深度掉电模式中唤醒。在深度掉电模式期间，SRAM 中的内容会丢失，但是只要

VDD 引脚不掉电，就可以将数据保存在 4 个通用寄存器中，只有在芯片的所有电源都关断的情况下，才能将通用寄存器复位。这 4 个通用寄存器描述如下。

1）通用寄存器 0～3（GPREG0～3）

这 3 个通用寄存器作用相同，而且位定义也相同。寄存器的位定义如表 4.8 所列。

表 4.8　通用寄存器 0～3 的位定义

位	符　号	描　述	复位值
31:0	GPDATA	在器件处于深度掉电模式下保存数据	0x00

2）通用寄存器 4（GPREG4）

如果 VDD 引脚上的电压值降到某个电压值以下，为了让处理器能从深度掉电模式唤醒，则需要消除 WAKEUP 输入引脚的滞后。该寄存器的位定义如表 4.9 所列。

表 4.9　通用寄存器 4 的位定义

位	符　号	描　述	复位值
9:0	—	保留。不能向该位写 1	0
10	WAKEUPHYS	WAKEUP 引脚滞后的使能位。 1：WAKEUP 引脚滞后使能；0：WAKEUP 引脚滞后禁止	0
31:11	GPDATA	在器件处于深度掉电模式下保存数据	0x00

2. 如何进入和退出深度掉电模式

(1) 进入深度掉电模式设置

① WAKEUP 引脚上拉到高电平；

② 在深度掉电模式下将数据保存到通用寄存器中（可选）；

③ 置位 PCON 寄存器中的位 DPDEN，使能深度掉电模式；

④ 通过使用 ARM Cortex－M0 等待中断（WFI）指令进入深度掉电模式。

当设置完成后，芯片进入深度掉电模式，PMU（电源管理单元）关闭片内所有模拟模块的电源，然后等待 WAKEUP 引脚的唤醒信号。

进入深度掉电模式程序代码如下：

```
PCON = 0x02;                /* 通过使用 ARM WFI 指令使器件进入深度掉电模式 */
__wfi();
```

(2) 退出深度掉电模式设置

① 给 WAKEUP 引脚发送一个下降沿，就退出了深度掉电模式；

② 清除寄存器 PCON 中的深度掉电标志位；

③ 可读取保存在通用寄存器中的数据。

4.3 低功耗特性分析

NXP LPC1100 系列 Cortex-M0 处理器支持睡眠模式、深度睡眠模式和深度掉电模式三种节能模式。根据不同的应用场合，选择不用的节能模式，使系统功耗达到最低。

以一个最小系统为例，比较它在正常工作模式和三种节能模式下消耗的电流。

1. 测试内容

以 LPC1114 为核心控制芯片建立一个最小系统，如图 4.1 所示。在 Keil μVision4 开发环境下运行程序。在芯片接地端串联数字万用表，用于测量芯片在正常工作模式和三种节能模式下消耗的电流。

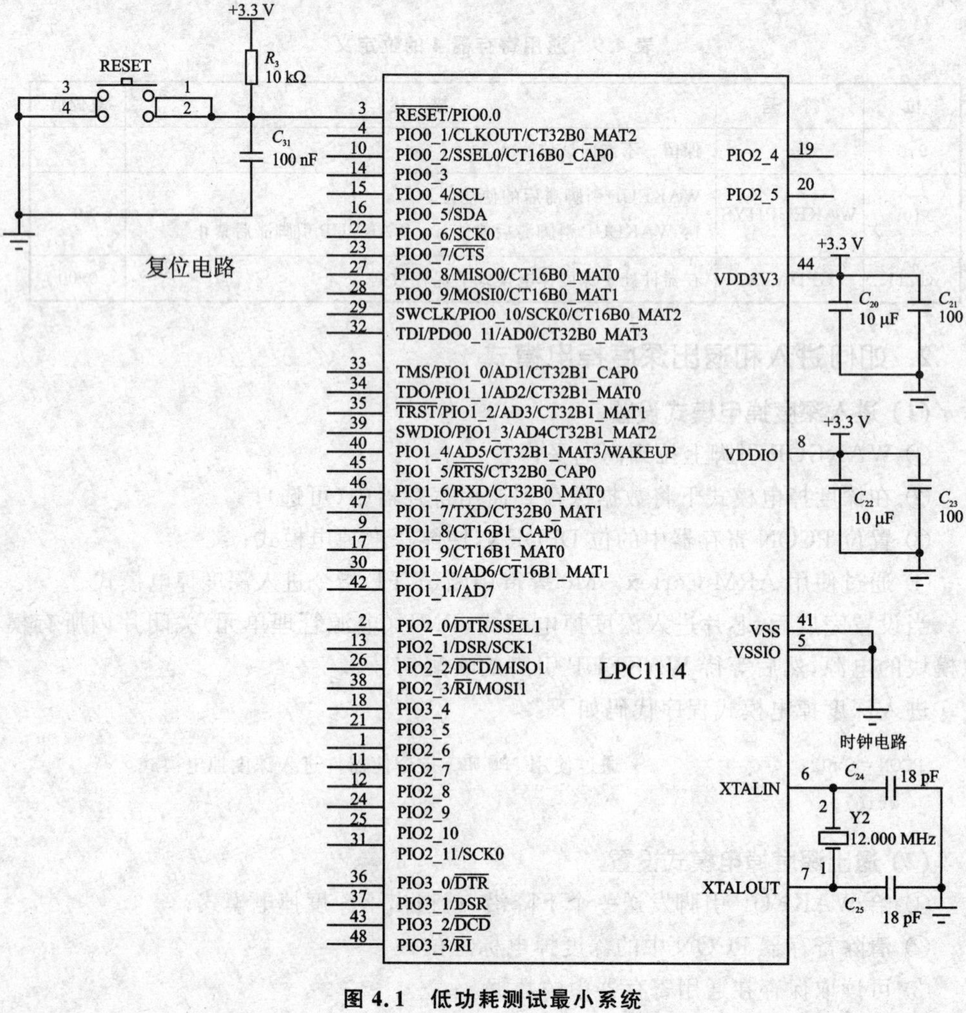

图 4.1 低功耗测试最小系统

2. 测试条件

正常工作模式下，内部 RC 振荡器、Flash 存储器、掉电检测 BOD、ADC、系统振荡器、看门狗定时器和锁相环均上电，系统时钟为 48 MHz。AHBCLKCTRL 中 SYS、ROM、RAM、FLASHARRY、I^2C、GPIO、32 位定时器 0、I/O 配置模块时钟使能，其余禁止。

在睡眠模式下，使用 IRC 时钟，12 MHz，关闭其他所有外设时钟；在深度睡眠模式下，所有时钟和模拟模块均关闭。

3. 测试结果

根据以上条件，测试的结果如表 4.10 所列。

表 4.10　测试结果比较

工作模式	时钟源	系统时钟/MHz	电流理论值	实测电流
正常工作模式	外部主振荡器	48	8.6mA	9.01 mA
睡眠模式	IRC 时钟	12	2 mA	2.10 mA
深度睡眠模式	—	—	6 μA	6.1 μA
深度掉电模式	—	—	220 nA	255 nA

4.4 思考与练习

1. 论述三种节能模式有什么不同。
2. 如何进入深度睡眠模式，设置哪些寄存器？
3. 如何退出睡眠模式？
4. 如何进入深度掉电模式，设置哪些寄存器？
5. 如何退出深度掉电模式？

第5章

认识 NXP LPC1100 的语言

学习目标：能理解和运用 NXP LPC1100 支持的汇编语言和嵌入式 C 语言。

学习内容：1. 汇编语言；

2. 嵌入式 C 语言基础；

3. CMSIS 库。

5.1 编程语言简介

如果想让微控制器芯片控制电路完成某种功能，则需要编写程序来实现某种功能，然后把程序写入芯片的存储器。用于编程的语言有机器语言、汇编语言和高级语言。

1. 机器语言

嵌入式芯片能识别的语言叫做机器语言，是用二进制编码表示的；但机器语言不易记忆，出现错误很难查找，所以现在编程不再使用机器语言。

2. 汇编语言

后来人们发明了一种较易记忆的语言，用一些简洁的英文字母、符号串来替代一个特定指令的二进制串，比如，用 MOV 表示数据传递、ADD 表示加法等，这样一来，人们很容易读懂并理解程序的功能，并且纠错与维护也变得方便了，称为汇编语言。由于计算机不能识别、执行汇编语言源程序，故需要把源程序“翻译”成机器语言程序，这个过程称为汇编。汇编语言和机器语言都是与机器相关的语言，编程时需要掌握单片机的内部结构、寄存器名称等知识。

3. 高级语言

高级语言接近于数学语言或人的自然语言，同时又不依赖于计算机硬件，编出的程序能在所有机器上通用。现在非常流行的 C 语言、VC、VB、Java 等都属于高级语言，每种高级语言的语法、命令格式都各不相同。高级语言是与机器无关的语言，所以编程者无须了解单片机的内部结构就可以进行程序设计。由于计算机也不能识别、执行高级语言编写的源程序，因此也需要将源程序“翻译”成机器语言程序，这个过程一般称为编译。

大部分程序用高级 C 语言完成，但系统的引导、启动代码仍必须用汇编语言来编写。因此本章主要介绍 LPC1100 的汇编语言编程指令和区别于计算机 C 语言的嵌入式 C 语言编程语句的相关知识。

5.2 汇编语言编程指令

指令是汇编语言程序设计的基础，指令是指嵌入式芯片执行某种操作的命令。所能执行的全部指令的集合，称为指令集。ARM 处理器支持 ARM 指令集、Thumb 指令集和 Thumb-2 指令集。

5.2.1 指令集

1. ARM 指令集

ARM 指令集是 32 位的，程序的启动都是从 ARM 指令集开始。所有的 ARM 指令集都可以是有条件执行的。ARM 指令集是以 32 位二进制编码的方式给出的，大部分的指令编码中定义了第一操作数、第二操作数、目的操作数、条件标志影响位以及每条指令所对应的不同功能实现的二进制位。每条 32 位 ARM 指令都具有不同的二进制编码方式，并与不同的指令功能相对应。

2. Thumb 指令集

Thumb 指令集可看做是 ARM 指令集压缩形式的子集，是针对代码密度的问题而提出的，它具有 16 位的代码密度。虽然所有 Thumb 指令都有相对应的 ARM 指令，但 Thumb 不是一个完整的体系结构，处理器不可能只执行 Thumb 指令而不支持 ARM 或 Thumb-2 指令集。

许多 Thumb 数据处理指令采用 2 地址格式，即目的寄存器与一个源寄存器相同；而大多数 ARM 数据处理指令采用的是 3 地址格式（除了 64 位乘法指令外）。

3. Cortex-M0 支持的指令集——Thumb 指令集

ARM7TDMI 内核支持 ARM 和 Thumb 两种指令集，而 Cortex-M0 内核支持 Thumb 指令，包含 Thumb-2 技术，总共有 56 条指令，6 条指令是 32 bit，其他的都是 16 bit。在基于 ARM7 处理器的系统中，处理器内核会根据特定的应用切换到 Thumb 状态（以获取高代码密度）或 ARM 状态（以获取出色的性能）。然而，在 Cortex-M0 处理器中无须交互使用指令，16 位指令和 32 位指令共存于同一模式，复杂性大幅下降，代码密度和性能均得到提高。Thumb-2 技术是 16 位和 32 位指令的结合，实现了 32 位 ARM 指令性能，匹配原始的 16 位 Thumb 指令集并与之向后兼容。

Thumb－2 技术是对 ARM 架构非常重要的扩展，它可以改善 Thumb 指令集的性能。Thumb－2 指令集在现有 Thumb 指令的基础上做了如下扩充：

- 增加了一些新的 16 位 Thumb 指令来改进程序的执行流程。
- 增加了一些新的 32 位 Thumb 指令以实现一些 ARM 指令的专有功能。
- 32 位的 ARM 指令也得到了扩充，增加了一些新的指令来改善代码性能和数据处理的效率。

给 Thumb 指令集增加 32 位指令就解决了之前 Thumb 指令集不能访问协处理器、特权指令和特殊功能指令的局限。新的 Thumb 指令集现在可以实现所有的功能，这就不需要在 ARM/Thumb 状态之间进行反复切换了，代码密度和性能得到显著的提高。

新的 Thumb－2 技术可以带来很多好处：

- 可以实现 ARM 指令的所有功能；
- 增加了 12 条新指令，可以改进代码性能和代码密度之间的平衡；
- 代码性能达到了纯 ARM 代码性能的 98 %；
- 代码密度比现有的 Thumb 指令集更高，代码大小平均降低 5 %；代码速度平均提高了 2 %～3 %。

Thumb－2 的出现使开发者只需要使用一套唯一的指令集，不再需要在不同指令之间反复切换了。由于 Thumb－2 指令是 16 位 Thumb 指令的扩展集，所以 Cortex－M0 处理器可以执行之前所写的任何 Thumb 代码。由于有 Thumb－2 指令，Cortex－M0 处理器同时兼容其他 ARM Cortex 处理器的家族成员。

5.2.2 Cortex－M0 指令集

基于 Cortex－M0 内核的 NXP LPC1100 支持 Thumb 指令，包含 Thumb－2 技术，总共有 56 条指令，给 Thumb 指令集增加 32 位指令就解决了之前 Thumb 指令集不能访问协处理器、特权指令和特殊功能指令的局限。代码密度性能得到很大提高。

5.2.3 Cortex－M0 指令结构

1. 指令格式

ARM 指令的基本格式如下：

＜opcode＞{＜cond＞}{S}{Rd} ,＜Rn＞{,＜operand2＞}

其中，＜＞号内的项是必需的，{}号内的项是可选的。如＜opcode＞是指令助记符，是必须写的；而{＜cond＞}为指令执行条件，是可选项。若不写，则使用默认条件 AL(无条件执行)。

① opcode　指令助记符，如 LDR、STR 等。

② cond 执行条件，如 EQ、NE 等。

③ S 是否影响 CPSR 寄存器的值，书写时影响 CPSR。

④ Rd 目标寄存器。

⑤ Rn 第 1 个操作数的寄存器。

⑥ operand2 第 2 个操作数。

2. 指令的条件域

大多数数据处理指令依据操作的结果在应用程序状态寄存器（APSR）中更新条件标志。某些指令更新所有标志，而某些指令则仅更新子集。如果标志不被更新，则原始值被保留。指令对标志的影响，请参考指令说明。

(1) 条件标志

APSR 包含了下列的条件标志：

N 当操作的结果为负数时，则置 N 为 1，否则 N 为 0。

Z 当操作的结果为 0 时，Z 置 1，否则 Z 为 0。

C 当操作的结果导致有进位或借位时，C 置 1，否则 C 为 0。

V 当操作引发数据溢出时，V 置 1，否则 V 为 0。

当出现下列情况时，会发生进位或借位操作：

① 加法的结果大于或等于 2^{32} 产生进位；

② 减法的结果为负产生借位；

③ 由于移位指令或循环指令而发生的进位操作。

当结果的符号值不与所执行操作的结果符号值匹配时，溢出发生。

例如：

① 两个负值相加得出一个正值；

② 两个正值相加得出一个负值；

③ 一个负值减去一个正值得到一个正值；

④ 一个正值减去一个负值得到一个负值。

(2) 条件代码后缀

只有 APSR 的条件代码标志符合指定的条件时，才能执行带有条件代码的指令，否则要忽略这条指令。表 5.1 显示了使用的条件代码，同时还显示了条件代码后缀与 N、Z、C 和 V 标志之间的关系。

Cortex－M0 支持 Thumb 指令集，包含 Thumb－2 技术。总共有 56 条指令，6 条是 32 bit，其他的都是 16 bit。

Cortex－M0 指令集可分为 4 大类指令：

- 跳转和控制指令；
- 存储器访问指令；
- 数据处理指令；

● 其他指令。

表 5.1 条件代码后缀、标志及意义

后　缀	标　志	意　义
EQ	Z=1	相等,最后标志设置结果为 0
NE	Z=0	不相等,最后标志设置结果为非 0
CS 或 HS	C=1	无符号数大于或等于
CC 或 LO	C=0	无符号数小于
MI	N=1	负数
PL	N=0	正数或 0
VS	V=1	溢出
VC	V=0	无溢出
HI	C=1 和 Z=0	无符号大于
LS	C=0 或 Z=1	无符号数小于或等于
GE	N=V	有符号数大于或等于
LT	N! =V	有符号数小于
GT	Z=0 和 N=V	有符号数大于
LE	Z=1 和 N! =V	有符号数小于或等于
AL	可以为任意值	总是

5.2.4 最简单的指令应用——跳转指令

Cortex - M0 跳转指令包含下面 4 种指令。

- B{cc}　跳转指令(有条件);
- BL　带链接的跳转指令;
- BX　间接跳转指令;
- BLX　带链接的间接跳转指令。

1. 指令格式

```
B{cond}  label      ;跳转到 lable 标号处执行
BL  label           ;跳转到 lable 标号处执行,并且把跳转前的下一条指令的地
                    ;址保存到 LR 中
BX  Rm              ;跳转到寄存器 Rm 给出的地址处执行
BLX  Rm             ;跳转到 Rm 给出的地址处执行,跳转前的下一条指令的地址
                    ;保存到 LR 中
```

其中:

Cond　可选的条件代码；

Label　是 PC 相对表达式；

Rm　是提供跳转地址的寄存器。

2. 指令说明

① 这 4 条指令都不会更新标志位。

② 在执行 BL 和 BLX 指令时会将下一条指令的地址写入 LR,并且还会将 LR 的位[0]设置为 1。

③ 使用 BLX 和 BX 时要小心,因为它还带有更新状态的功能,因此 Rm 的位[0]必须是 1,以确保不会试图切换到 ARM 状态。若忘记置位 Rm 的 LSB,则会导致硬件故障异常。

3. 示　例

```
B      LOOP     ;无条件跳转到 LOOP 处执行
BNE    L1       ;如果最后的 Z 标志为 0,则跳转到 L1 处执行,否则顺序执行
BL     Disp     ;跳转到 Disp 处,并且把跳转前的下一条指令的地址保存到 LR 中
BX     LR       ;跳转到 LR 寄存器给出的地址,即从调用函数中返回
BLX    R0       ;跳转到 R0 给出的地址,并且把跳转前的下一条指令的地址保存到 LR 中
```

5.2.5 访问存储器的指令应用

Cortex - M0 可以访问存储器的指令主要有下面几种：

- LDR{type}　　加载寄存器；
- STR{type}　　存储寄存器；
- LDM　　加载多个寄存器；
- STM　　存储多个寄存器；
- PUSH　　压栈,将寄存器的内容压入堆栈；
- POP　　出栈,将栈中的内容弹出栈,放入寄存器。

1. LDR、LDRB、LDRH

三条指令都是加载指令,但也有区别,LDR 是加载一个字即 32 位数据到寄存器,LDRB 是加载一个字节即 8 位数据到寄存器,而 LDRH 则是加载半字即 16 位数据到寄存器。但它们的指令格式是相同的。

(1) 指令格式

三条指令中偏移量有两种形式,一种是立即数形式,另一种是寄存器形式。

```
LDR    Rd, [Rn {, #imm}]    ;把(Rn+imm)指向的存储器地址中的 32 位
                            ;数据加载到 Rd 中
LDR    Rd, [Rn, Rm]         ;把(Rn+Rm)指向的存储器地址中的 32 位
                            ;数据加载到 Rd 中
```

```
LDRB  Rd,[Rn {,#imm}]     ;把(Rn+imm)指向的存储器地址中的低字
                          ;节数据加载到 Rd 中
LDRB  Rd,[Rn,Rm]          ;把(Rn+Rm)指向的存储器地址中的低字节
                          ;数据加载到寄存器 Rd 中
LDRH  Rd,[Rn {,#imm}]     ;把(Rn+imm)指向的存储器地址中的低
                          ;16 位数据加载到 Rd 中
LDRH  Rd,[Rn,Rm]          ;把(Rn+Rm)指向的存储器地址中的低
                          ;16 位数据加载到 Rd 中
```

(2) 指令说明

{,#imm}是可选项。若没有这项，则把 Rn 指向的存储器地址中的数据加载到寄存器 Rd 中；否则把(Rn+imm)指向的存储器地址中的数据加载到寄存器 Rd 中。

对于 LDR 指令，在将数据写入 Rd 指定的寄存器之前，存储器数据长度少于 32 位的数据要用 0 扩充到 32 位的长度。

对于 LDRB 指令，存储器的数据传送到寄存器的低 8 位，寄存器的高 24 位都清零。

对于 LDRH 指令，存储器的数据传送到寄存器的低 16 位，而寄存器的高 16 位清零。

这些指令不会更新标志。

注意：

① Rd 和 Rn 必须是 R0～R7；

② imm 的值必须符合下列要求：

- 对于 LDR 操作，imm 的值在 0～124 之间，其值必须是 4 的整数倍；
- 对于 LDRH 操作，imm 的值在 0～62 之间，其值必须是 2 的整数倍；
- 对于 LDRB 操作，imm 的值在 0～31 之间。

总之，计算出的地址必须能够被加载中的字节数整除。

(3) 示　例

```
LDR   R4,[R5]          ;将 R5 地址中的字数据加载到 R4 中
LDR   R0,[R1,R2]       ;将(R1 + R2)指向存储器地址中的字数据加载到 R0 中
LDRH  R1,[R2,R3]       ;把(R2 + R3)指向存储器地址中的半字数据加载到 R1 的低 16 位，高
                       ;16 位清零
LDR   R1,[R3,#100]     ;将(R3 + 100)指向存储器地址中的字数据加载到 R1 中
```

2. STR、STRB、STRH

三条指令都是存储指令，但也有区别。STR 是把一个字数据即 32 位数据存到存储器，STRB 是把一个字节即 8 位数据存到存储器，而 STRH 则是把一个半字即 16 位数据存到存储器。但它们的指令格式是相同的。

(1) 指令格式

```
STR   Rd, [Rn {, #imm}]      ;把 Rd 的 32 位数据存储到(Rn+imm)所得的
                             ;存储单元中
STR   Rd, [Rn, Rm]           ;把 Rd 的 32 位数据存储到(Rn+Rm)所得的
                             ;存储单元中
STRB  Rd, [Rn {, #imm}]      ;把 Rd 的低 8 位数据存储到(Rn+imm)所得的
                             ;存储单元中
STRB  Rd, [Rn, Rm]           ;把 Rd 的低 8 位数据存储到(Rn+Rm)所得的
                             ;存储单元中
STRH  Rd, [Rn {, #imm}]      ;把 Rd 的低 16 位数据存储到(Rn+imm)所得
                             ;的存储单元中
STRH  Rd, [Rn, Rm]           ;把 Rd 的低 16 位数据存储到(Rn+Rm)所得的
                             ;存储单元中
```

(2) 指令说明

{, #imm}是可选项。若没有这项,则把寄存器 Rd 中的数据存储到 Rn 指向的存储器地址中;否则把寄存器 Rd 中的数据存储到(Rn+imm)指向的存储器地址中。

对于 STR 指令,寄存器的 32 位数据(不足 32 位的高位补零),传送到存储器的 4 个存储单元。

对于 STRB 指令,寄存器的低 8 位数据传送到存储器的一个存储单元。

对于 STRH 指令,寄存器的低 16 位数据(不足 16 位的高位补零),传送到存储器的两个存储单元。

这些指令不会更新标志。

注意:

① Rd 和 Rn 必须是 R0~R7;

② imm 的值必须要符合下列要求:

- 对于 STR 操作,imm 的值在 0~124 之间,其值必须是 4 的整数倍;
- 对于 STRH 操作,imm 的值在 0~62 之间,其值必须是 2 的整数倍;
- 对于 STRB 操作,imm 的值在 0~31 之间。

总之,计算出的地址必须能够被加载中的字节数整除。

(3) 示　例

```
STR R1, [R0]           ;将 R1 的 32 位数据存储到 R0 指向的 4 个存储单元中
STR R0, [R1, R2]       ;将 R0 的 32 位数据存储到(R1 + R2)指向的存储器地址 4 个单元中
STRB R0, [R1, R2]      ;将 R0 的低字节数据存储到(R1 + R2)指向的存储器地址单元中
```

3. LDM 和 STM

LDM 和 STM 指令是加载和存储一个或一个以上的寄存器。

(1) 指令格式

LDM　Rn{!}, regs　　　;将 Rn 指向的连续地址中的字数据加载到 regs 中

STM　Rn !, regs　　　;将 regs 中的字数据存放到基于 Rn 指向的连续地址中

(2) 指令说明

!　　回写后缀,先加载或存储完后再加 1。

regs　　一个或多个寄存器的列表,用大括号括住。若多于一个寄存器,则必须用逗号隔开。

用于访问的存储器地址为 4 字节间隔,其范围为 Rn 所指向的地址到 Rn + 4 * (m－1)所指向的地址,这里的 m 是 regs 中的寄存器数量。访问的顺序是按照寄存器的编号从低到高,最低编号的寄存器使用最低的存储器地址,最高编号的寄存器使用最高的存储器地址。如果有写回后缀,则 Rn + 4 * m 所指定的值会被写到 Rn 中。

注意:

① regs 和 Rn 必须是 R0～R7;

② 使用 STM 指令,必须要使用写回后缀;如果 regs 中存在着 Rn,那么 Rn 必须是列表中的第一个寄存器。使用 LDM 指令,除非 regs 也含有 Rn,在这种情况下,要谨记不能使用写回后缀,其他情况下可写可不写。

(3) 示　例

```
LDM  R0 ,{R0,R3,R4}      ;把 R0 指向的连续存储单元中的数据放到 R0、R3、R4 中
STM  R1!,{R2 - R4,R6}    ;把 R2、R3、R4 和 R6 中的值放到 R1 的连续存储单元中,R1 的值加 1
```

注意:“STM　R6,{}”这条指令是错误的,列表中不能是空的,至少要有一个寄存器。

4. PUSH 和 POP

PUSH 叫做入栈指令或压栈指令,是将一个或多个寄存器压入堆栈;POP 叫做出栈指令,是将堆栈中的内容移入一个或多个寄存器。

(1) 指令格式

PUSH　{regs}

POP　{regs}

(2) 指令说明

regs 是非空的寄存器列表,用大括号括着。若它包含着多于一个的寄存器,则必须其用逗号隔开。

如果压栈是将寄存器中的数据按照从高地址到低地址的方向存放到堆栈中,那么出栈就只能按从低地址到高地址的方向弹出数据。当在寄存器列表中有多个寄存器时,不管寄存器的序号是以什么样的顺序给出的,汇编器都将把它们按升序排列,先把序号大的寄存器压栈,所以也就先把序号小的寄存器出栈。

PUSH 指令是先令 SP＝SP－4，然后把数据压入 SP 指向的存储器地址；POP 指令先将 SP 指向的存储器地址数据弹出保存到寄存器，然后 SP＝SP＋4。

注意：在这些指令中，regs 一般指的是 R0～R7；除此之外，还有一种特殊情况，分别是 LR 和 PC。

(3) 示　例

```
PUSH   {R0 ,R2 - R4}          ;将 R0、R2、R3、R4 压入堆栈
PUSH   {R7 , LR }             ;将 R7 和 LR 压入堆栈
POP   {R0 ,R1 , PC }          ;将 R0、R1 和 PC 出栈
```

注意：最后一条指令 POP 的最后一个寄存器是 PC，这其实是一个返回的技巧。

5.2.6 最重要的指令应用——数据处理指令

Cortex－M0 支持的数据处理指令大多数是对寄存器的操作，不能对存储器进行操作。数据处理指令包括算术运算指令、逻辑运算指令、传送指令、移位指令和比较指令。

1. 算术运算指令

算术运算指令包括加法指令 ADD、带进位加法指令 ADC、减法指令 SUB、带借位减法指令 SBC、反减指令 RSB 和乘法指令 MULS。下面对这些算术运算指令分别加以介绍。

(1) 指令格式

1) 加法指令

```
ADD{S} {Rd,} Rn, Rm       ;将 Rn 的值加上 Rm 的值，并将结果存放到 Rd 中
ADD{S} {Rd,} Rn, #imm     ;将 Rn 的值加上 imm 立即数，并将结果存放到 Rd 中
ADCS   {Rd,} Rn, Rm       ;将 Rn 的值加上 Rm 的值，再加上进位位 C 的值，
                          ;将结果存到 Rd 中
```

2) 减法指令

```
SUB{S} {Rd,} Rn, Rm       ;将 Rn 的值减去 Rm 的值，并将结果存放到 Rd 中
SUB{S} {Rd,} Rn, #imm     ;将 Rn 的值减去 imm 立即数，并将结果存放到 Rd 中
SBCS   {Rd,} Rn, Rm       ;将 Rn 的值减去 Rm 的值，再减去借位位 C，将结
                          ;果存放到 Rd 中
RSBS   {Rd,} Rn, #0       ;用 0 减去 Rn 中的值，得到一个负数，然后将结果
                          ;值存放在 Rd 中
```

3) 乘法指令

```
MULS   Rd, Rn, Rm         ;将 Rn 的值乘以 Rm 的值，并将结果低 32 位存放
                          ;到 Rd 中
```

(2) 指令说明

① 在上述指令中，{}表示可选项，若指令中存在 S，则加法指令和减法指令会根

据运算结果更新 N、Z、C 和 V 标志；乘法指令是 32 位乘法，根据结果更新 N 和 Z 标志。当省略了 S 时，计算结果不影响这些标志。

② 当省略了可选的 Rd 寄存器时，其值与 Rn 相同。

例如，“ADDS R1, R2”与“ADDS R1, R1, R2”指令相同。

注意：算术运算指令的操作数有一定的规则，如表 5.2 所列。

表 5.2 算术运算指令操作数规则

指　令	Rd	Rn	Rm	Imm	限　制
ADD	R0～R15	R0～R15	R0～PC	—	Rd 和 Rn 必须是相同的寄存器；Rd 和 Rm 必须不能同时是 PC
	R0～R7	SP 或 PC	—	0～1 020	立即数必须为 4 的整数倍
	SP	SP	—	0～508	立即数必须为 4 的整数倍
ADDS	R0～R7	R0～R7	—	0～7	—
	R0～R7	R0～R7	—	0～255	Rd 和 Rn 必须是相同的寄存器
	R0～R7	R0～R7	R0～R7	—	—
ADCS	R0～R7	R0～R7	R0～R7	—	Rd 和 Rn 必须是相同的寄存器
SUB	SP	SP	—	0～508	立即数必须为 4 的整数倍
SUBS	R0～R7	R0～R7	—	0～7	—
	R0～R7	R0～R7	—	0～255	Rd 和 Rn 必须是相同的寄存器
	R0～R7	R0～R7	R0～R7	—	—
SBCS	R0～R7	R0～R7	R0～R7	—	Rd 和 Rn 必须是相同的寄存器
RSBS	R0～R7	R0～R7	—	—	—
MULS	R0～R7	R0～R7	R0～R7	—	Rd 和 Rm 必须是相同的寄存器

(3) 示　例

【例 5-1】 R1R0 和 R3R2 是 64 位整数，现将两个 64 位数相加，并将结果低 32 位保存到 R4，高 32 位保存到 R1 中。

```
ADDS R4, R0, R2     ;低 32 位相加，即 R0 加 R2 所得结果存放到 R4 中，更新标志位
ADCS R1, R1, R3     ;高 32 位相加，再加上低 32 位相加结果的进位位 C，即 R1 加 R3 再加
                    ;C，所得结果存放到 R1 中，更新标志位
```

【例 5-2】 R1R0 和 R3R2 是 64 位整数值，现将两个 64 位数相减，并将结果低 32 位保存到 R4，高 32 位保存到 R1 中。

```
SUBS R4, R0, R2     ;低 32 位相减，即 R0 减去 R2 所得结果存放到 R4 中，更新标志位
SBCS R1, R1, R3     ;高 32 位相减，再减低 32 位相加结果的借位位 C，即 R1 减 R3 再减
                    ;C，所得结果存放到 R1 中，更新标志位
```

【例 5-3】 求 R7 寄存器的补码。

```
RSBS R7, R7, #0    ;用 0 减去 R7,所得结果存放到 R7,更新标志位
```

【例 5-4】 乘法指令应用。

```
MULS  R0, R2, R0      ; R0 乘以 R2 所得结果存放到 R0 中,更新标志位
```

2. 逻辑运算指令

逻辑运算指令包括逻辑与 AND、逻辑或 ORR、逻辑异或 EOR 和位清零指令 BIC。下面分别介绍指令格式和用法。

(1) 指令格式

```
ANDS  {Rd,} Rn, Rm   ;对 Rn 和 Rm 的值按位执行与操作,结果保存到 Rd
ORRS  {Rd,} Rn, Rm   ;对 Rn 和 Rm 的值按位执行或操作,结果保存到 Rd
EORS  {Rd,} Rn, Rm   ;对 Rn 和 Rm 的值按位执行异或操作,结果保存到 Rd
BICS  {Rd,} Rn, Rm   ;该指令清除 Rn 中的某些位,这些位是 Rm 中为 1 的
                     ;对应位
```

(2) 指令说明

① 条件代码标志会根据操作的结果被更新,更新 N 和 Z 标志。

② 在这些指令中,Rd、Rn 和 Rm 必须是 R0~R7。

③ Rn 和 Rd 必须相同。

(3) 示　例

```
ANDS  R0, R0, R1     ;R0 = R0 & R1
ORRS  R2, R2, R0     ;R2 = R2 | R0
EORS  R3, R3, R1     ;R3 = R3 ^ R1
BICS  R0, R0, R1     ;该指令清除 R0 中的某些位,这些位是 R1 中为 1 的对应位
```

3. 数据传送指令

数据传送指令包括 MOV 和 MVN 指令。MOV 是把数据从一个地方传送到另一个地方。MVN 是把数据取反后再传送。

(1) 指令格式

```
MOV{S}  Rd, Rm       ;将 Rm 的值传送到 Rd 中
MOVS   Rd, #imm      ;将 imm 传送到 Rd 中,更新 N 和 Z 标志
MVNS   Rd, Rm        ;将 Rm 的值取反后传送到 Rd 中,更新 N 和 Z 标志
```

(2) 指令说明

在这些指令中,Rd 和 Rm 必须指定 R0~R7。imm 可以是 0~255 范围内的任何一个值。

(3) 示　例

```
MOVS  R3, #0x01      ;将 0x01 传送到 R3,更新 N 和 Z 标志
```

```
MOV   R0, R2          ;将 R2 的值传送到 R0,不更新 N 和 Z 标志
MVNS  R7, R6          ;将 R6 取反传送到 R7,并更新 N 和 Z 标志
MOV   R2, SP          ;将堆栈指针的值写入 R2
```

4. 移位指令(ASR、LSL、LSR 和 ROR)

移位指令包括 4 条:算术右移指令(ASR)、逻辑左移指令(LSL)、逻辑右移指令(LSR)和循环右移指令(ROR)。这也是在编程中经常用到的重要指令。

(1) 指令格式

```
ASRS  {Rd,} Rm, Rs
ASRS  {Rd,} Rm, #imm
LSLS  {Rd,} Rm, Rs
LSLS  {Rd,} Rm, #imm
LSRS  {Rd,} Rm, Rs
LSRS  {Rd,} Rm, #imm
RORS  {Rd,} Rm, Rs
```

(2) 指令说明

{Rd,}　可选项。Rd 是目的寄存器,保存移位后的值。若省略 Rd,则 Rd 和 Rm 相同。

Rm　要移位的寄存器。

Rs　保存移位长度的寄存器。

imm　移位长度。

若第三个操作数是 imm,则 ASR、LSL、LSR 和 ROR 按立即数 imm 所指定的长度把 Rm 寄存器进行算术左移、逻辑左移、逻辑右移或循环右移。根据结果值来更新 N 和 Z 标志。

若第三个操作数是 Rs,则 ASR、LSL、LSR 和 ROR 对 Rs 所指定的寄存器的低字节值执行算术左移、逻辑左移、逻辑右移或循环右移。根据结果值来更新 N 和 Z 标志。

注意:Rd、Rm 和 Rs 必须只可以指定 R0～R7。对于非立即数指令,Rd 和 Rm 必须指定相同的寄存器。

(3) 示　例

```
ASRS  R1, R5, #2      ;R5 算术右移 2 位后,放到 R1 中,并更新标志
LSLS  R6, #3          ;R6 逻辑左移 3 位,放到 R6 中,并更新标志
LSLS  R4, R6, #3      ;R6 逻辑左移 3 位,放到 R4 中,并更新标志
LSRS  R6, R6, R1      ;R6 逻辑右移 R1 低字节中的值,放到 R6 中,并更新标志
RORS  R0, R0, R1      ;R0 循环右移 R1 低字节中的值,放到 R0,并更新标志
```

5. 比较指令

比较指令用来比较后面两个操作数的大小,根据结果更新标志,但不保存结果。

它包括两条指令:CMP 和 CMN。

(1) 指令格式

```
CMP  Rn, #imm      ;将 Rn 的值减去 imm 的值,并更新标志
CMP  Rn, Rm        ;将 Rn 的值减去 Rm 所指定的寄存器值,并更新标志
CMN  Rn, Rm        ;将 Rm 的值加上 Rn 所指定的寄存器值,并更新标志
```

(2) 指令说明

CMP 指令根据结果值来更新条件标志,但不会将结果写入寄存器。这与 SUBS 指令不同。

CMN 指令根据结果值来更新条件标志,但不会将结果写入寄存器。这与 ADDS 指令不同。

这些指令根据结果值来更新 N、Z、C 和 V 标志。

注意:

① 在 CMP 指令中,Rn、Rm 可以是 R0~R14,立即数的范围为 0~255。

② 在 CMN 指令中,Rn、Rm 可以是 R0~R7。

(3) 示　例

```
CMP  R1, R0        ;R1 和 R0 相减,根据结果更新 N、Z、C、V 标志。结果不保存
CMN  R2, R3        ;R3 加上 R2,根据结果更新 N、Z、C、V 标志。结果不保存
```

6. 反转字节指令

反转字节指令用来改变数据的端点排序,包括 REV、REV16 和 REVSH 三条指令。

(1) 指令格式

```
REV    Rd,  Rn      ;反转 Rn 值的字节顺序,保存到 Rd
REV16  Rd,  Rn      ;反转 Rn 值的每一个半字字节顺序,保存到 Rd
REVSH  Rd,  Rn      ;反转 Rn 值的有符号半字字节顺序,保存到 Rd
```

(2) 指令说明

REV　将 32 位大端数据转换成小端数据,或将 32 位小端数据转换成大端数据。

REV16　将 2 个打包的 16 位大端数据转换成小端数据,或将 2 个打包的小端数据转换成大端数据。

REVSH　将 16 位有符号的大端数据转换成 32 位有符号的小端数据,或将16 位有符号的小端数据转换成 32 位有符号的大端数据。

注意:操作数都是寄存器的形式,Rd 和 Rn 可以是 R0~R7,可以是相同寄存器。这些指令不会更改标志。

(3) 示　例

```
REV  R3, R1     ;反转 R1 值的字节顺序,并将其写入 R3
```

```
REV   R0, R0      ;反转 R0 值的字节顺序
REV16   R2, R0    ;反转 R0 中的每一个 16 位半字的字节顺序,并将其写入 R2
REVSH  R0, R2     ;反转有符号的半字 R2 的值,并保存到 R0
```

7. 符号扩展和零扩展

符号扩展指令和零扩展指令,用来把数据中的某些位提取出来进行位扩展。符号扩展指令包括 SXTB 和 SXTH。零扩展指令包括 UXTB 和 UXTH。

(1) 指令格式

```
SXTB   Rd, Rm    ;提取 Rm 的位[7:0]并将值进行符号扩展,扩展到 32 位,保
                 ;存到 Rd
SXTH   Rd, Rm    ;提取 Rm 的位[15:0]并将值进行符号扩展,扩展到 32 位,
                 ;保存到 Rd
UXTB   Rd, Rm    ;提取 Rm 的位[7:0]并将值进行零扩展,扩展到 32 位,保存
                 ;到 Rd
UXTH   Rd, Rm    ;提取 Rm 的位[15:0]并将值进行零扩展, 扩展到 32 位, 保
                 ;存到 Rd
```

(2) 指令说明

Rd 和 Rm 指的是 R0～R7。这些指令不会影响标志。

(3) 示　例

```
SXTB R7, R6      ;提取 R6 的位[7:0]并将值进行符号扩展,扩展到 32 位,保存到 R7
UXTH R0, R1      ;提取 R1 的位[15:0]并将值进行零扩展,扩展到 32 位,保存到 R0
```

8. 测试位指令

(1) 指令格式

```
TST   Rn, Rm          ;对 Rn 和 Rm 中的值进行与操作,不保存结果,根据结
                      ;果更新标志
```

(2) 指令说明

TST 指令与 ANDS 指令操作相似,但不同的是它不保存结果值。

这条指令为了测试 Rn 中的某个位是 0 还是 1,要使用 TST 指令,且 Rm 寄存器的该位要设为 1,其他所有位被清除为 0。

这些指令会根据结果来更新 N 和 Z 标志;Rn 和 Rm 指的是 R0～R7。

(3) 示　例

```
TST   R0,R1     ; R0 值和 R1 值进行与操作,更新条件代码标志,但结果会被丢弃
```

5.2.7　其余指令

下面是 Coretx-M0 余下的较常见的指令。

MRS　从特别寄存器传输到寄存器
MSR　从寄存器传输到特别寄存器
NOP　无操作
SVC　超级用户调用
WFE　等待事件
WFI　等待中断

1. MRS

将特别寄存器的内容移动到通用寄存器中。

(1) 指令格式

MRS Rd, spec_reg

其中：

Rd 是通用目的寄存器。

spec_reg 是其中一个特别寄存器：APSR、IPSR、EPSR、IEPSR、IAPSR、EAPSR、PSR、MSP、PSP、PRIMASK 或 CONTROL。

(2) 指令说明

MRS 将特别寄存器的内容存放到通用寄存器中。MRS 指令可以结合 MR 指令来产生读—修改—写序列,这适用于在 PSR 中修改特别标志。

该指令不会更改标志。

注意:在该指令中,Rd 不能是 SP 或 PC。

(3) 示　例

```
MRS R0, PRIMASK          ;读取 PRIMASK 值并将其写入 R0
```

2. MSR

将通用寄存器的内容转移到指定的特别寄存器中。

(1) 指令格式

MSR spec_reg, Rn

其中：

Rn 是通用源寄存器。

spec_reg 是特别目的寄存器：APSR、IPSR、EPSR、IEPSR、IAPSR、EAPSR、PSR、MSP、PSP、PRIMASK 或 CONTROL。

(2) 指令说明

MSR 使用 Rn 所指定的寄存器的值来更新其中一个特别寄存器。

该指令根据 Rn 中的值来更新标志。

注意:在该指令中,Rn 不能为 SP 或 PC。

(3) 示　例

```
MSR CONTROL, R1          ;读取 R1 的值,并将其写入 CONTROL 寄存器
```

3. NOP

空操作。

(1) 指令格式

NOP

(2) 指令说明

NOP 执行的是没有任何操作,且不能保证会占用指令时间。处理器可在它到达执行阶段之前将其从流水线中移除。

使用 NOP 指令来进行填充,例如,在 64 位边界上放置后续指令。

该指令不会更改标志。

(3) 示 例

```
NOP          ;什么都不做
```

4. SVC

超级用户调用。

(1) 指令格式

SVC #imm

其中:

imm 是 0~255 范围内的整数。

(2) 指令说明

SVC 指令会引发 SVC 异常。

处理器会忽略 imm。如果有需要,则可以通过异常处理程序获取 imm 来决定要请求什么样的服务程序。该指令不会更改标志。

(3) 示 例

```
SVC    #0x32    ;超级用户调用
```

5. WFE

等待事件。

注意:WFE 指令不会在 LPCIdesit 上执行。

(1) 指令格式

WFE

(2) 指令说明

如果事件寄存器为 0,则 WFE 挂起执行,直至发生下列其中的一个事件:

① 出现异常,除非异常屏蔽寄存器或当前优先级级别将其屏蔽;

② 异常进入挂起状态,如果系统控制寄存器的 SEVONPEND 置位;

③ 存在调试进入请求,如果调试使能的话;

④ 外设或多处理器系统中另一个处理器通过使用 SEV 指令来发出事件信号。

该指令不会更改标志。如果事件寄存器为 1，则 WFE 将其清除为 0 并立即完成操作。

注意：WFE 只是用于节约功率。当写软件时，WFE 作为 NOP 运行。

(3) 示　例

```
WFE             ;等待事件
```

6. WFI

等待中断。

(1) 指令格式

WFI

(2) 指令说明

挂起执行，直至发生下列事件之一：

① 异常；

② 中断变为挂起状态，如果 PRIMASK 被清除，则该中断占用优先权；

③ 存在调试进入请求，无论调试是否使能。

注意：WFI 只是用于节约功率。当写软件时，WFI 作为 NOP 运行。该指令不会更改标志。

(3) 示　例

```
WFI             ;等待中断
```

5.3 嵌入式 C 语言编程

常用的微控制器的编程语言有两种，一种是汇编语言，另一种是 C 语言。汇编语言的机器代码生成效率很高，但可读性却不强，复杂一点的程序就更难读懂。而 C 语言在大多数情况下其机器码生成效率和汇编语言相当，但可读性和可移植性却远远超过汇编语言，而且 C 语言还可以嵌入汇编来解决高时效性的代码编写问题。对于开发周期来说，中大型的软件编写用 C 语言的开发周期通常要比汇编语言短很多。综合以上原因，用户在编写程序时多数要使用 C 语言。所以学习 C 语言编程尤为重要。

5.3.1 嵌入式 C 语言程序结构

1. C 语言程序结构特点

① C 语言源程序可以由一个或多个源文件组成。

② 每个源文件可由一个或多个函数组成。

③ 一个源程序不论由多少个文件组成，都有一个且只能有一个 main 函数，即主

函数。

④ 源程序中可以有预处理命令(include 命令仅为其中的一种)，预处理命令通常应放在源文件或源程序的最前面。

⑤ 每一个说明、每一个语句都必须以分号结尾。但预处理命令、函数头和花括号"}"之后不能加分号。

⑥ 标识符、关键字之间必须至少加一个空格以示间隔。若已有明显的间隔符，也可不再加空格来间隔。

⑦ 主函数必须是一个无限循环体。

下面是一个简单的 C 语言编程示例：

```
#include "LPC11xx.h"
#include "gpio.h"
#include "clkconfig.h"
#include "uart.h"
int main (void)
{
    UARTInit();                             /*串口初始化*/
    printf("hello world!");                 /*串口输出 hello world!*/
    while(1);                               /*无限循环*/
    return;
}
```

2. C 语言程序结构

在用 C 语言编写嵌入式程序时，一般有.c 和.h 文件。.c 和.h 文件本质上没有任何区别，只不过一般情况下，.h 文件是头文件，内含函数声明、宏定义、结构体定义等内容。.c 文件是程序文件，内含函数实现、变量定义等内容。这样分开写成两个文件是一种良好的编程风格。

头文件用来定义芯片的引脚、芯片内部外设的寄存器以及时钟等与微控制器芯片内部硬件结构相关的内容。在编写.c 函数时，使用寄存器或引脚名称必须和头文件定义的相符，否则会出错。比如：LPC1100.h 头文件定义了 LPC1100 系列芯片的引脚、内部外设名称和外设的存储器命名等。使用"#include"命令包含头文件，如：#include "LPC1100.h"。

.c 文件用来实现程序要实现的功能。

3. 编写规则

从书写清晰，便于阅读、理解、维护的角度出发，在书写程序时应遵循以下规则：

① 一个说明或一个语句占一行。

② 用"{}"括起来的部分，通常表示了程序的某一层次结构。"{}"一般与该结构语句的第一个字母对齐，并单独占一行。

③ 低一层次的语句比高一层次的语句缩进若干格后书写，以便看起来更加清晰，增加程序的可读性。

在编程时应力求遵循这些规则，以养成良好的编程风格。

4. 注释语句

在程序中的每条语句后面都可以加 C 语言的注释符，起到说明的作用，注释符是以"/ * "开头并以" * /"结尾的串。在"/ * "和" * /"之间的即为注释，或者在开头使用"//"。程序编译时，不对注释作任何处理。

5.3.2 嵌入式 C 语言基本知识

嵌入式 C 语言和标准 C 语言在数据类型、程序结构等方面基本相同，也扩充了一些关键字等；另外，开发环境也有所不同。下面主要介绍其不同于标准 C 语言之处以及编程中的重点和难点。

1. 数据类型

嵌入式 C 语言支持多种数据类型，具体定义如表 5.3 所列。

表 5.3 嵌入式 C 语言支持的数据类型

数据类型	长 度	值 域
unsigned char	单字节	0～255
signed char	单字节	－128～＋127
unsigned short int	双字节	0～65 535
signed short int	双字节	－32 768～＋32 767
unsigned int	四字节	0～4 294 967 295
signed int	四字节	－2 147 483 648～＋2 147 483 647
Float	四字节	±1.175 494E－38～±3.402 823E＋38
Double	八字节	

例如：

```
unsigned int a;          /*定义变量 a 为 unsigned int 类型*/
unsigned char b;         /*定义变量 b 为 unsigned char 类型*/
```

2. 预处理命令

预处理命令以"#"号开头，如包含命令 #include、宏定义命令 #define 等。它们一般都放在源文件的前面，称为预处理部分。

所谓预处理是指在进行编译之前所做的工作。预处理是 C 语言的一个重要功能，它由预处理程序负责完成。当对一个源文件进行编译时，系统将自动引用预处理程序对源程序中的预处理部分作处理，处理完毕自动进入对源程序的编译。C 语言提供了多种预处理功能，如宏定义、文件包含、条件编译等。

下面介绍常用的几种预处理功能。

(1) 宏定义

define 是 C 语言中的预处理命令，它用于宏定义，可以提高源代码的可读性，为编程提供方便。

在 C 语言源程序中允许用一个标识符来表示一个字符串，称为“宏”。被定义为“宏”的标识符称为“宏名”。

格式：# define 标识符字符串

其中，“标识符”为所定义的宏名。“字符串”可以是常数、表达式、格式串等。

例如：

```
#define  PI   3.14          /* 指定标识符 PI 来代替常数 3.14 */
#define  PORT0   0          /* 指定标识符 PORT0 来代替常数 0 */
```

在编写源程序时，用到 3.14 的地方都可用 PI 代替，如果修改 3.14 的值，不需要在程序中去修改，只修改宏定义处即可。

(2) 文件包含

文件包含是 C 预处理程序的另一个重要功能。

文件包含命令行的一般形式为

#include"文件名"　　或　　<文件名>

例如：

#include"stdio. h"

文件包含命令的功能是把指定的文件插入该命令行位置取代该命令行，从而把指定的文件和当前的源程序文件连成一个源文件。

注意：包含命令中的文件名可以用双引号括起来，也可以用尖括号括起来。这两种形式是有区别的：使用尖括号表示在包含文件目录中去查找（包含目录是由用户在安装开发环境时设置的），而不在源文件目录中去查找；使用双引号则表示首先在当前的源文件目录中查找，若未找到，才到包含目录中去查找。用户编程时可根据自己文件所在的目录来选择某一种命令形式。

一个 include 命令只能指定一个被包含文件，若有多个文件要包含，则需用多个 include 命令。

(3) 条件编译

预处理程序提供了条件编译的功能。可以按不同的条件去编译不同的程序部分，因而产生不同的目标代码文件。这对于程序的移植和调试是很有用的。

条件编译有三种形式，下面分别介绍。

第一种形式：

```
#ifdef   标识符
         程序段 1
#else
         程序段 2
#endif
```

它的功能是，如果标识符已被 #define 命令定义过，则对程序段 1 进行编译；否则，对程序段 2 进行编译。如果没有程序段 2(它为空)，本格式中的 #else 可以没有，即可以写为

```
#ifdef   标识符
         程序段
#endif
```

第二种形式：

```
#ifndef  标识符
         程序段 1
#else
         程序段 2
#endif
```

与第一种形式的区别是将 ifdef 改为 ifndef。它的功能是，如果标识符未被 #define 命令定义过，则对程序段 1 进行编译，否则对程序段 2 进行编译。这与第一种形式的功能正相反。

第三种形式：

```
#if      常量表达式
         程序段 1
#else
         程序段 2
#endif
```

它的功能是，如常量表达式的值为真(非 0)，则对程序段 1 进行编译，否则对程序段 2 进行编译。因此可以使程序在不同条件下，完成不同的功能。

2. 类型定义符 typedef

C 语言不仅提供了丰富的数据类型，而且还允许由用户自己定义类型说明符，也就是说允许由用户为数据类型取“别名”。这里的数据类型包括内部数据类型(int，char 等)和自定义的数据类型(struct 等)。类型定义符 typedef 即可用来完成此功能。

typedef 定义的一般形式为

typedef 原类型名 新类型名

在编程中使用 typedef 的目的一般有两个，一个是给变量一个易记且意义明确的新名字，另一个是简化一些比较复杂的类型声明。

例如：

```
typedef    signed char         int8_t;
typedef    signed short int    int16_t;
typedef    signed int          int32_t;
typedef    signed __int64      int64_t;
```

有时也可用宏定义来代替 typedef 的功能，但是宏定义是由预处理完成的，而 typedef 则是在编译时完成的，后者更为灵活、方便。

3. 结构体

在实际问题中，一组数据往往具有不同的数据类型。例如，在学生登记表中，姓名应为字符型；学号可为整型或字符型；年龄应为整型；性别应为字符型；成绩可为整型或实型。显然不能用一个数组来存放这一组数据。因为数组中各元素的类型和长度都必须一致，以便于编译系统处理。为了解决这个问题，C 语言中给出了另一种构造数据类型——结构体。它相当于其他高级语言中的记录。

(1) 结构体的一般形式

一般形式如下：

```
struct 结构体名
{
    成员表列
};
```

成员表由若干个成员组成，每个成员都是该结构体的一个组成部分。对每个成员也必须作类型说明，其形式为

类型说明符 成员名；

例如：

```
struct stu
{
        int num;
        char name[12];
        char sex;
        float score;
};
```

在这个结构体定义中，结构体名为 stu，该结构体由 4 个成员组成。第一个成员为 num，整型变量；第二个成员为 name，字符数组；第三个成员为 sex，字符变量；第四个成员为 score，实型变量。应注意在括号后的分号是不可少的。结构体定义之

后,即可进行变量说明。凡说明为结构体 stu 的变量都由上述 4 个成员组成。由此可见,结构体是一种复杂的数据类型。

(2) 结构体变量

说明结构体变量有以下三种方法。以上面定义的 stu 为例来加以说明。

第一种:先定义结构体,再说明结构体变量。

例如:

```
struct stu
{
    int num;
    char name[12];
    char sex;
    float score;
};
struct stu boy1,boy2;
```

说明了两个变量 boy1 和 boy2 为 stu 结构体类型。

第二种:在定义结构体类型的同时说明结构体变量。

例如:

```
struct stu
{
    int num;
    char name[12];
    char sex;
    float score;
}boy1,boy2;
```

第三种:直接说明结构体变量。

例如:

```
struct
{
    int num;
    char name[12];
    char sex;
    float score;
}boy1,boy2;
```

第三种方法与第二种方法的区别在于第三种方法中省去了结构体名,而直接给出结构体变量。三种方法中说明的 boy1、boy2 变量都具有相同的结构体。

(3) 结构体变量成员的表示方法

表示结构体变量成员的一般形式是

结构体变量名.成员名

例如：

```
boy1.num                /*即第一个人的学号*/
```

(4) 结构体变量赋值

结构体变量的赋值就是给各成员赋值。

例如：

```
boy1.num = 10;
```

如果觉得写 struct stu 很麻烦，那么可以给 struct stu 起个别名。可以这样：

```
struct stu
{
    int num;
    char name[12];
    char sex;
    float score;
}
typedef   struct   stu   A;
```

那么

```
A boy1;
```

就等同于

```
struct list boy1;
```

当然也可以在声明一个结构体的时候给它起别名，例如：

```
typedef   struct   stu
{
    int num;
    char name[12];
    char sex;
    float score;
}A;
```

注意：这样定义的 A 是结构体名 struct stu 的别名，而不是结构体变量名。

(5) 结构体指针变量

当一个指针变量用来指向一个结构体变量时，称之为结构体指针变量。结构体指针变量中的值是所指向的结构体变量的首地址。通过结构体指针即可访问该结构体变量，这与数组指针和函数指针的情况是相同的。

1）结构体指针变量

结构体指针变量的一般形式为

struct 结构体名 *结构体指针变量名

例如，在前面的例题中定义了 stu 这个结构，如要说明一个指向 stu 的指针变量 pstu，可写为

struct stu *pstu;

当然，也可在定义 stu 结构体的同时说明 pstu。结构指针变量也必须要先赋值后才能使用。

2）结构体指针变量赋值

赋值是把结构体变量的首地址赋予该指针变量，不能把结构体名赋予该指针变量。如果 boy1 是被说明为 stu 类型的结构体变量，则

pstu=&boy1

是正确的，而

pstu=&stu

是错误的。

结构体名和结构体变量是两个不同的概念，不能混淆。结构体名只能表示一个结构体形式，编译系统并不对它分配内存空间。只有当某变量被说明为这种类型的结构体时，才对该变量分配存储空间。因此上面 &stu 这种写法是错误的，不可能去取一个结构体名的首地址。有了结构体指针变量，就能更方便地访问结构体变量的各个成员。

3）访问结构体变量

其访问的一般形式为

（*结构体指针变量）.成员名

或为

结构体指针变量－>成员名

例如：

（*pstu）.num　　或者　　pstu－>num

应该注意"（*pstu）"两侧的括号不可少，因为成员符"."的优先级高于"*"。如去掉括号写作"*pstu.num"，则等效于"*（pstu.num）"，这样，意义就完全不对了。常用第二种方式。

4. 枚举类型

枚举类型是 C 语言的一种构造类型，它用于声明一组命名的常数，当一个变量有几种可能的取值时，可以将它定义为枚举类型。枚举类型是指将变量的值一一列出来，变量的值只限于列举出来的值的范围内。枚举类型放在窗体模块、标准模块或共用模块中的声明部分，通过 enum 语句来定义。

枚举类型格式如下：

```
enum name
{
    membername[ = constantexpression],
    membername[ = constantexpression],
    ......
};
```

例如：

```
enum Direction
{
    up,down,before,back,left,right
};
```

另外，还可以为枚举常量指定其对应的整形常量数值。

例如：enum Direction {up=1,down=2,before=3,back=4,left=5,right=6};

注意，常量值不可出现重复。下面的情况是违法的。

enum Direction{up=1,down=1,before=3,back=4, left=5,right=6};

如果在给定枚举常量的时候不指定其对应的整数常量值，则系统将自动为每一个枚举常量设定一对应的整数常量值。

例如：enum Direction{up,down,before,back,left,right};

上面 up 对应的整数值为 0，down 对应的整数值为 1，以此类推，right=5；"printf("%d",right)"的输出结果为 5。

另外，允许设定部分枚举常量对应的整数常量值，但是要求从左到右依次设定枚举常量对应的整数常量值，并且不能重复。

例如：enum Direction{up=7,down=1,before,back,left,right};

则从第一没有设定值的常量开始，其整数常量值为前一枚举常量对应的整数常量值加 1。因此输出语句"printf("%d",right)"的输出结果为 5。

5. 开发环境

嵌入式 C 语言开发环境不同于标准 C 语言开发环境，标准 C 语言的程序设计使用的是 Turbo C，而嵌入式 C 语言程序设计不能使用 Turbo C，必须具有专门的开发环境和开发工具，如 Keil μV3、Keil μV4、IAR、LPCXpresso IDE 等开发环境，以及 ColinkEx、LPC - Link 或 JLink 等编程器。第 6 章有详细介绍，这里不再赘述。

5.4 CMSIS 标准

5.4.1 CMSIS 简介

Cortex 微控制器软件接口标准（Cortex Microcontroller Software Interface

Standard)简称 CMSIS,是 ARM 和一些编译器厂家以及半导体厂家共同遵循的一套标准,CMSIS 是由 ARM 公司提出的专门针对 Cortex－M 系列的标准。使用 CMSIS,可以为处理器和外设实现一致且简单的软件接口,从而简化软件的重用、缩短微控制器新开发人员的学习过程,以减少更换芯片以及开发工具等移植工作所带来的费用以及时间上的消耗。

5.4.2 CMSIS 架构

基于 CMSIS 标准的软件架构主要分为以下 4 层:用户应用层、操作系统及中间件接口层、CMSIS 层、硬件寄存器层,如图 5.1 所示。

其中,CMSIS 层起着承上启下的作用:一方面该层对硬件寄存器层进行统一实现,屏蔽了不同厂商对 Cortex－M 系列微控制器核内外设寄存器的不同定义;另一方面又向上层的操作系统及中间件接口层和应用层提供接口,简化了应用程序的开发难度,使开发人员能够在完全透明的情况下进行应用程序开发。也正是如此,CMSIS 层的实现相对复杂。

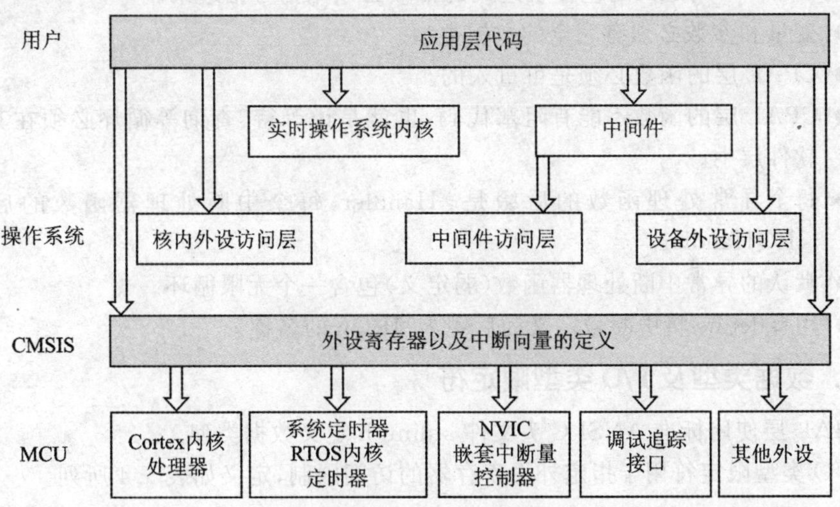

图 5.1 CMSIS 标准的软件架构

CMSIS 可以分为以下三个基本功能层:核内外设访问层 Core Peripheral Access Layer (CPAL);中间件访问层 Middleware Access Layer (MWAL);设备访问层 Device Peripheral Access Layer (DPAL)。

1. 核内外设访问层(CPAL)

该层用来定义一些 Cortex－M 处理器内部的一些寄存器地址以及功能函数。如对内核寄存器、NVIC、调试子系统的访问。一些对特殊用途寄存器的访问被定义成内联函数或是内嵌汇编的形式。该层的实现由 ARM 提供。

2. 中间件访问层(MWAL)

该层定义访问中间件的一些通用 API,该层也由 ARM 负责实现,但芯片厂商需要根据自己的设备特性进行更新。目前该层仍在开发中,还没有更进一步的消息。

3. 设备访问层 (DPAL)

该层和 CPAL 层类似,用来定义一些硬件寄存器的地址以及对外设的访问函数。另外,芯片厂商还需要对异常向量表进行扩展,以实现对自己设备的中断处理。该层可引用 CPAL 层定义的地址和函数。该层由具体的芯片厂商提供。

5.4.3 CMSIS 规范

1. CMSIS 基本规范

- CMSIS 的 C 代码遵照 MISRA 2004 规则。
- 使用标准 ANSI C 头文件<stdint.h>中定义的标准数据类型。
- 由#define 定义的包含表达式的常数必须用括号括起来。
- 变量和参数必须有完全的数据类型。
- CPAL 层的函数必须是可重入的。
- CPAL 层的函数不能有阻塞代码,也就是说等待、查询等循环必须在其他的软件层中。
- 每个异常处理函数的后缀是_Handler,每个中断处理器函数的后缀是_IRQHandler。
- 默认的异常中断处理器函数(弱定义)包含一个无限循环。
- 用#define 将中断号定义为后缀为_IRQn 的名称。

2. 数据类型及 I/O 类型限定符

HAL 层使用标准 ANSI C 头文件 stdint.h 定义数据类型。

I/O 类型限定符用于指定外设寄存器的访问限制,定义如表 5.4 所列。

表 5.4 I/O 类型限定符

I/O 类型限定符	#define	描述
__I	volatile const	指定只读权限
__O	volatile	指定只写权限
__IO	volatile	指定读/写权限

3. CMSIS 版本号

对于 Cortex-M0 处理器,在 core_cm0.h 中定义所用 CMSIS 的版本。

```
#define __CM0_CMSIS_VERSION_MAIN  (0x01)        /*位[31:16]主版本*/
```

```
#define __CM0_CMSIS_VERSION_SUB   (0x20)        /*位[15:0]从版本*/
#define __CM0_CMSIS_VERSION ((_CM0_CMSIS_VERSION_MAIN << 16) |
__CM0_CMSIS_VERSION_SUB)
```

4. Cortex - M0 内核

对于 Cortex - M0 处理器，在头文件 core_cm0. h 中定义：

```
#define_CORTEX_M   (0x00)
```

5. 工具链

CMSIS 支持目前嵌入式开发的三大主流工具链，即 ARM ReakView(armcc)、IAR EWARM(iccarm)以及 GNU 工具链(gcc)。通过在 core_cm0. c 中的如下定义，来屏蔽一些编译器内置关键字的差异。

```
#if defined (__CC_ARM)
    #define __ASM __asm                    /*ARM 编译器 asm 关键字*/
    #define __INLINE __inline              /*ARM 编译器 inline 关键字*/
#elif defined (__ICCARM__)
    #define __ASM __asm                    /*IAR 编译器 asm 关键字*/
    #define __INLINE inline                /*IAR 编译器 inline 关键字*/
#elif defined (__GNUC__)
    #define __ASM __asm                    /*GNU 编译器 asm 关键字*/
    #define __INLINE inline                /*GNU 编译器 inline 关键字*/
#elif defined (__TASKING__)
    #define __ASM __asm                    /*TASKING 编译器 asm 关键字*/
    #define __INLINE inline                /*TASKING 编译器 inline 关键字*/
#endif
```

这样，CPAL 中的功能函数就可以被定义成静态内联类型(static __INLINE)，以实现编译优化。

5.4.4 CMSIS 文件结构

不同芯片 CMSIS 的文件是有区别的，但文件结构基本一致。基于 LPC1100 系列芯片的文件结构如图 5.2 所示。

1. LPC11xx. h

LPC11xx . h 由 NXP 芯片厂商提供，是工程中 C 源程序的主要包含文件。其中 LPC11xx 是指处理器型号。它包含：

① 中断号的定义，提供 Cortex - M0 内核外设异常号和 LPC1100 片内外设中断号(IRQn)。

```
typedef enum IRQn
```

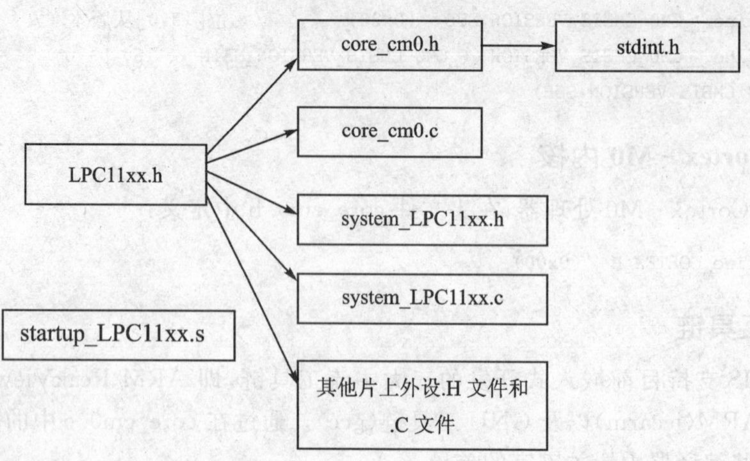

图 5.2 CMSIS 的头文件结构

```
{
/************** Cortex-M0 Processor Exceptions Numbers *************/
  NonMaskableInt_IRQn          = -14,
  HardFault_IRQn               = -13,
  SVCall_IRQn                  = -5,
  PendSV_IRQn                  = -2,
  SysTick_IRQn                 = -1,
/************** LPC11xx Specific Interrupt Numbers ****************/
  WAKEUP0_IRQn                 = 0,
  WAKEUP1_IRQn                 = 1,
  WAKEUP2_IRQn                 = 2,
  WAKEUP3_IRQn                 = 3,
  ……
  CAN_IRQn                     = 13,
  SSP1_IRQn                    = 14,
  ……
} IRQn_Type;
```

② 实现处理器 Cortex-M0 核的配置，如 MPU、NVIC 等。

③ 提供所有处理器片上外设寄存器的结构定义和地址映射。

一般数据结构的名称定义为处理器或“厂商缩写_外设缩写_TypeDef”，如 LPC_SSP_TypeDef。

微控制器的寄存器结构定义包括：

中断向量结构体　　　　　　IRQ_Type

系统控制寄存器结构体　　　LPC_SYSCON_TypeDef

I/O 端口控制寄存器结构体　LPC_IOCON_TypeDef

电源管理单元寄存器结构体　　LPC_PMU_TypeDef
通用 I/O 寄存器结构体　　LPC_GPIO_TypeDef
定时器寄存器结构体　　LPC_TMR_TypeDef
串口寄存器结构体　　LPC_UART_TypeDef
SSP 寄存器结构体　　LPC_SSP_TypeDef
I²C 寄存器结构体　　LPC_I2C_TypeDef
WDT 寄存器结构体　　LPC_WDT_TypeDef
ADC 寄存器结构体　　LPC_ADC_TypeDef

部分结构体地址映射

```
#define LPC_FLASH_BASE     (0x00000000UL)
#define LPC_RAM_BASE       (0x10000000UL)
#define LPC_APB0_BASE      (0x40000000UL)
#define LPC_AHB_BASE       (0x50000000UL)
#define LPC_GPIO0_BASE     (LPC_AHB_BASE + 0x00000)
#define LPC_I2C_BASE       (LPC_APB0_BASE + 0x00000)
#define LPC_WDT_BASE       (LPC_APB0_BASE + 0x04000)
#define LPC_UART_BASE      (LPC_APB0_BASE + 0x08000)
#define LPC_SSP0_BASE      (LPC_APB0_BASE + 0x40000)
#define LPC_CT32B0_BASE    (LPC_APB0_BASE + 0x14000)
#define LPC_IOCON_BASE     (LPC_APB0_BASE + 0x44000)
#define LPC_SYSCON_BASE    (LPC_APB0_BASE + 0x48000)
#define LPC_I2C         ((LPC_I2C_TypeDef *) LPC_I2C_BASE)
#define LPC_WDT         ((LPC_WDT_TypeDef *) LPC_WDT_BASE)
#define LPC_UART        ((LPC_UART_TypeDef *) LPC_UART_BASE)
#define LPC_TMR32B0     ((LPC_TMR_TypeDef *) LPC_CT32B0_BASE)
#define LPC_ADC         ((LPC_ADC_TypeDef *) LPC_ADC_BASE)
#define LPC_PMU         ((LPC_PMU_TypeDef *) LPC_PMU_BASE)
#define LPC_SSP0        ((LPC_SSP_TypeDef *) LPC_SSP0_BASE)
#define LPC_IOCON       ((LPC_IOCON_TypeDef *) LPC_IOCON_BASE)
#define LPC_SYSCON      ((LPC_SYSCON_TypeDef *) LPC_SYSCON_BASE)
#define LPC_GPIO0       ((LPC_GPIO_TypeDef *) LPC_GPIO0_BASE)
```

示例：LPC11xx 系列处理器的 SSP 寄存器组数据结构定义如下：

```
typedef  struct
{
    __IO uint32_t  CR0;       /* CR0 寄存器的偏移地址：0x000 (R/W) */
    __IO uint32_t  CR1;       /* CR1 寄存器的偏移地址：0x004 (R/W) */
```

```
    __IO uint32_t  DR;        /* DR 寄存器的偏移地址：0x008 (R/W) */
    __I  uint32_t  SR;        /* SR 寄存器的偏移地址：0x00C (R) */
    __IO uint32_t  CPSR;      /* CPSR 寄存器的偏移地址：0x010 (R/W) */
    __IO uint32_t  IMSC;      /* IMSC 寄存器的偏移地址：0x014 I (R/W) */
    __IO uint32_t  RIS;       /* RIS 寄存器的偏移地址：0x018 (R/W) */
    __IO uint32_t  MIS;       /* MIS 寄存器的偏移地址：0x01C (R/W) */
    __IO uint32_t  ICR;       /* ICR 寄存器的偏移地址：0x020 (R/W) */
} LPC_SSP_TypeDef;
```

LPC11xx 处理器 SSP 接口基地址定义如下：

```
#define LPC_SSP0_BASE      (LPC_APB0_BASE + 0x40000)
```

访问 LPC17xx 处理器 SSP 接口的定义如下：

```
#define LPC_SSP0      ((LPC_SSP_TypeDef   *) LPC_SSP0_BASE)
```

2. startup_LPC11xx. s

startup_LPC11xx. s 是在 ARM 提供的启动文件模板基础上，由 NXP 芯片厂商修订而成的。它主要有 4 个功能。

① 配置堆和栈的初始化；

② 定义中断向量表和中断向量入口地址；

③ 复位和 main 函数的地址；

④ 内部和外部 RAM 清零。

3. system_ LPC11xx. h 和 system_ LPC11xx. c

system_ LPC11xx. h 和 system_ LPC11xx. c 文件由 ARM 提供模板，由 NXP 芯片厂商根据自己芯片的特性来实现。

system_LPC11xx. c 提供处理器的系统初始化配置函数，以及包含系统时钟频率的全局变量，包括设置 PLL 反馈分频值 M、PLL 后置分频器比率 P、主时钟的设置函数 void Main_PLL_Setup(void)及系统初始化函数 void SystemInit(void)等。

system_LPC11xx. h 提供一些变量的定义和系统函数声明：

Flash 地址的宏定义　#define NVIC_VectTab_FLASH　(0x00000000)

RAM 地址的宏定义　#define NVIC_VectTab_RAM　(0x10000000)

系统节拍定时器时钟源的外部引用　extern uint32_t ClockSource;

系统时钟的外部引用　extern uint32_t SystemFrequency;

系统外设时钟的外部引用　extern uint32_t SystemAHBFrequency;

系统初始化函数声明　extern void SystemInit (void);

4. core_cm0. h 和 core_cm0. c

这两个文件是实现 Cortex - M0 处理器内核的定义。

头文件 core_cm0. h 定义 Cortex－M0 核内外设的数据结构及其地址映射，包括：

中断相关寄存器结构体　　　　NVIC_Type
系统控制模块相关寄存器　　　SCB_Type
系统定时器相关寄存器结构体　SysTick_Type
内核调试相关寄存器结构体　　CoreDebug_Type

定义方法与 LPC11xx. h 中的结构体定义方法相同，这里不再介绍。另外，它也提供一些访问 Cortex－M0 核内寄存器及外设的函数，这些函数定义为静态内联。

c 文件 core_cm0. c 则定义了一些访问 Cortex－M0 核内寄存器的函数，例如对 xPSR、MSP、PSP 等寄存器的访问；其函数主要是汇编程序，这部分一般用户不会修改，不用加以深究。

5. stdint. h

stdint. h 头文件定义了标准数据类型。在 stdint. h 头文件定义了如下数据类型：

```
typedef    signed    char          int8_t;
typedef    signed    short int     int16_t;
typedef    signed    int           int32_t;
typedef    signed    __int64       int64_t;
typedef    unsigned   char         uint8_t;
typedef    unsigned   short int    uint16_t;
typedef    unsigned   int          uint32_t;
typedef    unsigned   __int64      uint64_t。
```

5.5 思考与练习

1. 用汇编指令实现下列操作：

R1＝10；

R1＝R1＊R3＋R0；

R0＝R1－R2＋0x33；

R0＝R1&R3。

2. 编写指令完成比较 R1 和 R2，若相等，则 R1 加 1，否则 R2－R1。

3. 编写一段程序，当 R0 的值小于 0xFF 时，将 R0 的值加上 0x55，并把结果送给 R3。

4. CMP 和 SUB 指令的区别是什么？

5. 写相应指令完成下列操作：

① 将 R1 的低 4 位置 1；② 将 R0 的高 8 位清零；③ 将 R2 的位 3 取反。

6. 能对存储器进行操作的指令有哪些？

7. C 语言编写程序的规则是什么？

8. 类型定义符 typedef 的作用是什么？

9. 定义一个结构体，包含姓名、性别、年龄、薪资。

10. 简要描述 CMSIS 库的基本规范。

第6章

NXP LPC1100 系列开发环境

学习目标：掌握 NXP 公司针对 LPC 微控制器设计出的 NXP LPCXpresso－CN 和 LPCXpresso LPC1114 开发平台的开发环境和调试工具的使用。

学习内容：1. LPCXpresso－CN 开发平台的开发环境和调试工具的使用；

2. LPCXpresso 开发平台的开发环境和调试工具的使用。

使用汇编语言或 C 语言编程都要使用编程器，以便把写好的程序编译为芯片能识别的机器码，然后把生成的可执行文件写入到芯片内部。如果想让芯片完成某一具体事件，就要选择合适的开发环境和开发工具。

6.1 开发环境简介

支持 LPC1100 系列的开发软件很多，如 RealView MDK ＋ ulink2、RealView MDK ＋ ColinkEx、IAR ＋ Jlink、LPCXpresso IDE＋LPC－Link 等。

NXP 公司针对 LPC 微控制器设计出两套板载调试器的开发平台：NXP LPCXprcsso－CN 和 LPCXpresso LPC1114。为了让广大嵌入式爱好者和嵌入式工程师能够轻松地掌握 LPC1100 系列产品的开发，本章重点讲述基于这两个开发平台的开发环境和调试工具的使用。

6.2 LPCXpresso－CN 开发平台

6.2.1 NXP LPCXpresso－CN 开发平台硬件资源

NXP LPCXpresso－CN 开发板是 NXP 公司推出的一款基于 LPC1100 系列处理器(Cortex－M0 内核)的全功能评估板。硬件包括板载 ColinkEx 调试器和 LPC ARM 微控制器目标板。

1. ColinkEx 调试器的硬件组成

下面首先介绍板载 ColinkEx 调试器。ColinkEx 是一款支持 SWD 调试的仿真器，如图 6.1 所示，它可以通过标准的 10 针脚 JTAG 连接器，调试基于内核 ARM Cortex－M3 和 Cortex－M0 的设备。

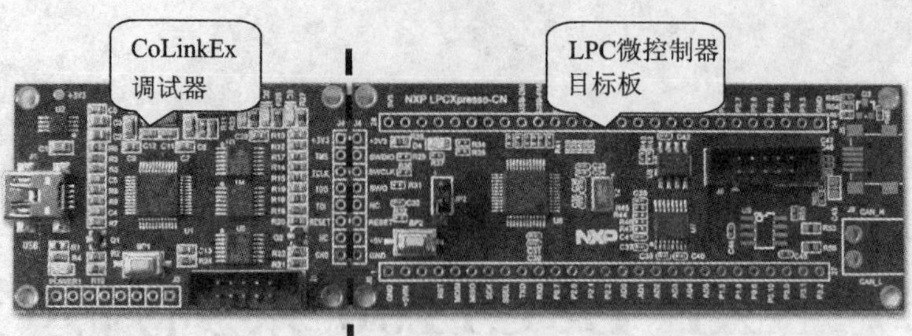

图 6.1 NXP LPCXpresso-CN 开发板

(1) 特 点

- 免费；
- 支持 Cortex-M0 和 Cortex-M3 设备；
- 支持 SWD 调试；
- 支持 JTAG 调试；
- 核心控制芯片是 Cortex-M3 内核的 LPC1343，支持 USB 接口，给开发板提供 5 V 的电压；
- 支持 CoFlash、CoIDE、MDK 和 IAR 开发环境。

(2) ColinkEx 适用范围

- Keil RealView MDK 4.03 或更高版本（MDK 4.13a 除外）；
- IAR Embedded Workbench 5.50 或更高版本；
- CooCox CoFlash；
- CooCox CoIDE。

2. LPC ARM 微控制器目标板硬件组成

① 核心控制芯片采用 Cortex-M0 内核的 LPC1114F301。

- 主频高达 50 MHz；
- 支持 RS-485 模式；
- 包含 8 个通道 10 位 ADC；
- 2 个 16 位定时器和 2 个 32 位定时器；
- 包含 SSP、I^2C 等丰富的外部串行接口；
- 同时集成电源管理单元 PMU。

② 外接晶振 12 MHz 的振荡电路。

③ LM75A 温度传感器电路。

④ 通用同步接收器 UART 通过一个 9 针 D 形的 RS-232 接口进行通信，使用 SP3232EEY 控制芯片。除了用于通信和跟踪调试外，此 UART 接口还可用于 ISP 下载。

⑤ 发光二极管显示电路。

外形尺寸极其小巧轻便，是一个用于应用开发的很好的平台。

关于开发板硬件电路原理图可在 www.nxp.com 下载。电路板图如图 6.1 所示。

NXP LPCXpresso - CN 开发板支持 Keil 公司开发的 RealView MDK4.12(Keil μVision4)开发环境。下面详细介绍该开发环境和调试器的使用方法。

6.2.2 Keil μVision4 开发环境

Keil 是在国内最普及的一种 51 开发环境，多数 51 单片机工程师都采用 Keil 编程。Keil 界面友好，容易使用。在 ARM 出现后，Keil 公司为了提供 ARM 编译环境，推出了 Keil for ARM。Keil RealView MDK 是在 Keil 公司被 ARM 公司收购后开发的关于 ARM 的新的开发环境，RealView MDK 集成了业内最领先的技术，融合了中国多数软件开发工程师所需的特性和功能，包括 μVision4 集成开发环境和 RealView 编译器，支持 ARM7、ARM9 和最新的 Cortex - M 核处理器，自动配置启动代码，集成 Flash 烧写模块，强大的 Simulation 设备模拟、性能分析等功能。与 ARM 之前的工具包 ADS 等相比，RealView 编译器的最新版本可将性能改善超过 20 %。

Keil 公司开发的 Keil 软件开发环境不断升级，至今已经有 3 种版本，分别是 Keil μVision2、Keil μVision3 和 Keil μVision4。Keil μVision2 主要用于 51 单片机的开发，Keil μVision4 支持 Cortex - M、Cortex - R4、ARM7 和 ARM9 内核的控制芯片。如果用过 Keil μVision2 或 Keil μVision3，那么在学习使用 Keil μVision4 的时候就不会费力了。如果没有用过，这里也会教你轻松学会整个过程。

第一步：安装 Keil μVision4

在网站上下载一个 Keil μVision4 软件，按照 Read Me First 文档的说明进行操作即可。这里不再详细叙述。

第二步：打开 Keil μVision4 开发环境

点击 Keil μVision4 图标打开 μVision 应用程序后，将看到如图 6.2 所示的窗口。在这个窗口中，可以创建工程、编辑文件、配置开发工具、执行编译链接，以及进行工程调试。

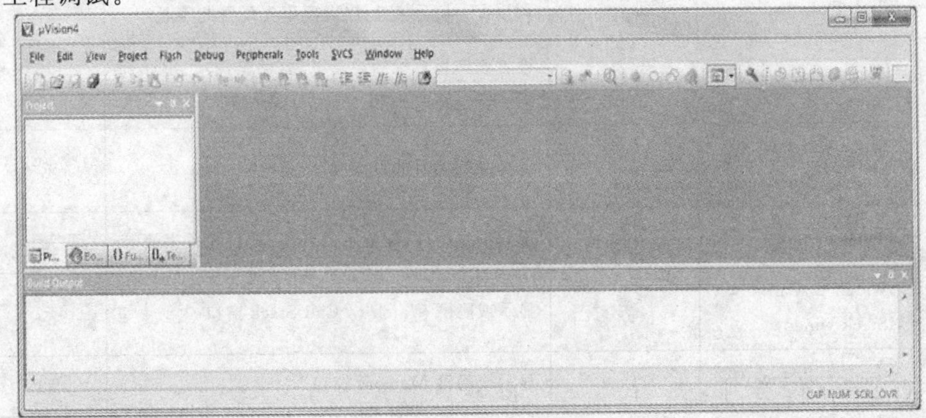

图 6.2 Keil μVision4 开发环境界面

常用工具栏图标及其功能如表 6.1 所列。

表 6.1 常用工具栏描述

命令选项	工具条按钮	功能描述	快捷键
Translate...		编译当前文件	无
Reset CPU		重置 CPU	Ctrl+F5
Go		运行程序,直到遇到一个活动断点	F5
Halt Execution		暂停运行程序	Esc
Single step into		单步运行。如果当前行是函数,则会进入函数	F11
Step Over		单步运行。如果当前行是函数,则会将函数一直运行下去	F10
Step Out		运行直到跳出函数,或遇到活动断点	无
Run to cursor line		运行到光标处所在行	无
Show next statement		显示下一条执行语句或指令	无
Disassembly		显示或隐藏汇编窗口	无
Build Target		编译修改后的文件并构建应用程序	F7
Rebuild Target		重新编译所有文件并构建应用程序	无
Batch Build		编译选中的多个项目目标	无
Stop Build		停止编译过程	无
Flash Download		调用 Flash 下载工具(需要事先配置此工具)	无
Target Option		设置该项目目标的设备选项,输出选项、编译选项、调试器和 Flash 下载工具等选项	无
Select Current Project Target	Code Template	选择当前项目的目标	无
Manage Project		设置项目组件,配置工具环境、项目相关书籍等	无
Watch & Call Stack window		显示或隐藏 Watch & Call Stack 窗口	无
Memory window		显示或隐藏 Memory 窗口	无

第三步:使用 Keil 开发环境编写程序

(1) 建立一个新工程

在开始写 C 代码之前,首先需要创建一个工程。通常需要以下几个步骤:

① 在 Keil 开发环境界面,选择 Project→New Project。然后会显示如图 6.3 所示的文件对话框。

② 在文件对话框中,输入工程的名字,例如 LED_Display,扩展名 uvproj 省略不写,然后单击“保存”按钮。

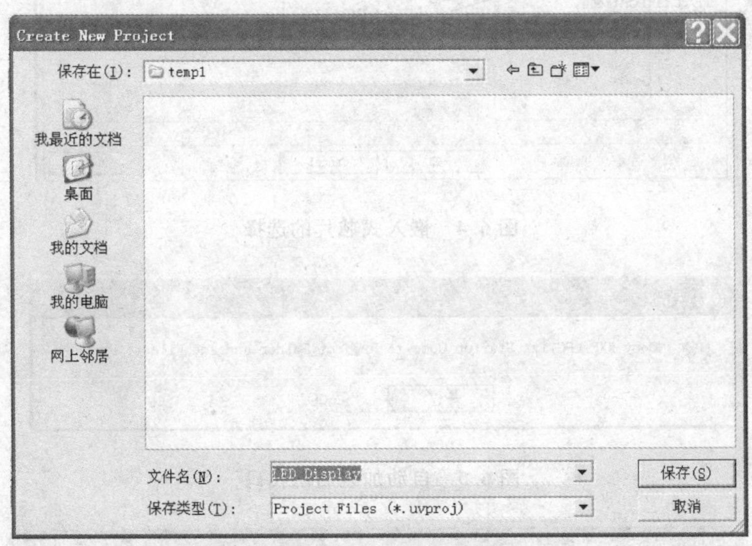

图 6.3 创建新工程

(2) 设备选择

接下来将显示一个新的窗口,如图 6.4 所示。在这个窗口里,需要选择将要使用的嵌入式芯片。这个设定通常需要如下几个步骤:

① 在新弹出的窗口,选择微控制器芯片,首先找到芯片的公司,如 NXP。

② 选择将要使用的微控制器芯片,如 LPC1114。

然后弹出如图 6.5 所示对话框,询问是否自动添加启动代码,如果添加就选择“是”,否则选择“否”,一般情况下选择“是”,则出现如图 6.6 所示对话框,这样就建立好一个新工程了。

(3) 工程管理

工程管理通过创建文件组来管理 CPU 启动代码和其他系统配置文件等。点击菜单 Project→Manage 的下拉菜单,如图 6.7 所示,或者单击快捷菜单图标 ,打开工程管理对话框,如图 6.8 所示。然后在工程管理对话框中的 Group 添加文件组,一般添加启动代码组 Startup Code、源文件组 Source Code、内核代码组 Core

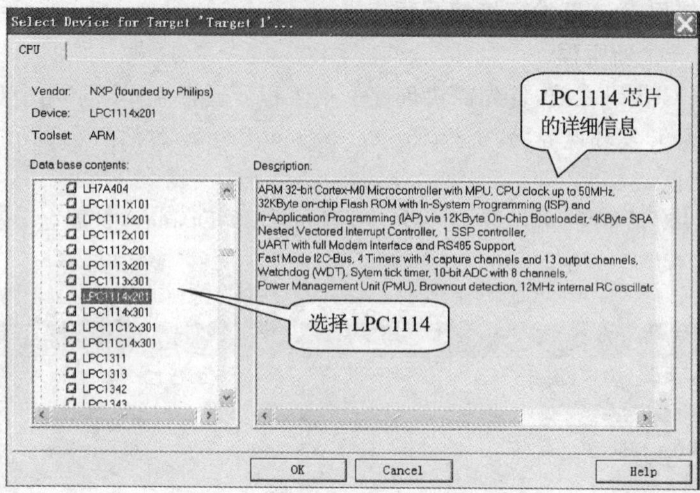

图 6.4 嵌入式芯片的选择

图 6.5 自动加载启动代码

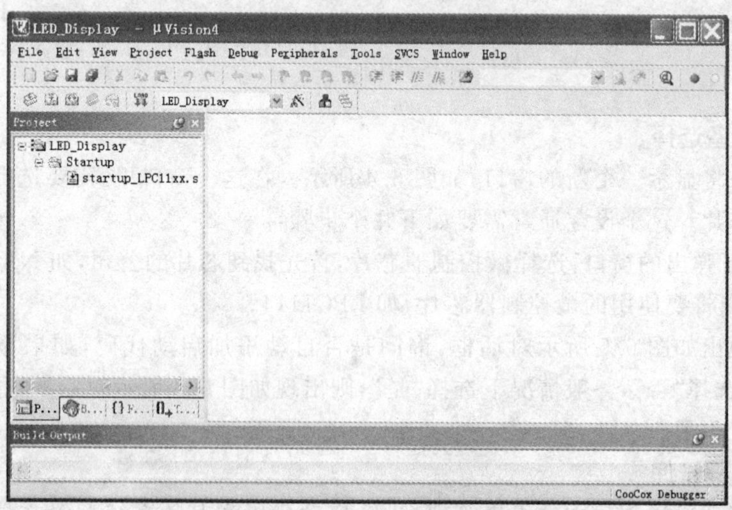

图 6.6 新建工程

Code、系统代码组 System Code、文本文件组 Document(可有可无,用户自己定义),可以把某些组组合为一组。Startup 是启动代码组;Cmsis 是内核和系统文件组;

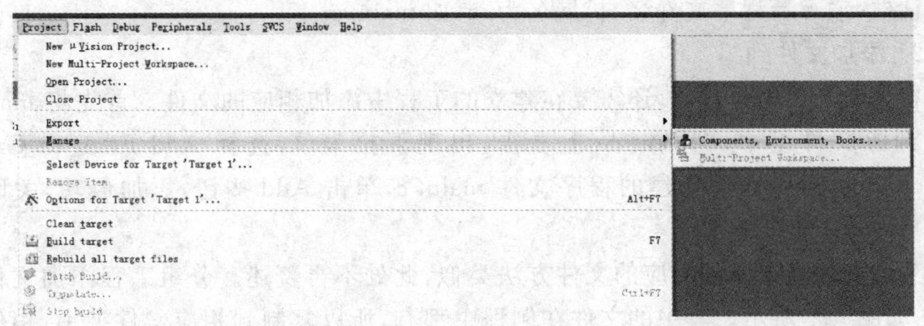

图 6.7　工程管理菜单

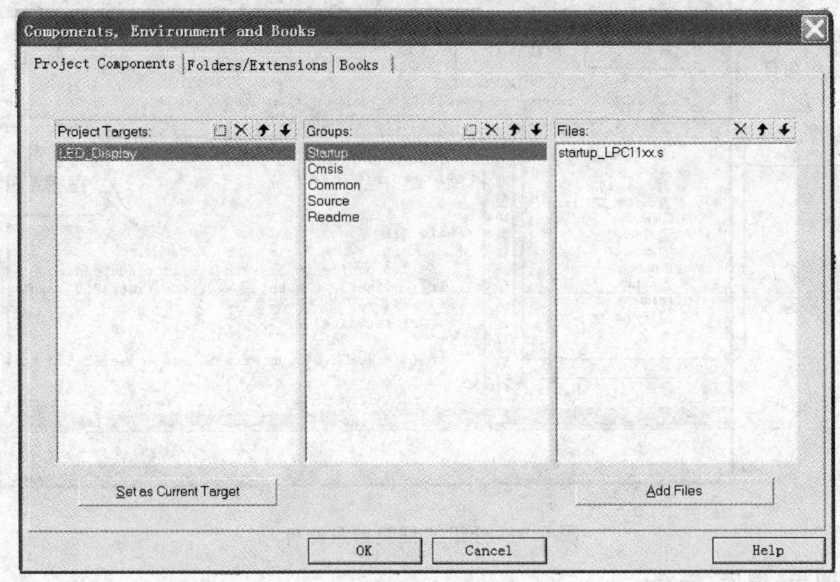

图 6.8　项目管理配置

Common 是芯片内部外设驱动程序，包括.c 和头文件.h 的文件组；Source 是源文件组；Readme 是文本文件组，是对本工程的说明。单击 OK 按钮，则在工程左侧出现添加的文件组。

其实这些文件组及其中的文件在例程中都有，所以复制到相应文件夹中，稍作修改即可。

(4) 创建新程序文件

1) 新建源程序文件

建好分组项目后，可以开始写 C 程序了。在主窗口中，选择下拉菜单 File→New，或者单击快捷菜单图标 ，出现一个新的标题为＜text1＞的窗口，即可在窗口＜text1＞中开始写代码。在写完代码后，选择下拉菜单 File→Save，然后将弹出一个对话框,输入新程序文件名,扩展名为.c,如 main.c。

2) 添加文件到组

在真正开始编译之前,还需要在建立的工程中添加相应的文件。首先将 main.c 加入到源文件组中,在 Source 上右击,出现下拉菜单,选择 Add Files to Group Source files,然后选择新建的程序文件 main.c,单击 Add 按钮,添加成功,关闭对话框。

其余文件组中添加对应的文件方法类似,此处不再赘述。分组工程添加文件完成后,如图 6.9 所示。其中的文件在例程中都有,所以复制到相应文件夹中,稍作修改即可。

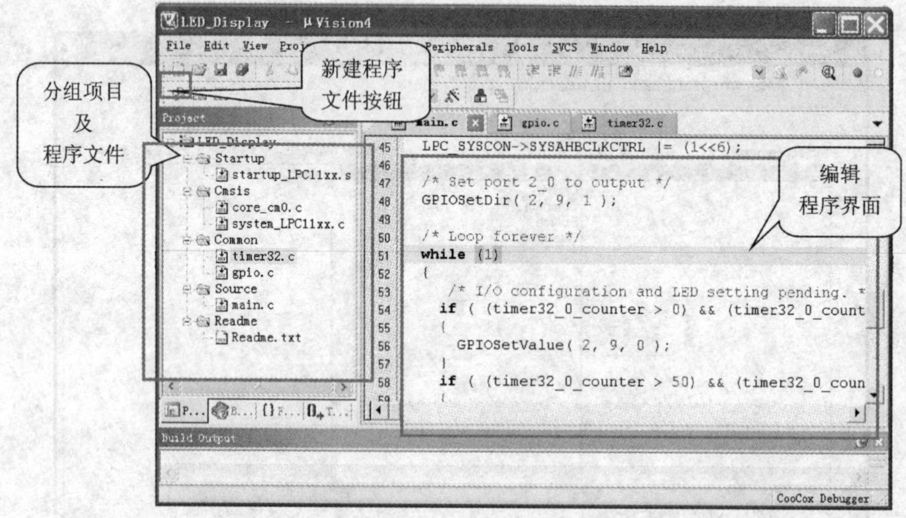

图 6.9 分组工程菜单及文件

第四步:编译、链接

选择 Project 菜单上的 Rebuild all target files,或者单击工具条按钮 Rebuild all,如图 6.10 所示,开始编译和链接。

然后将看到所有的代码都将被编译和链接。μVision4 底部的 Build 窗口中会显示构建过程中的输出信息。(这个例子显示了成功构建出文件名为 *.axf 和 *.bin 的过程,整个过程没有错误(errors),没有警告(warnings)。)

如果编译出错,则双击 Build 窗口出错的地方,就会在源代码中标示出来,根据具体出现的问题进行修改,然后重新编译链接。剩下的就是调试和下载程序到目标板了。警告一般情况下可以忽略。

如果想打开一个已有工程和程序文件,则只需点击菜单 Project→open Project,然后弹出一个对话框,找到要打开的工程。工程打开以后,程序会自动出现在 Project 栏内;双击程序文件,如 main.c,即可打开。若只打开已有程序文件,则点击菜单 File→open 或者单击快捷菜单图标,如图 6.11 所示,就打开了程序文件,然后需

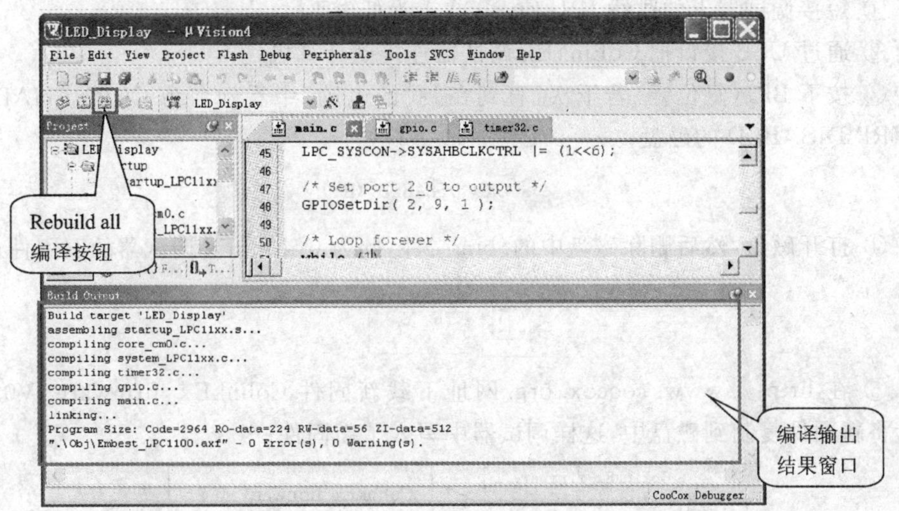

图 6.10 编译程序文件

要把程序文件添加到工程中，按照前面添加程序文件到工程来操作即可。

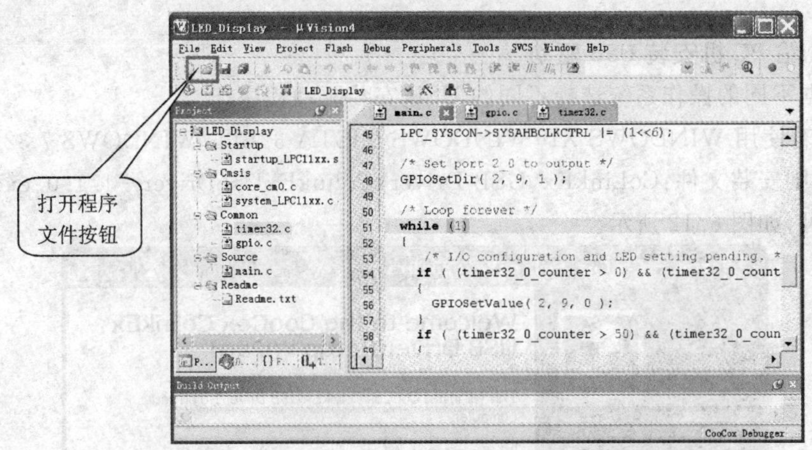

图 6.11 打开已有程序文件

6.2.3 CoLinkEx 调试器

在线调试和下载程序到目标板就要使用调试器来完成。下面详细介绍 CoLinkEx 调试器的使用方法和操作步骤。

第一步：安装 ColinkEx 驱动

(1) 更新调试器的固件

在 http://www.coocox.org/网址下载新固件 ColinkEx_firmware_V0.4.bin。注意：此固件在不断升级。

① 短接调试器上的跳线 JP1，使 PIO0_1 为低电平；

② 通过 USB 接口把 CoLinkEx 调试器连接到计算机；

③ 按下 BP1(复位键)若干次，直到在“我的电脑”中看到名为 CRP2 ENABLD 或 CRP DISABLD 的磁盘；

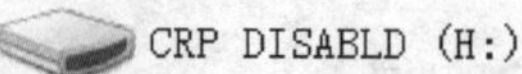

④ 打开磁盘，然后删除磁盘中的.bin 文件，此为 CoLinkEx 调试器的旧固件；

⑤ 在 http://www.coocox.org/网址下载新固件 ColinkEx_firmware_V0.4.bin，将新固件复制到磁盘中，这样调试器中写入了新固件；

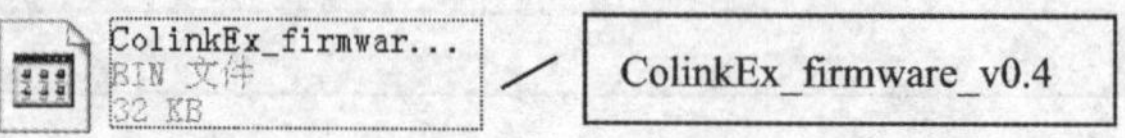

⑥ 断开 USB 连线，断开跳线 JP1，然后重新连接 USB 连线(即给调试器重新上电)，此时 PIO0_1 为高电平，CoLinkEx 调试器中的程序正常运行，调试器可以正常使用了。

(2) 给 PC 机安装 USB 驱动

根据不同的操作系统选择不同的 USB 安装驱动程序。

① 若使用 WINDOWS XP/WINDOWS VISTA 32BIT/WINDOWS 7 32BIT 操作系统，则安装文件：CoLinkEx\USB Driver\ColinkExUsbDriver - 1.1.0.exe，自动安装即可，如图 6.12 所示。

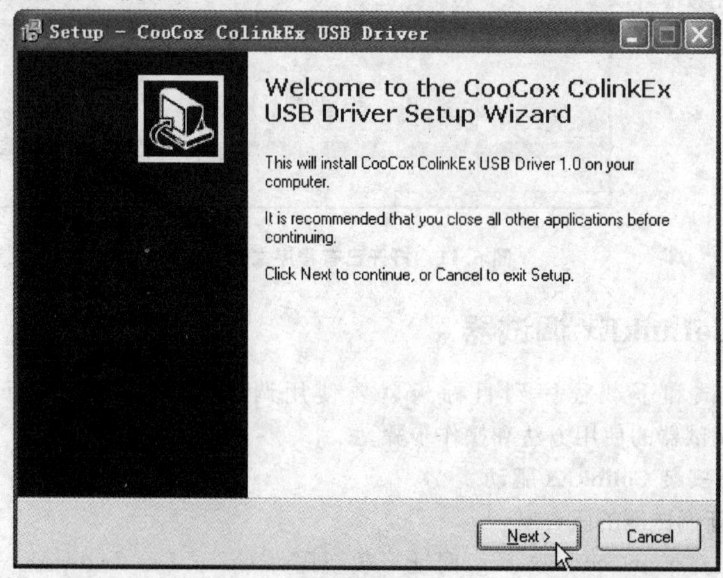

(a) 窗口1

图 6.12　驱动安装 1

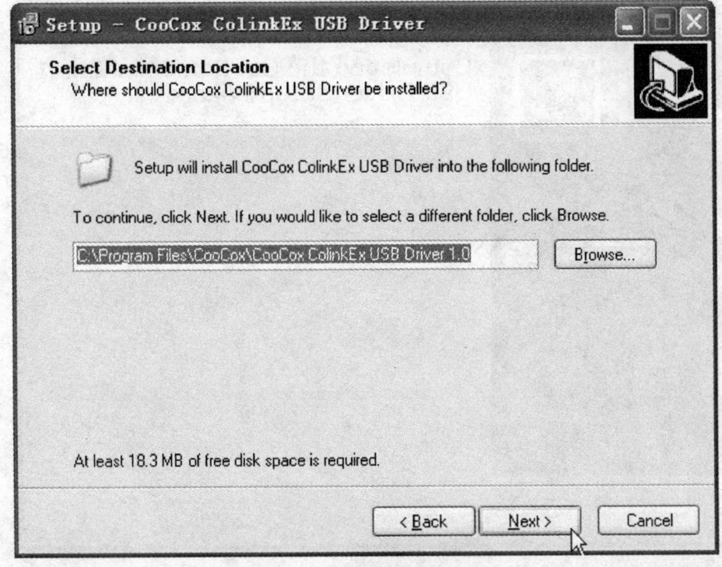

(b) 窗口2

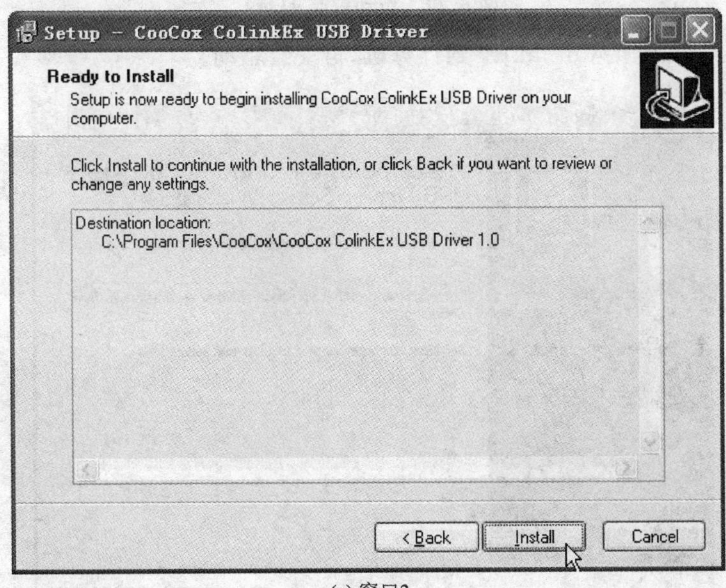

(c) 窗口3

图 6.12 驱动安装 1(续)

注意:安装驱动程序时可以不连接 CoLinkEx。

② 若使用 WINDOWS VISTA 64BIT/WINDOWS 7 64BIT 操作系统,则安装文件:CoLinkEx\USB Driver\ColinkExUsbDriver - 1.1.1.exe。自动安装即可完成,如图 6.13 所示。

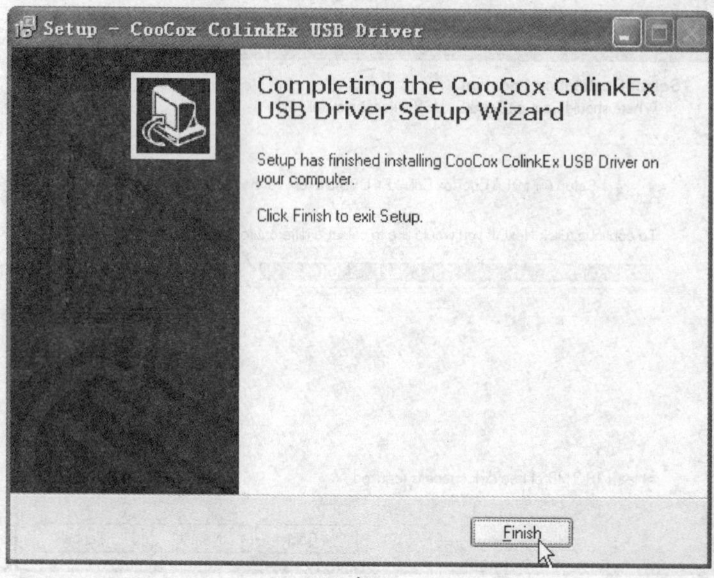

(d) 窗口4

图 6.12　驱动安装 1(续)

注意:必须先连接 CoLinkEx 到计算机,再安装驱动。

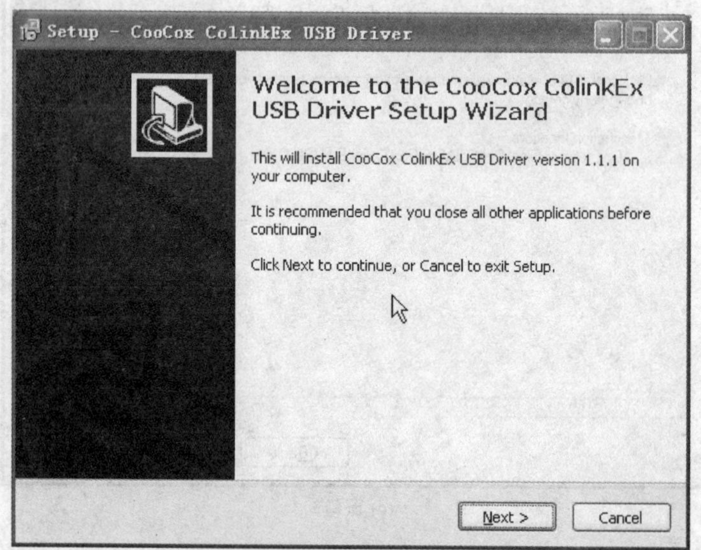

图 6.13　驱动安装 2

(3) 给 MDK 安装插件

在 http://www.coocox.org/网址下载插件 CoMDKPlugin V1.4.1,下载的文件名为 CoCenter - 1.4.7.exe。自动安装即可完成,如图 6.14 所示。将插件装到

MDK 目录下(推荐使用 MDK 4.12)。

注意:此插件不断更新。

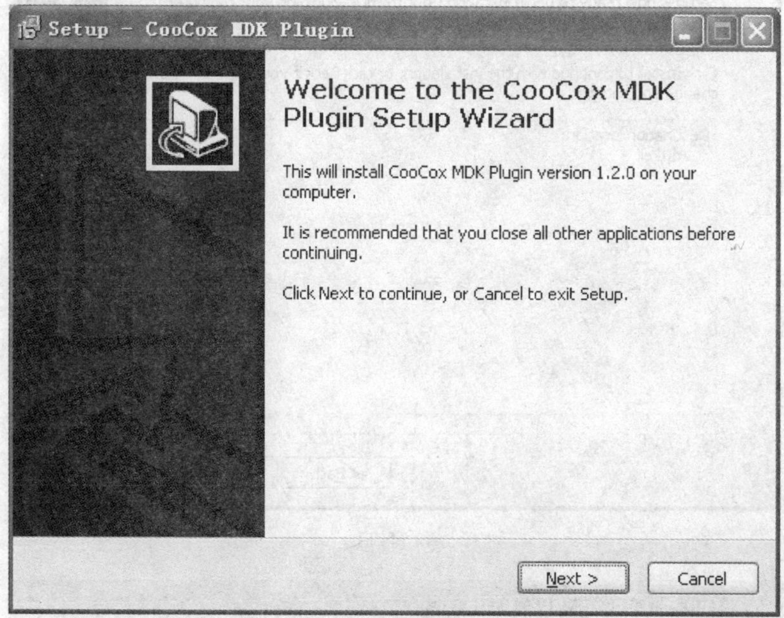

(a) 窗口1

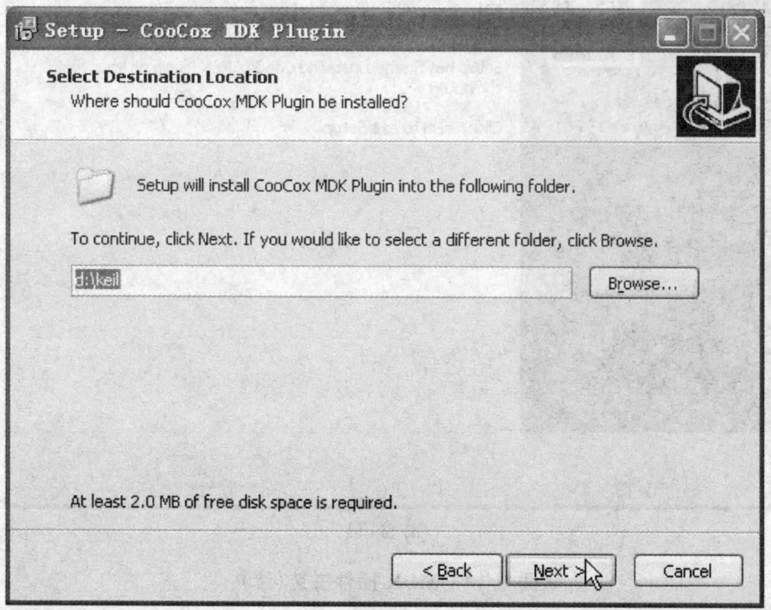

(b) 窗口2

图 6.14 MDK 插件安装

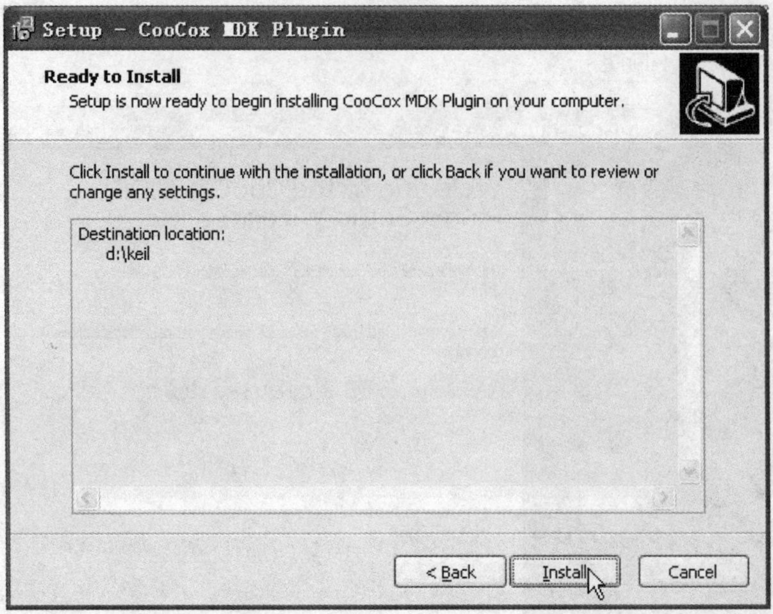

(c) 窗口3

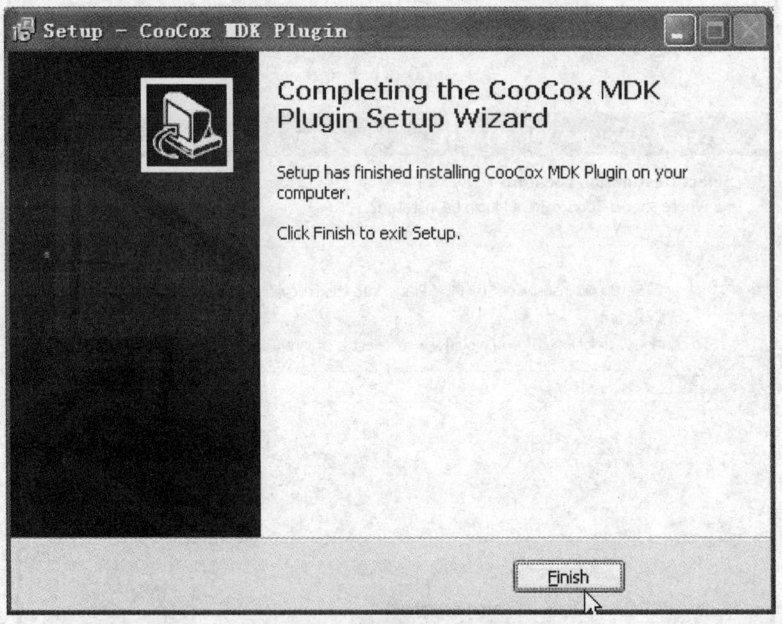

(d) 窗口4

图 6.14　MDK 插件安装(续)

第二步:使用 ColinkEx 调试、下载程序

将驱动安装完成后,将目标板与调试器 ColinkEx 通过 JTAG 接口连接。在调试之前,要首先进行工程配置。

(1) 工程配置选项 Options for Target

1) Target 项设置

点击菜单 Project→Options for Target,或者单击工具条按钮 Target Options,弹出 Options for Target"工程名"对话框,如图 6.15 所示。在 Target 上,设置外部晶振频率,一般为 12 MHz;设置存储器的地址和空间,包括设置 ROM 起始地址、指定 ROM 大小、设置 RAM 起始地址、指定 RAM 大小。有一点要注意,Use MicroLIB 必须选上,否则有些程序不能正常运行。单击 OK 按钮即可。

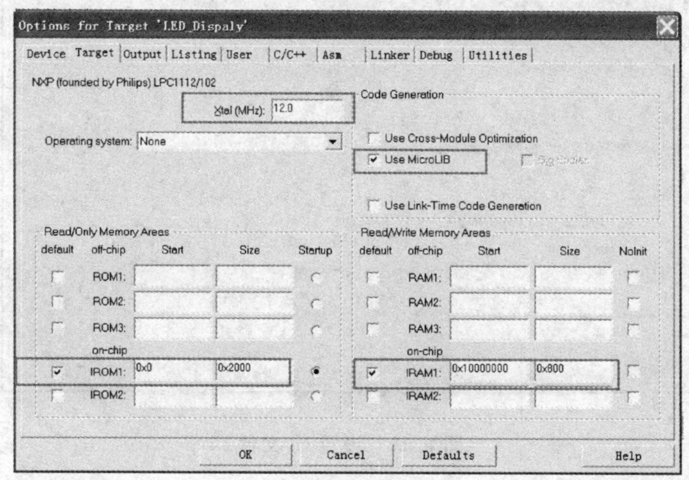

图 6.15 设置 Target 项

2) 指定输出文件存放的文件夹

为了便于管理,可将编译生成的文件放在同一类文件中,这需要进行选项设置。

① 单击 Output 项,如图 6.16 所示,点击 Select Folder for Objects,打开一个对

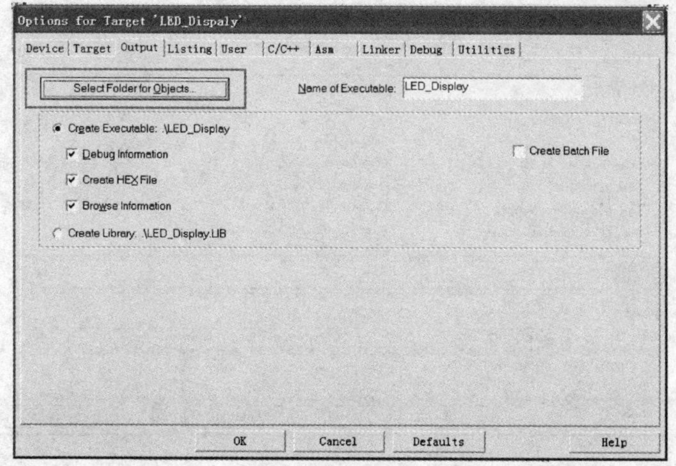

图 6.16 设置 obj 文件

话框后，在工程文件的同目录下新建一个文件夹 obj，打开 obj 文件，单击 OK 按钮。这样生成的目标文件就放在 obj 文件夹中。

② 单击 Listing 项，如图 6.17 所示，单击 Select Folder for Objects，打开一个对话框后，在工程文件的同目录下新建一个文件夹 lst，打开 lst 文件，单击 OK 按钮。这样生成的.lst 文件就放在 lst 文件夹中。

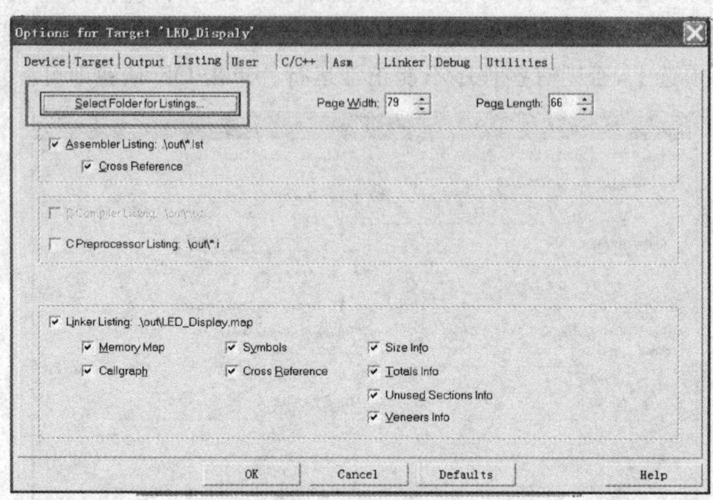

图 6.17　设置 lst 文件

3）指定头文件路径

单击 C/C++选项，出现如图 6.18 所示对话框。在 Include Paths 中指定.h 头文件的路径。

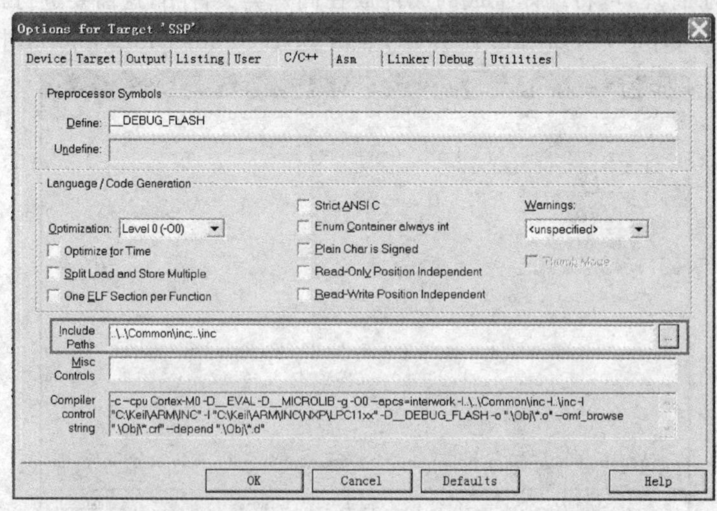

图 6.18　设置 C/C++项

4）设置仿真器

在 Options for Target“工程名”对话框上，点击 Debug 项，如图 6.19 所示，分两栏，左边是设置软件仿真，右边是设置硬件仿真。在此选择仿真器 CooCox Debugger，如果没有发现 CooCox Debugger，则需要到它的下拉菜单中寻找。如果想在开始调试模式之前装入应用程序，则通常需要选上 Load Application at Startup。

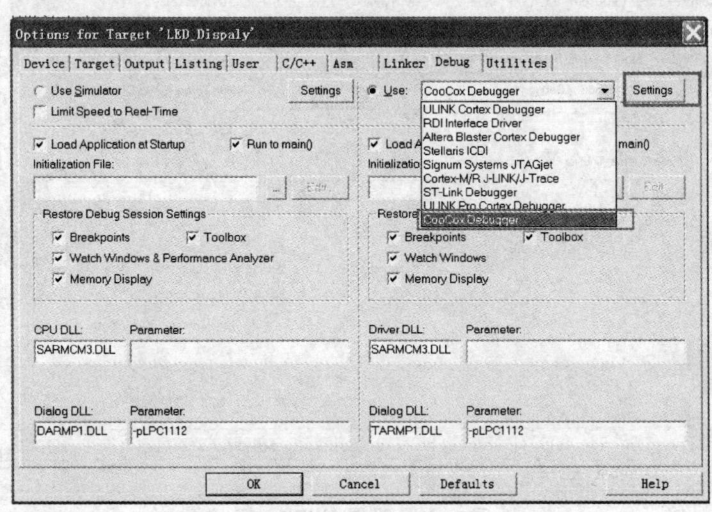

图 6.19　设置 Debug 项

5）设置 Debug 项

点击 Settings 项，弹出如图 6.20 所示对话框，设置 Debug 项，Adapter 项选择 ColinkEx。Reset 项选择 SYSRESETREQ。

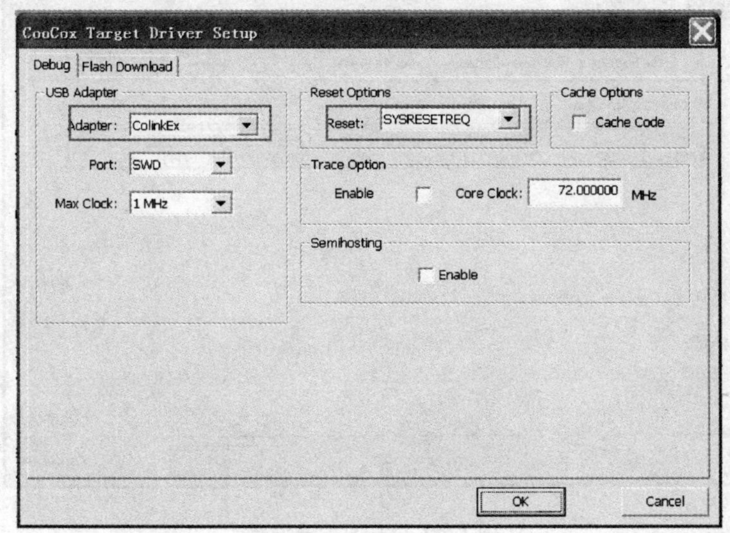

图 6.20　设置 Settings 项

6）配置 Utilities 选项

如果想在 Flash 中调试程序，还需要配置 Utilities 选项。如图 6.21 所示，选择 CooCox Debugger。

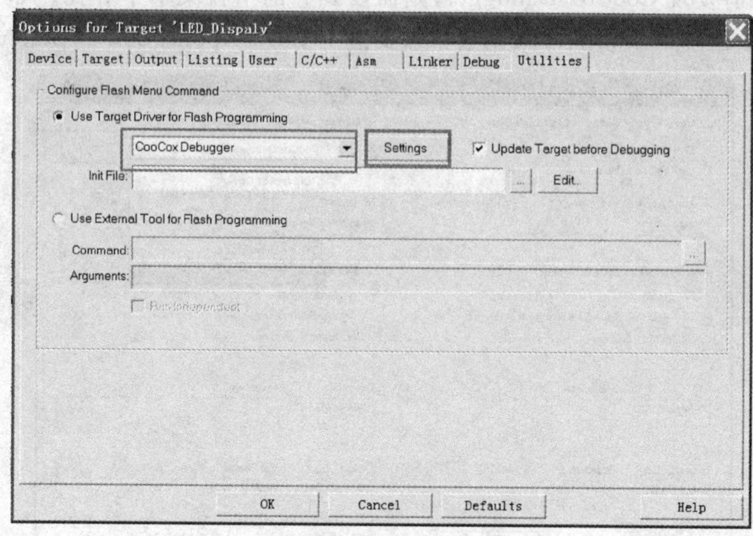

图 6.21　设置 Utilities 项

然后单击图 6.21 中的 Settings 按钮，将出现如图 6.22 所示的对话框。设置 Flash Download 项。

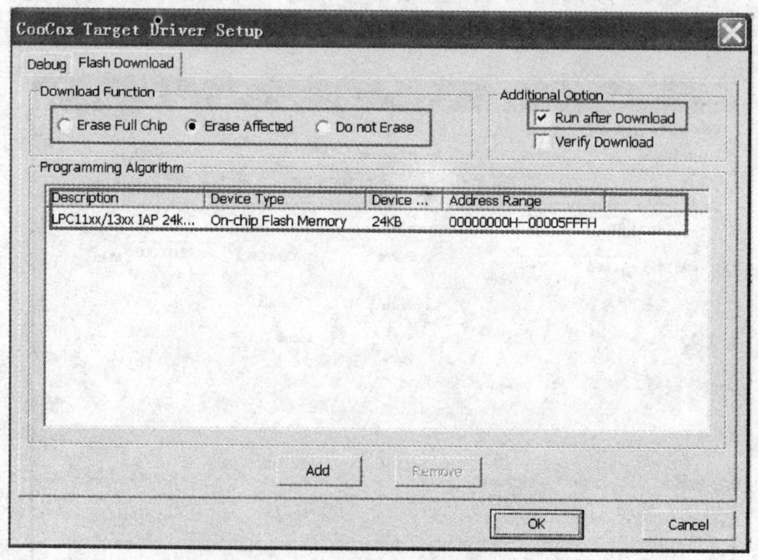

图 6.22　Flash 下载设置

说明：在 Debug 和 Utilities 项中，选择好 Coocox Debuger 后，单击 Settings 项，Debug 和 Flash Download 对应相同，只需要设置一项即可。

(2) 调试程序

配置好调试选项，就可以调试了，包括检查和修改内存、程序变量、CPU 寄存器，设定断点、单步运行，以及进行其他各种典型的调试动作。

如图 6.23 所示，单击快捷按钮 或选择菜单 Debug→Start/Stop Debug Session 进入调试状态。要运行程序，可点击 Debug 菜单上的 Run 条目，或者工具条的 Run 按钮，或者单步运行按钮等进行调试，观察寄存器或存储器的状态以及目标板的状态。

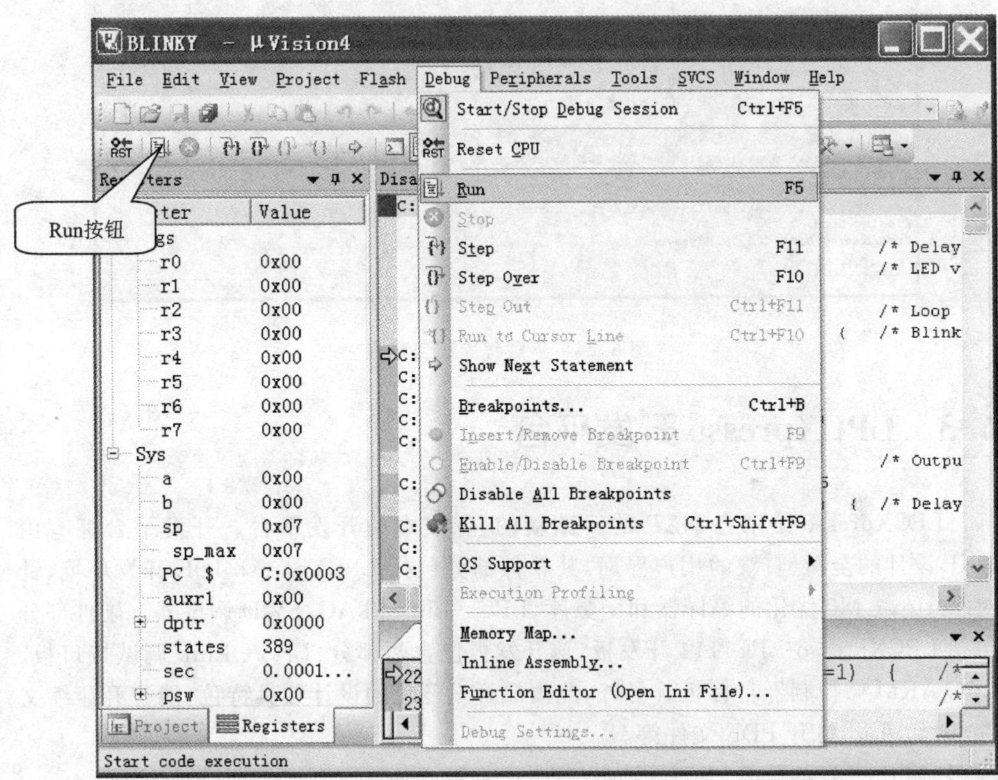

图 6.23 运行程序

(3) ColinkEx 下载程序到目标板

调试成功后，如图 6.24 所示，单击快捷菜单图标 ，把程序下载到目标板。如果下载成功，那么程序就在开发板上成功地“跑”起来了。

注意：如果一次没有下载成功，不要放弃，可重复按目标板上的复位键和 下载按钮。当做到了这一步时，就基本已经学会使用开发环境 Keil μVision4 和调试器 CoLinkEx 了。

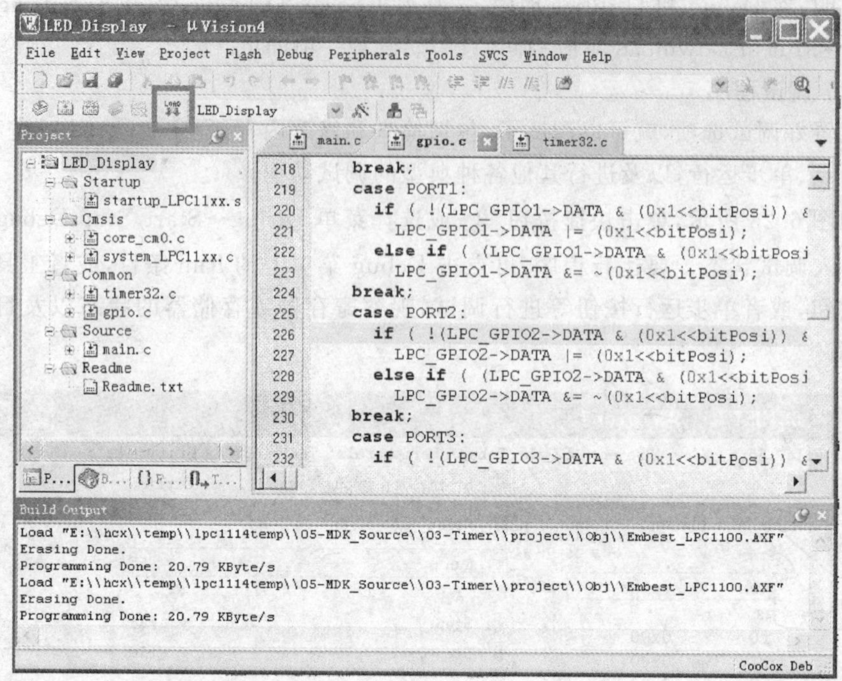

图 6.24　下载程序到目标板

6.3　LPCXpresso 开发平台

LPCXpresso 是来自 NXP 的一款新的、低成本的开发平台。开发平台拥有由 NXP 设计的全新、直观的用户界面，其软件部分包括 LPCXpresso IDE 开发环境、针对 Cortex - M0 优化的编译器和函数库、LPC - Link JTAG/SWD 调试器。硬件部分包括 LPCXpresso LPC1114 开发板，该开发板包含两部分：LPC - Link 调试接口板、LPC ARM 微控制器目标板。另外，此集成开发环境的设计独具特色，能打开压缩文件、浏览网页、打开 PDF 文件等。

6.3.1　LPCXpresso 硬件资源

LPCXpresso 开发板包含一个被称为 LPC - Link 的 JTAG/SWD 调试器和一个目标 MCU。LPC - Link 包含一个 10 芯 JTAG 调试接口（见图 6.25 中圈起来的部分），经过 USB 接口与目标实现了无缝连接（由一片 NXP 公司的 ARM 芯片 LPC3154 实现 USB 转换和调试信息的处理）。沿着 LPC - Link 和目标 MCU 中间的切割线把板子一分为二，就可以得到一个独立的 JTAG 调试器了。这样就可以使用这个调试器开发更多类型的 LPC 芯片了。

核心板部分提供了多种接口和 I/O 驱动方式，可以方便地进行功能扩展。

开发板见图 6.25。开发板原理图可在 www.nxp.com 网站下载。

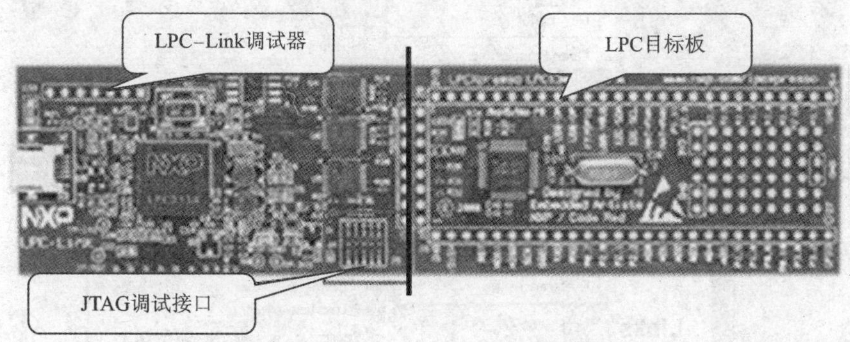

图 6.25 LPCXpresso LPC1114 开发板

开发板支持 USB 高速下载，也支持 JTAG 下载，可以将 JTAG 接口连接到其他开发板进行程序的调试和下载。

6.3.2 LPCXpresso IDE 开发环境

LPCXpresso 支持下列 LPC 器件：LPC11xx 全系列、LPC13xx 全系列、LPC17xx 系列（如 LPC1751、LPC1752、LPC1754、LPC1756、LPC1758、LPC1764、LPC1765、LPC1766、LPC1767、LPC1768）、LPC2xxx 系列（如 LPC2109、LPC2134、LPC2142、LPC2362）和 LPC3130。

LPCXpresso IDE 是一个针对 LPC 微控制器的高度集成的软件开发环境，它包含要求快速、廉价方式软件解决方案所需要的所有工具。LPCXpresso 基于许多 LPC 器件增强的 Eclipse 技术。它的特征是：低成本，符合最新版本的行业标准 GNU 工具，有专业的 C 优化库函数。LPCXpresso IDE 可以编写任意长度的可执行代码，并且支持代码优化。注册后支持最大 128K 的代码下载限制。LPCXpresso 可以在仿真板上进行开发，也可以在扩展目标板上进行开发。

1. LPCXpresso IDE 界面介绍

LPCXpresso 桌面包含很多窗口，每一个窗口分别显示 LPCXpresso 环境一个特定的详细数据，因而被称为观察窗口。这些数据可以是源代码、hex 数据、反汇编、存储器内容等。观察窗口可以打开、移动、固定、关闭，并且当前的窗口布局可以保存和恢复。一个特殊的窗口配置称之为“透视图”。在 LPCXpresso 中，无论代码编写还是调试都在一个界面下进行。这种方式使得开发工作变得简单和高效。

所有的观察窗口都可以随意拖动。如果一个观察窗口被无意关闭了，那么可以从 Show View 对话框中再次打开。Show View 对话框可以从 Window→Show View→Other 中打开，如图 6.26 所示。

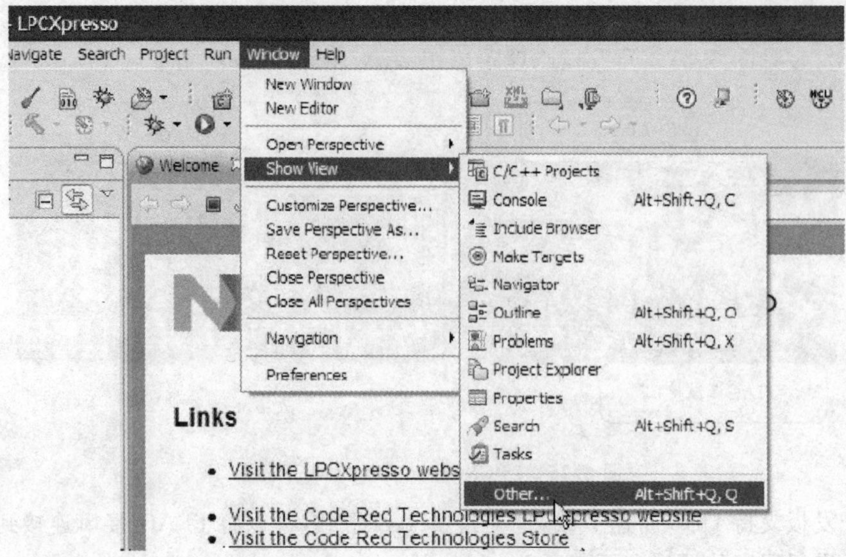

图 6.26 LPCXpresso 界面

(1) 编程窗口

编程界面如图 6.27 所示，由 4 个部分组成，分别介绍如下。

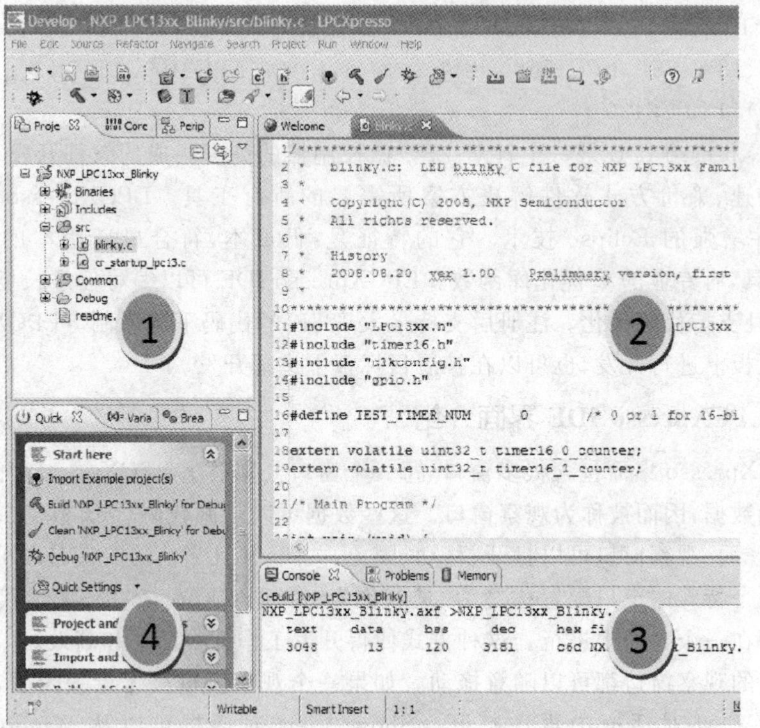

图 6.27 编程窗口

① 项目管理窗口:项目管理窗口显示当前“工作区域”下的所有项目文件。“工作区域”是指在计算机中建立的工程文件所在的文件夹。

② 编辑窗口:代码编辑窗口用于输入、修改、保存代码文件。在调试的时候,还可以在该窗口中设置断点。

③ 控制台问题显示窗口:控制台窗口显示程序输出时的编译和调试的状态信息。问题窗口(通过标签选项选择)显示编译的错误信息以及错误信息所在的位置。

④ 快速启动窗口:快速启动窗口包含一些经常用到的使用选项,这是寻找编译、调试、输入等选项的最方便的位置。

(2) 调试窗口

调试窗口如图 6.28 所示,由 5 个部分组成,分别介绍如下。

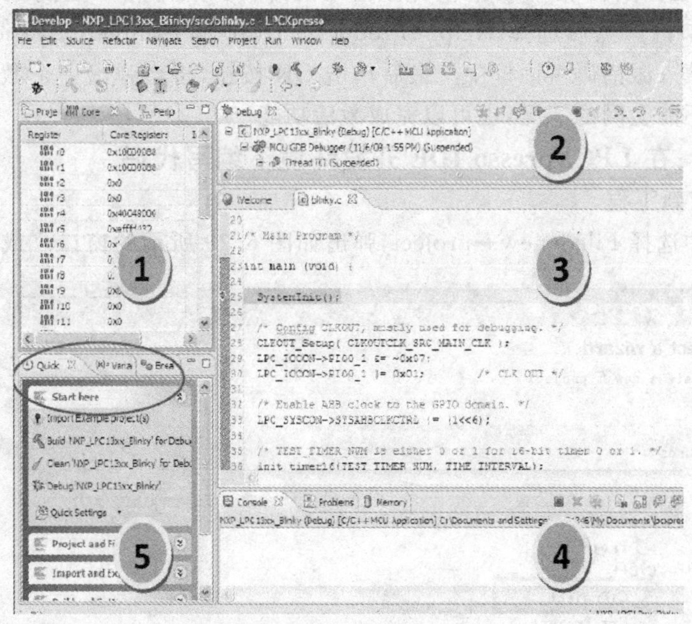

图 6.28 调试窗口

① 寄存器观察窗口:该窗口显示微处理器中的所有寄存器信息。调试过程中寄存器的值改变时,都会以高亮黄色字体显示出来。

② 调试窗口:该窗口显示堆栈和调试工具栏,可以使用快捷图标进行单步、全速等调试功能;还可以随时点击“停止”,以观察变量变化情况。

③ 编辑窗口:可以在该窗口中观察所执行的代码。单击 i 图标,可以观察汇编指令的执行情况;还可以设置和删除断点。

④ 控制台问题显示窗口:该窗口显示程序输出时的编译和调试的状态信息。问题窗口显示错误信息和问题所在程序的位置。

⑤ 快速启动窗口:快速启动窗口可以快速地寻找到编译、调试、输入等选项。

2. LPCXpresso IDE 操作步骤

第一步：安装 LPCXpresso IDE 软件

在 www.nxp.com 官方网站下载软件，然后按照提示进行安装。安装非常简单，所以在此不再赘述。

若想要激活 LPCXpresso，则应首先运行该软件，按照如下步骤操作：

Help→Product activation→CreateSerial number and Activate。当页面打开后，单击 copy to clipboard，复制 LPCXpresso 的序列号到 clipboard 中，这个序列号是基于使用者的计算机硬件和操作系统配置生成的，不过不包含个人隐私信息。然后单击 Next 按钮进入注册激活页面，激活页面以网页形式显示。完成这些内容后，稍等几分钟，就会在注册邮箱中收到包含激活码的邮件。从邮箱中复制激活码并放入 clipboard 窗口内。然后选择 Help→Product activation→EnterActivation code。将产品激活码填入激活码对话框中。最后单击 OK 按钮，将会弹出一个激活码确认对话框。对于不能上网的情况，也可以完成激活功能。

第二步：在 LPCXpresso IDE 开发环境下编写代码

(1) 建立新工程

在菜单中选择 File→new→project，弹出如图 6.29 所示的窗口。或者在快速启

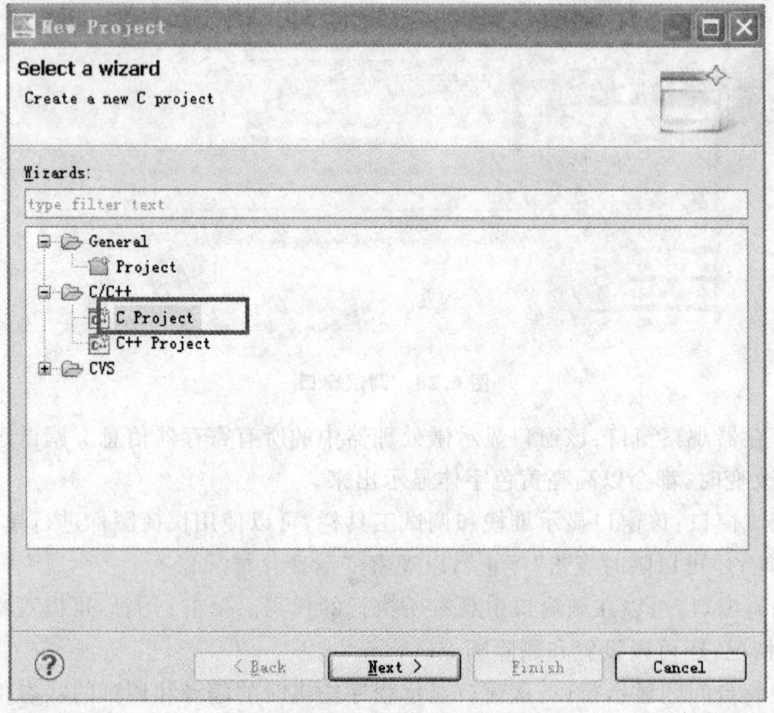

图 6.29 建立新工程

动栏(它位于窗口的左下角)单击 Project and File Wizards 标签,单击 MCU project wizards,并选择 Creat NXP Project,在弹出的对话框中输入工程名字,如 MyProject,扩展名省略不写,单击 Next 按钮。选择存储位置。

如果打开一个已有工程,则可以从快速启动栏中单击 Start here,然后选择 Import Example project,如图 6.30 所示。然后在弹出的页面中,从 Browse 中选择例程所在的目录。根据提示打开例程即可。

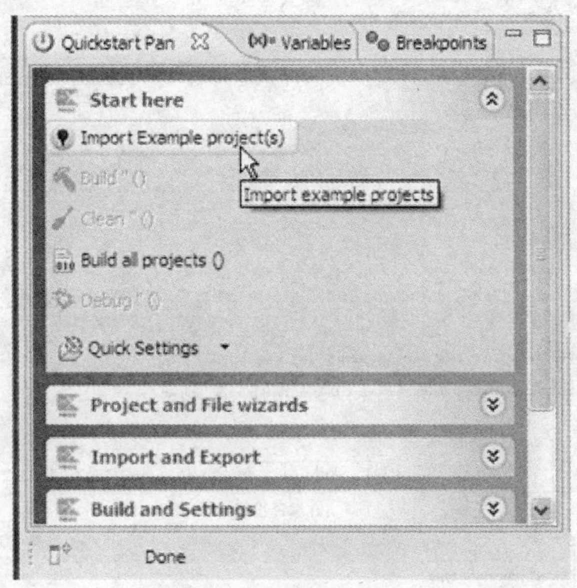

图 6.30 加载已有工程

接下来会出现如图 6.31 所示窗口,询问是否使用 CMSIS(支持 Cortex 控制器的软件接口标准)。由于选用的 LPC1114 是基于 Cortex-M0 内核的,所以此处选中 Use CMSIS 复选框并单击 Next 按钮即可。

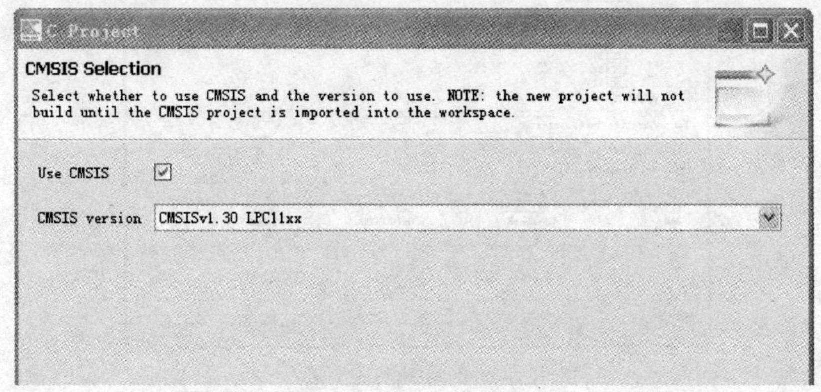

图 6.31 选择 CMSIS 库

之后出现选择创建编译设置对话框，均默认设置即可，如图 6.32(a)所示。最后，弹出 Selcet processor type 对话框，如图 6.32(b)所示。选择 MCU 的型号，如 LPC1114，然后单击 Finish 按钮。至此完成了一个工程的创建。

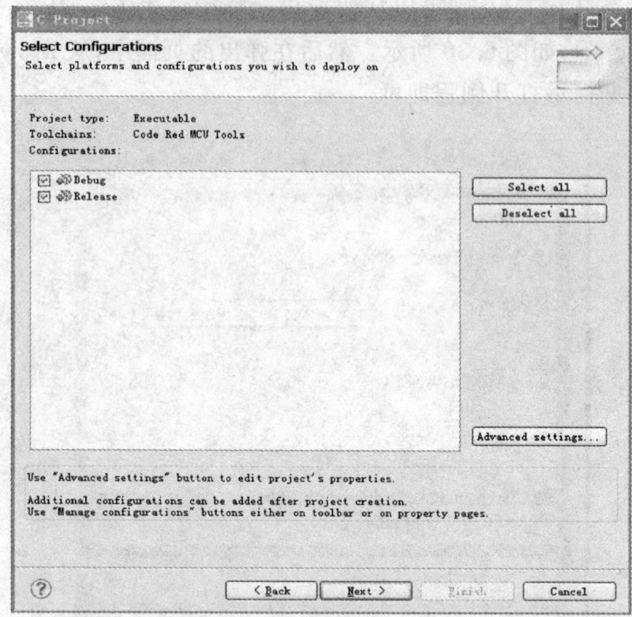

(a) 编译设置

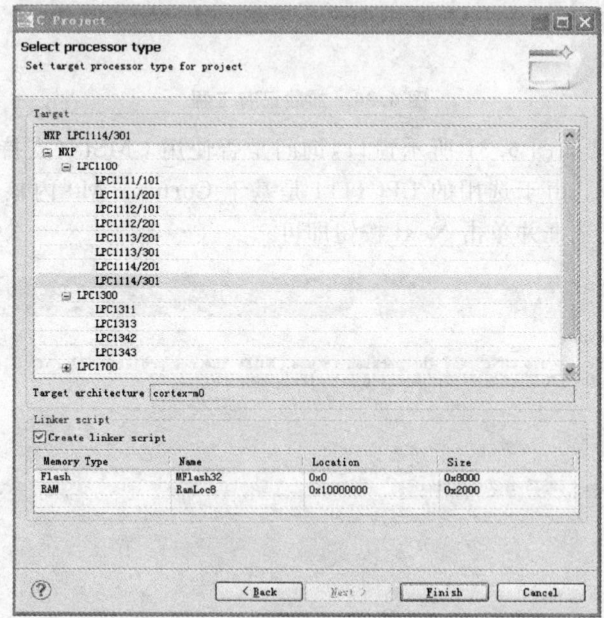

(b) 选择MCU

图 6.32　编译设置和选择 MCU

(2) 新建程序文件

用户编写程序需要新建 C 程序文件，如图 6.33 所示。系统为工程自动分配两个文件夹 Includes 和 src，如图 6.34 所示，里面已经包含部分文件。

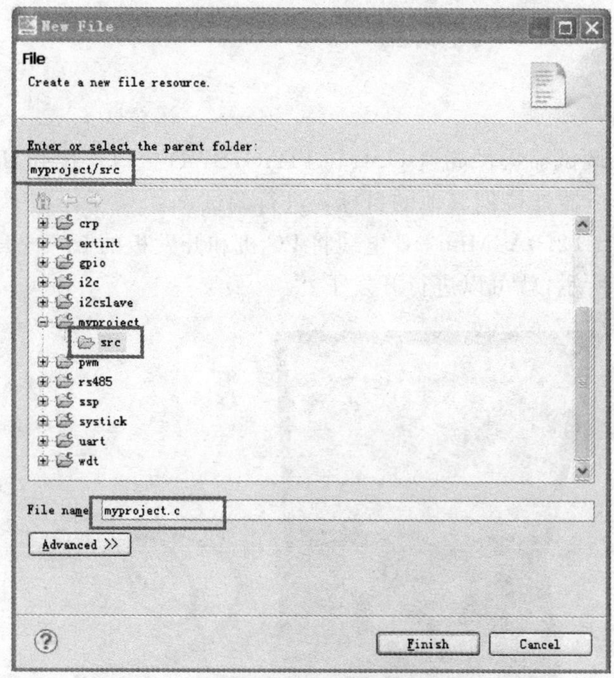

图 6.33 新建程序文件

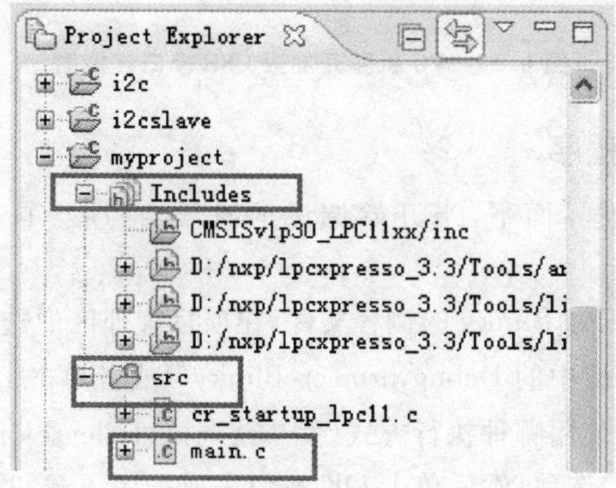

图 6.34 程序文件夹

注意：在设计编程的过程中，通常是在已有程序的基础上，根据实际要求进行修改，因此创建.c 文件时，也通常复制已有程序，直接粘贴到目标工程，进行修改。

第三步:在 LPCXpresso IDE 开发环境下编译

在快速启动面板中单击 Build all projects 或者单击编译快捷图标 ，开始编译 Blinky 和 CMSIS 库。

6.3.3 LPC - Link 调试器

1. 硬件连接

LPC - Link 调试器提供高速 USB 转 JTAG/SWD 接口连接到 IDE 开发软件，并且还可以作为调试器连接到其他的目标板进行调试。

使用一根 USB 2.0A/Mini - B 电缆将 PC 机和开发板的 LPC - Link 调试器连接起来，如图 6.35 所示，就可以进行开发了。

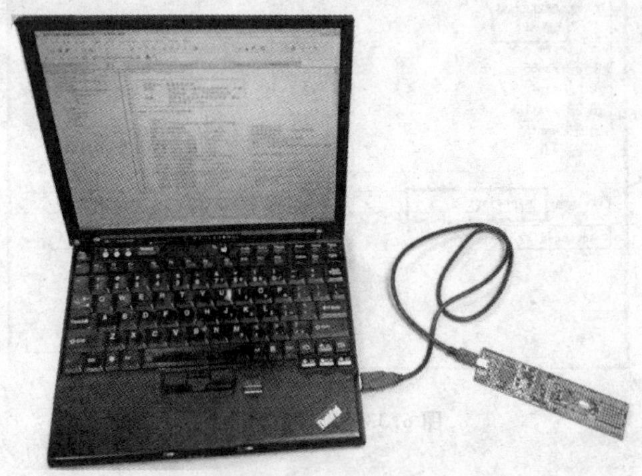

图 6.35　PC 机和开发板 USB 接口连接图

2. 调试、下载程序

LPCXpresso 开发界面下，当开始调试的时候，程序会自动下载到目标板的 Flash 存储器中。

例如编译 LED 闪烁 Blinky 的例程文件，在项目管理区中选中将要调试的项目，然后单击快速启动面板中的 Debug project‘Blinky’，或者单击 Debug 快捷图标 。这时会弹出一个询问使用哪种执行方式(发布或调试，Release or Debug)选项的对话框，选择 Debug(调试)选项，然后单击 OK 按钮完成程序下载和调试操作，如图 6.36 所示。

进入调试界面后，调试信息观察窗口以及调试工具栏都会显示出来，如图 6.37 所示。

现在，可以使用如图 6.38 所示的按钮进行调试操作了。可以全速运行、单步调

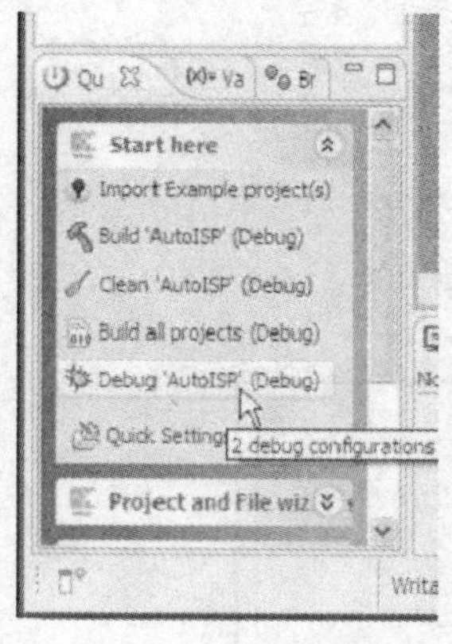

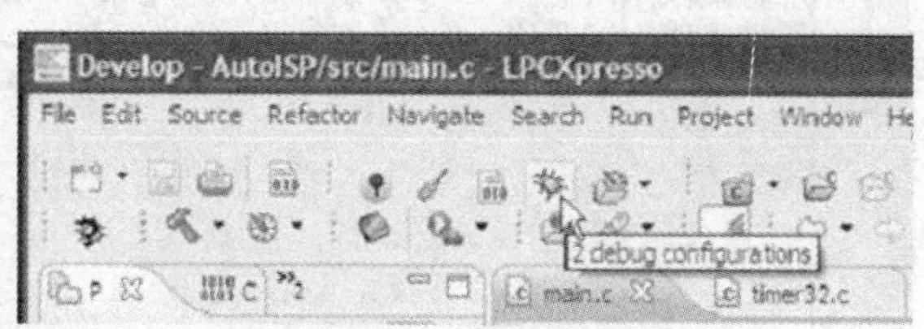

图 6.36　编译调试下载程序

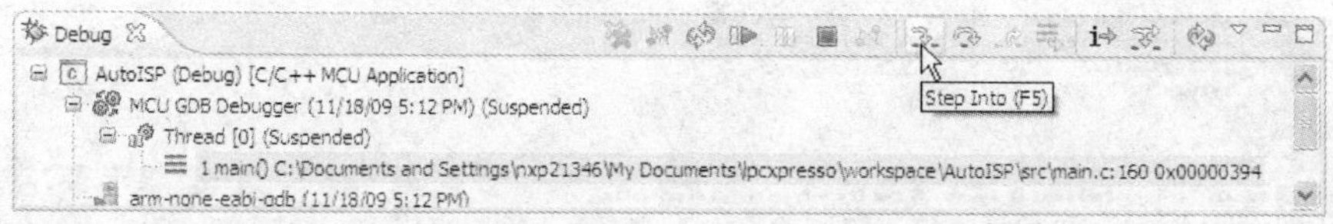

图 6.37　调试信息观察窗口

试、暂停、停止和跳到光标处执行等。观察目标板上 LED 闪烁状态。

3. 调试技巧

(1) 优　化

优化选项使能后,代码将会被重新排序,即意味着冗余的 C 代码行将会被重新整合。另外,初始化部分将会被放在程序最顶部,以使它们只被执行一次。这些改变会使调试的代码变得混乱,将会看到一些异常情况:断点只能在第一次运行的时候有效,调试的时候程序走向指针指示的位置不正确等。最好的解决办法是:在调试的时候,优化等级设置为 O0。代码优化能够使代码的大小和性能发生很大变化,用代码优化来测试最终的产品是个很好的办法。

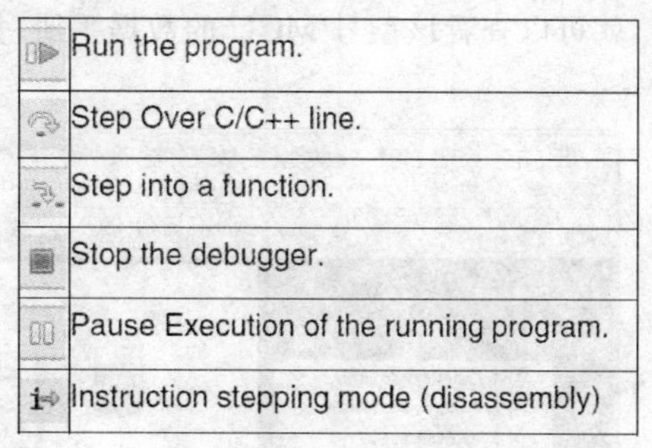

	Run the program.
	Step Over C/C++ line.
	Step into a function.
	Stop the debugger.
	Pause Execution of the running program.
i	Instruction stepping mode (disassembly)

图 6.38　调试图标按钮

(2) 显示汇编指令

单击 i 图标,在当前指令周围将会显示反汇编观察窗口。

(3) 快速显示源函数

可以直接在调用函数的地方按 F2 键显现源函数,如图 6.39 所示。

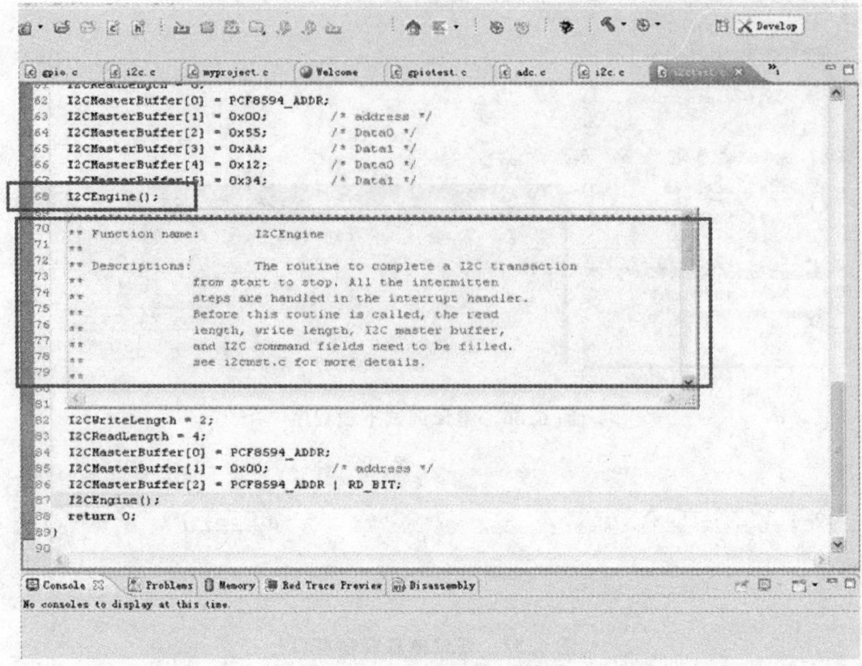

图 6.39　快速显示源函数

(3) 数据手册阅览器

LPCXpresso 内置了一个集成网页浏览器，在项目中直接点击右下角的 MCU 型号，就可以查看该型号 MCU 的数据手册，如图 6.40 所示。

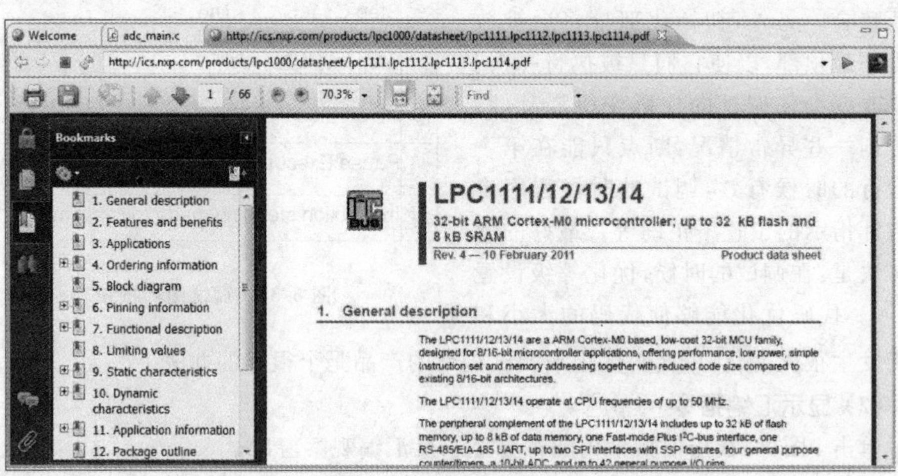

图 6.40　数据手册阅览器

6.4 Flash Magic 下载软件

Flash Magic 是 NXP 公司开发的编程下载用的小软件，支持 ISP 在线下载程序，成本低，简单易用，不需要使用专门的调试器。

NXP LPCXpresso－CN 开发板目标板上有 ISP 接口（即 UART0 接口），以此为例，来介绍通过 Flash Magic 软件的 ISP 下载方法。下面详细介绍操作步骤。

第一步：硬件连接

通过串口线将目标板的 UART0 与计算机的串口相连，并短接 ISP 跳线，然后重启系统（重新给系统上电或按下开发板上的 Reset 键）。此处需要注意开发板的串口连接无误。

第二步：Flash Magic 软件选项设置

在使用 Flash Magic 进行 ISP 下载前需要完成以下几个设置。

(1) 通信设置

在 COM Port 中根据实际情况选择串行通信端口如 COM1；在 Baud Rate 选项中设置串口通信波特率；在 Device 中选择所使用的芯片型号 LPC1114；在 Interface 中选择 None(ISP)作为下载方式；在 Oscillator Freq 中设置芯片所使用的系统时钟频率 12.000 MHz，如图 6.41 所示。

① 推荐串口通信波特率选用 9 600 或 19 200，波特率设置过高将导致 ISP 通信容易出错。若 ISP 频繁出错，则应请上调或下调波特率。

② 系统时钟频率在 ISP 下载中并非重要参数，其值不影响 ISP 下载效果。

(2) 擦除设置

选择好 Device 后，在图 6.41 方框中将出现所选芯片的 Flash 分区情况。在红色方框中可任意选择所要擦除的分区。亦可勾选 Erase all Flash＋Code Rd Prot 擦除所有的分区或 Erase blocks used by Hex File 擦除 Hex 文件使用到的分区。若用户无特殊应用，则建议选择擦除所有分区。

(3) 其他设置

如图 6.41 所示，Verify after programming 设置是否在下载后进行效检，用户根据自己的需要进行选择。

Set Code Read Prot 设置代码保护，勾选此项将使能代码保护，下载成功后 JTAG 调试将不可用。执行整片擦除后可再次使能调试功能。

Fill unused Flash 设置填充未使用的 Flash，无特殊要求无须勾选此项。

第三步：打开.HEX 下载文件

单击图 6.41 中 Browse 按钮，可选择需要下载的 Hex 文件。

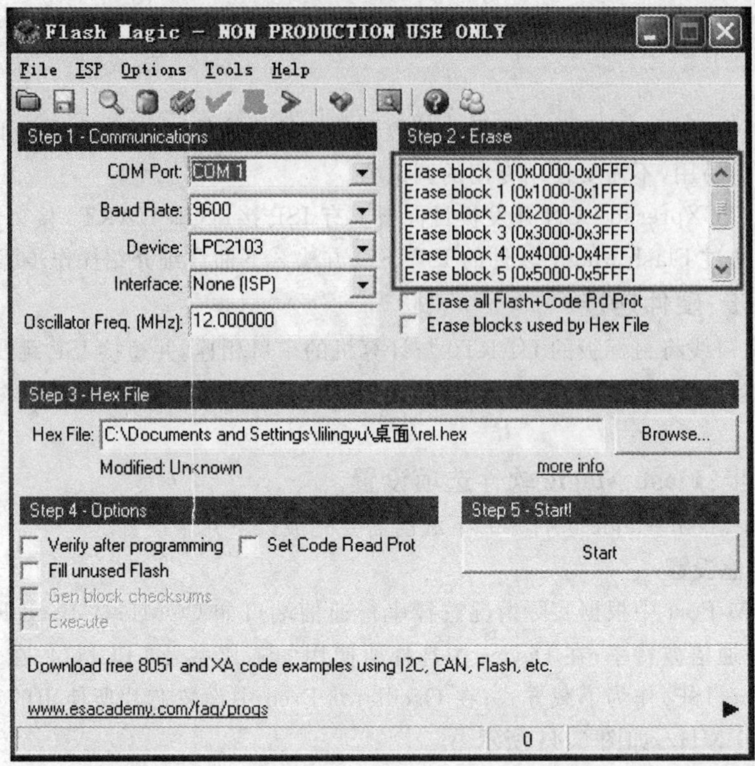

图 6.41　Flash Magic 设置

第四步:启动 ISP 下载

关闭电源,按下 ISP 按键(如果是 ISP 跳线,则短接跳线),打开电源,如图 6.41 所示。单击 Start 按钮启动 ISP 下载。下载完成后断开 ISP 跳线或者松开 ISP 按键,并重启系统,程序即可运行。

6.5　IAR EWARM 开发环境

IAR Embedded Workbench for ARM(下面简称 IAR EWARM)是一个针对 ARM 处理器的集成开发环境,它包含项目管理器、编辑器、C/C++编译器和 ARM 汇编器、连接器 XLINK 和支持 RTOS 的调试工具 C－SPY。在 EWARM 环境下可以使用 C/C++和汇编语言方便地开发嵌入式应用程序。比较其他的 ARM 开发环境,IAR EWARM 具有入门容易、使用方便和代码紧凑等特点。

目前 IAR EWARM 支持 ARM Cortex－M3 内核的最新版本是 4.42a,该版本支持 NXP Cortex－M3/M0 微处理器芯片,以及 Luminary 全系列芯片。为了方便用户学习评估,IAR 提供一个限制 32K 代码的免费试用版本。用户可以到 IAR 公司的网站 www. iar. com/ewarm 下载。

如果想使用此软件,可到 IAR 公司网站下载相关用户手册。

6.6 实 例

下面是一段控制 LED 灯的主程序源代码,试着用以上所学的开发环境和下载工具进行操作。

打开 NXP 的一个例程,将 main. c 源程序修改如下。编译、连接 NXP LPCXpresso - CN 开发板,进行在线调试,并把程序下载到开发板,观察 LED 状态。

```
int main (void)
{
    SystemInit();
    GPIOInit();                               /* 初始化 GPIO */
                                              /* 配置 P2.5～P2.8 为输出 */
    GPIOSetDir(2, 5, 1);
    GPIOSetDir(2, 6, 1);
    GPIOSetDir(2, 7, 1);
    GPIOSetDir(2, 8, 1);

    GPIOSetValue(2,5, 0);                     /* 点亮 LED0 */
    GPIOSetValue(2, 6, 0);                    /* 点亮 LED1 */
    GPIOSetValue(2, 7,0);                     /* 点亮 LED2 */
    GPIOSetValue(2, 8, 0);                    /* 点亮 LED3 */
    while(1);
}
```

学到这里,读者已经对 LPC1100 系列芯片的开发流程有所了解了,有一种跃跃欲试的感觉吧,那就赶快进入下一个情境吧。

6.7 思考与练习

1. 使用 Keil μVison4 和 CoLinkEx 开发工具对程序进行编译,并调试和下载到 NXP LPCXpresso - CN 开发板。

2. 使用 LPCXpresso、LPC - Link 调试器和 Flash Magic 对程序进行编译,并调试和下载到 LPCXpresso LPC1114 开发板。

第 7 章

NXP LPC1100 系列最小系统

学习目标：了解和掌握 NXP LPC1100 最小系统的组成。

学习内容：1. 最小系统的组成；

2. 电源系统；

3. 时钟系统；

4. 复位系统；

5. SWD 调试系统；

6. ISP 程序下载接口。

7.1 最小系统的组成

一个嵌入式处理器自己是不能独立工作的，必须给它供电，加上时钟信号，提供复位信号，然后嵌入式处理器芯片才可能工作。这些提供嵌入式处理器运行所必需条件的电路与嵌入式处理器共同构成了这个嵌入式处理器的最小系统。

LPC1100 系列 Cortex－M0 的最小系统框图如图 7.1 所示。

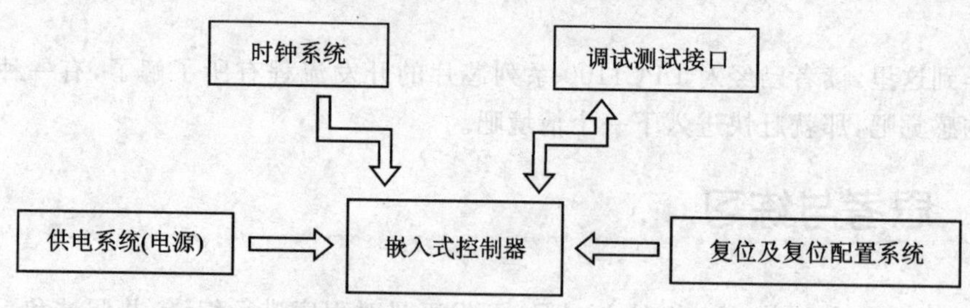

图 7.1 最小系统组成框图

其中，时钟系统是可选部分，这是因为 LPC1100 系列 Cortex－M0 内部自带 12 MHz的 RC 振荡器，并且 CPU 在上电或者复位时默认选择使用内部 RC 振荡器为主时钟源，所以 LPC1100 系列 Cortex－M0 可在无外部晶振的情况下运行。但由于内部 RC 振荡器的精度不高(精度为 1 %)，达不到某些片内外设的要求，因此在使用这些片内外设时将不得不使用精度更高的外部晶振。

调试接口也不是必需的，但是它在工程开发阶段发挥的作用极大，因此至少在样机调试阶段需设计这部分电路。

7.2 电源电路

电源系统为整个系统提供能量，是整个系统工作的基础，具有极其重要的地位。

因为电源看似简单，因此容易忽视应用细节，在应用中很容易出现问题，常常会影响到图像质量，如各种条纹；影响音频质量，如较强的背景噪声；影响射频性能，如通信距离缩短，通信不稳定，而且器件容易被损坏。这就需要改板，如果设计不好就会对外围器件要求很高，不便于电路调整。

嵌入式系统电源的特点是功率较小，体积较小，原理简单，但不容易做好。

LPC1100 具有 A/D 转换，对于包含模拟电路的数字/模拟混合电路系统，对电源电路要求较高，特别是在噪声抑制性能上。外部输入模拟信号经过模拟放大整形电路后进入 A/D 转换器变成数字量。模拟电路容易受到各种干扰的影响，使信号畸形导致测量不准确。模拟电路遭受干扰的途径很多，但是通过电源引入的噪声信号影响最大。

为了防止电源电路成为噪声传递的通道，最好的方法是将数字电路和模拟电路分开供电。在电源地线处理上，通常采用单点接地的方法，将数字电源地和模拟电源地在总电源处通过小磁珠或 0 Ω 电阻相连。

一个电源电路通常包含降压、稳压、输出滤波三大部分。在更高要求的场合，在电源输入端还会有一级输入滤波电路，用于滤除从电网引入的各种电磁干扰。

LPC1100 系列芯片需要＋3.3 V 供电，输入端通常采用＋5 V 供电。选择 5 V 作为输入有两个原因。其一是太高的电压会使芯片的发热量上升，散热系统不好设计，同时影响芯片的性能；另外，波动的电压对输出电压的波动也有一点影响。其二是目前很多器件还是需要 5 V 供电的。

电源电路示意图如图 7.2 所示。

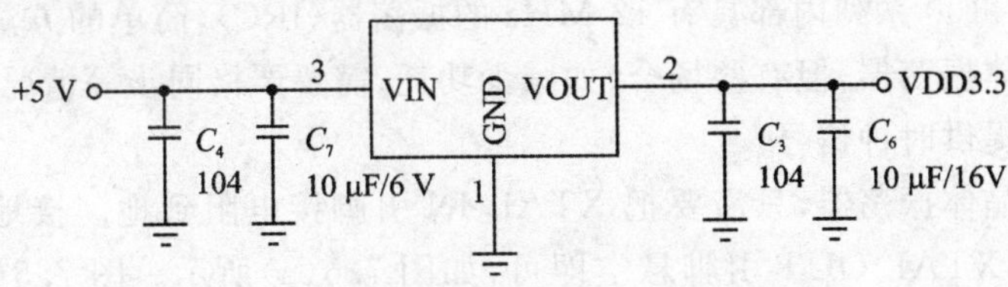

图 7.2 供电电路示意图

LPC1100 系列芯片工作电压为 3.3 V，可采用 MIC5219－3.3YMM 电源芯片供电，可输出 3.3 V。

MIC5219－3.3YMM 是 500 mA 的峰值输出 LDO 稳压器，输入电压范围为

2.5～12 V，输出电压为 3.3 V。其引脚图如图 7.3 所示。

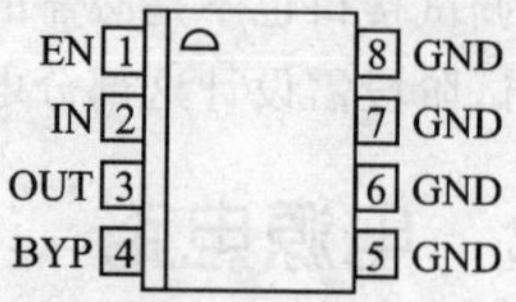

引脚说明：

EN：输入使能，高电平使能输入，低电平或悬空禁止输入；

IN：电压输入端；

OUT：电压输出端；

BYP：旁路电容引脚，接 470 pF 电容到地或悬空可以减小输入噪声干扰。

EN 1 8 GND
IN 2 7 GND
OUT 3 6 GND
BYP 4 5 GND

图 7.3 MIC5219 - 3.3YMM 引脚图

典型匹配电路如图 7.4 所示，发光二极管 POWER1 为电源指示灯。

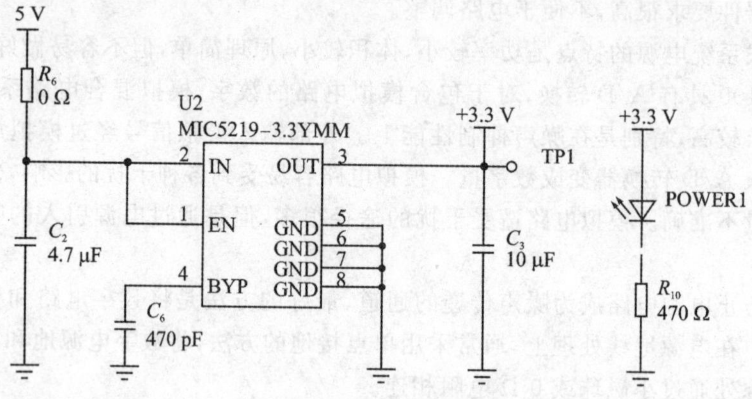

图 7.4 供电电路图

7.3 时钟电路

时钟电路用来产生时钟信号，供微控制器使用。微控制器是一个复杂的系统，要保证这个系统的各个部件能够协调、准确、可靠地工作，全部电路应在时钟信号控制下严格地按照时序进行工作。

NXP LPC1100 系列内部具有 12 MHz 的振荡器(IRC)，简单的方法是利用微控制器内部的晶体振荡器，但有些场合(如减少功耗、需要严格同步等情况)需要使用外接晶体振荡器提供时钟信号。

使用内部晶体振荡器，只需要把 XTAL IN 引脚接电阻到地。接地的作用是避免噪声的干扰，XTAL OUT 引脚悬空即可，如图 7.5(a)所示。图 7.5(b)是外接晶体振荡器构成的时钟电路。外接晶体振荡器频率范围为 1～25 MHz，一般接 12 MHz 晶振。电容 C_{X1} 和 C_{X2} 起到对频率微调的作用，电容的容量在 5～30 pF 之间，一般情况下取 18 pF。

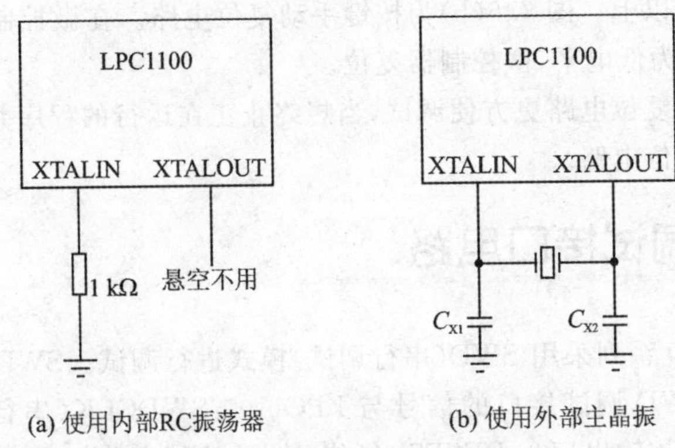

(a) 使用内部RC振荡器　　(b) 使用外部主晶振

图 7.5　LPC1100 系列时钟系统示意图

7.4 复位电路

微控制器在上电时状态并不确定，故造成微控制器不能正确工作。为解决这个问题，所有微控制器均有一个复位逻辑，负责将微控制器初始化为某个确定的状态。这个复位逻辑需要一个复位信号才能工作。一些微控制器自己在上电时会产生复位信号，但大多数微控制器需要外部输入这个信号。因为这个信号会使微控制器初始化为某个确定的状态，所以这个信号的稳定性和可靠性对微控制器的正常工作有重大影响。

LPC1100 系列芯片是低电平产生复位，复位信号连接到 LPC1100 的复位引脚 PIO0_0($\overline{\text{RESET}}$)。它的复位方式有上电自动复位和按键手动复位两种。图 7.6(a)为上电自动复位（也叫阻容复位）电路。一般电阻和电容的取值如图 7.6 所示。在微控制器加电瞬间，电容相当于短路，$\overline{\text{RESET}}$端瞬间为低电平，开始复位操作。当电容充满电时，$\overline{\text{RESET}}$端为高电平。选择适当的 R 和 C 的值，就能使$\overline{\text{RESET}}$端的低电平

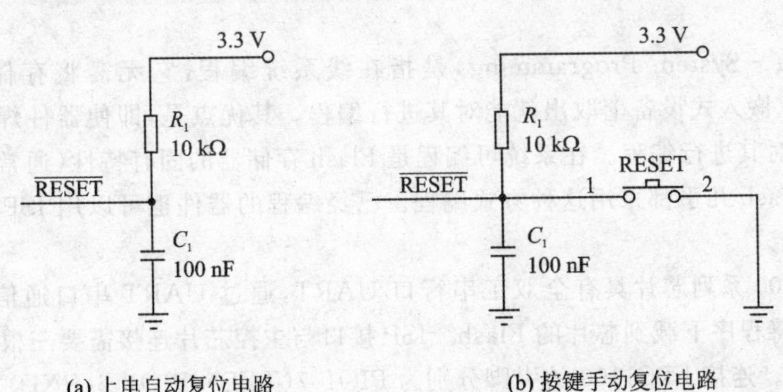

(a) 上电自动复位电路　　(b) 按键手动复位电路

图 7.6　复位系统电路

维持两个机器周期以上。图 7.6(b)为按键手动复位电路。在微控制器需要复位时，按下按键，$\overline{\text{RESET}}$为低电平，微控制器复位。

使用按键手动复位电路更方便调试，当想终止正在运行的程序并重新运行时，可通过按下按键来复位电路。

7.5 SWD 调试接口电路

NXP LPC1100 系列采用 SWD(串行调试)模式进行调试。SWD 调试接口较少，电路简单易用。SWD 调试接口的信号与 LPC1100 SWDCLK(串行时钟)、SWDIO(串行调试数据输入/输出)和 nRESET(复位)连接，连接电路如图 7.7 所示。

注意：

① LPC1100 系列 Cortex - M0 只支持 SWD 调试模式，不支持 JTAG 调试模式。

② 在调试的过程中，当 CPU 进入深度睡眠模式或掉电模式时，不能继续正常调试。

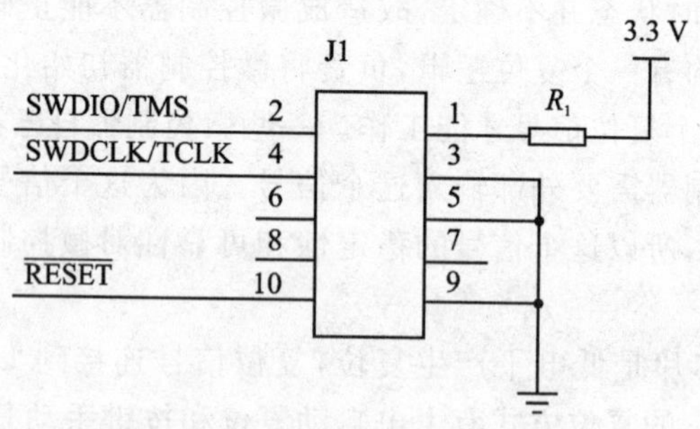

图 7.7 SWD 接口电路

7.6 ISP 下载接口

ISP(In - System Programming)是指在线系统编程，它无需将存储芯片(如 EPROM)从嵌入式设备上取出就能对其进行编程。其优点是，即使器件焊接在电路板上，仍可对其进行编程。在系统可编程是 Flash 存储器的固有特性(通常无需额外的电路)，Flash 几乎都采用这种方式编程。已经编程的器件也可以用 ISP 方式反复擦除或编程。

LPC1100 系列芯片具有全双工串行口 UART，通过 UART 串口通信实现 ISP 下载，从而将程序下载到芯片的 Flash。ISP 接口与主控芯片连接需要三根线：RXD、TXD、GND。连接 LPC1100 的引脚分别为 PIO1_7(TXD)、PIO1_6(RXD)。

PC 机的电平与 LPC1100 电平不同，LPC1100 使用的是 TTL 电平，TTL 是正逻辑，2.4～5 V 是高电平，为逻辑 1；0～0.4 V 是低电平，为逻辑 0。而计算机是 RS -

232C 电平，RS-232C 是负逻辑，逻辑 1 的电平为 −3～−15 V，逻辑 0 的电平为 +3～+15 V，所以连接时需要使用电平转换器。连接示意图如图 7.8 所示。

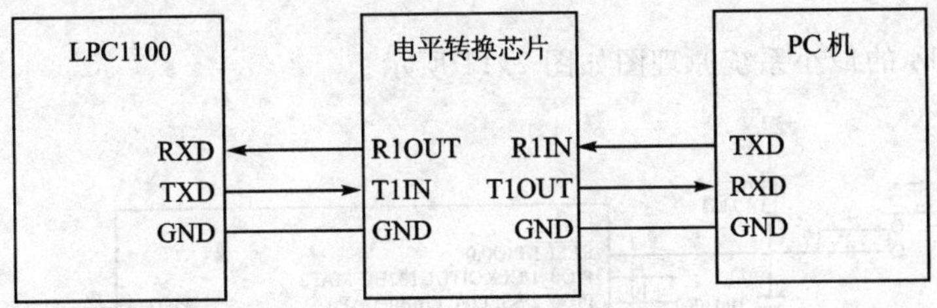

图 7.8 RS-232C 接口电路

电平转换电路可以使用 SP3232EEY 芯片完成。SP3232EEY 芯片有 16 个引脚，引脚介绍如图 7.9 所示。

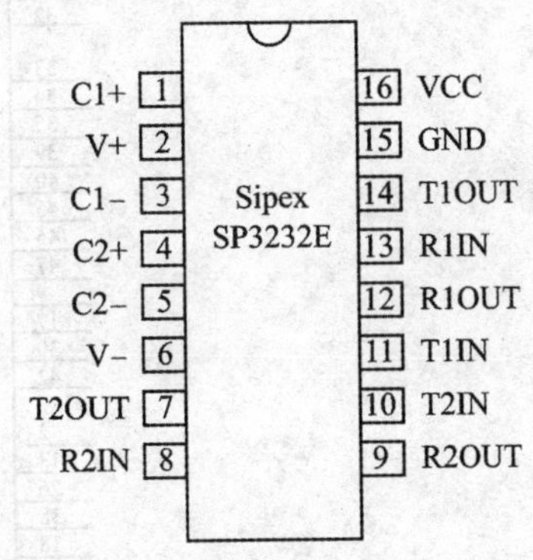

图 7.9 SP3232EEY 芯片引脚图

各引脚电压范围如下：

VCC：电源引脚 −0.3～+5 V

V+（NOTE 1）：−0.3～+7.0 V

V−（NOTE 1）：+0.3～−7.0 V

V+ + |V−|（NOTE 1）：+13 V

TxIN：−0.3～+6.0 V

RxIN：±15 V

TxOUT：±15 V

RxOUT：−0.3 V～(V_{CC} + 0.3 V)

供电电压可取 +3.0～+5.5 V，其中 T1IN、R1OUT、T2IN、R2OUT 引脚可接 LPC1100 系列芯片，T1OUT、R1IN、T2OUT、R2IN 引脚可接 PC 机，其接口电路如图 7.10 所示。

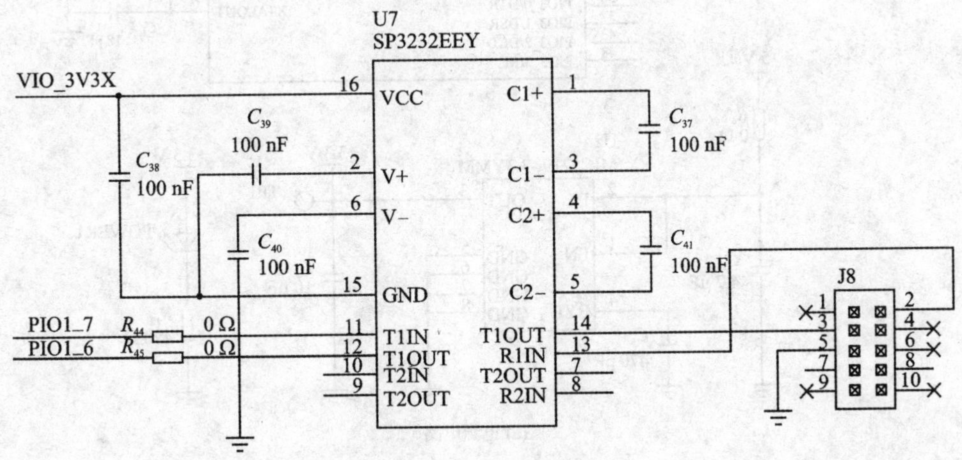

图 7.10 ISP 接口电路

7.7 完整最小系统原理图

LPC1114 的最小系统原理图如图 7.11 所示。

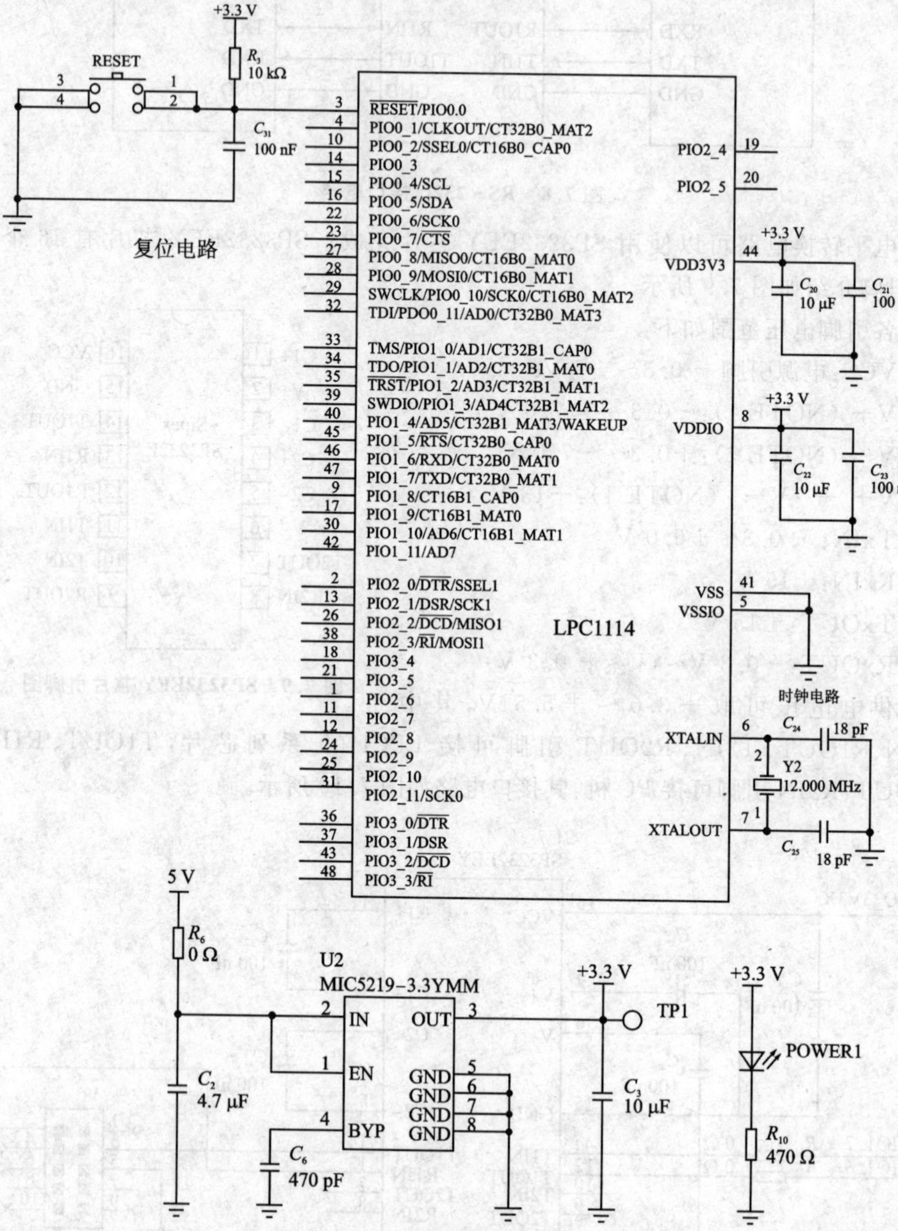

(a) 电源电路

图 7.11 LPC1114 LQFP48 封装的最小系统原理图

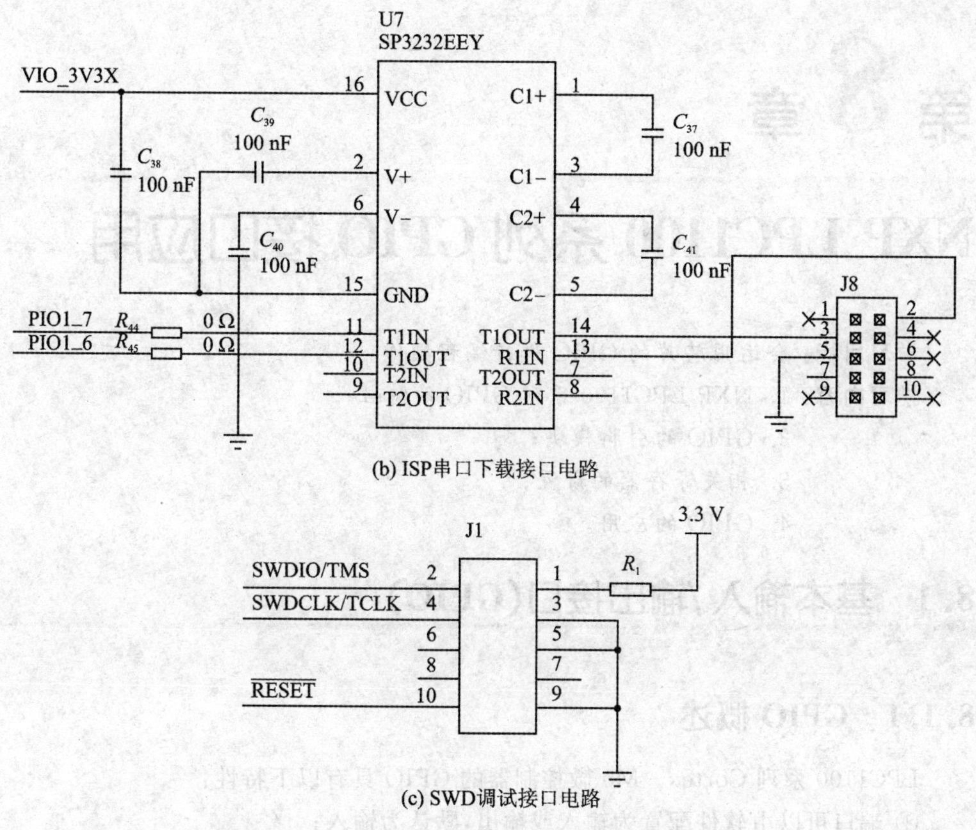

(b) ISP串口下载接口电路

(c) SWD调试接口电路

图 7.11 LPC1114 LQFP48 封装的最小系统原理图(续)

7.8 思考与练习

1. 画出 LPC1114 芯片的最小系统电路。
2. 分析 LPC1114 供电电源电路。
3. 分析 LPC1114 复位电路。

第 8 章

NXP LPC1100 系列 GPIO 接口应用

学习目标： 会运用芯片的 GPIO 进行编程操作。

学习内容： 1. NXP LPC1100 系列 GPIO 的特性；

2. GPIO 的引脚模块；

3. 相关寄存器的设置；

4. GPIO 的应用。

8.1 基本输入/输出接口(GPIO)

8.1.1 GPIO 概述

LPC1100 系列 Cortex－M0 微控制器的 GPIO 具有以下特性：

① 端口可以由软件配置为输入或输出，默认为输入；

② 端口引脚的读/写操作可以通过位 13 ：2 屏蔽；

③ 每个单独引脚可被用做外部中断输入引脚；

④ 每个 GPIO 中断可配置为低电平、高电平、下降沿、上升沿或双边沿触发。

8.1.2 GPIO 应用

① 通用 I/O 口；

② 驱动 LED 或其他指示器；

③ 控制片外器件；

④ 检测数字输入，如键盘或开关信号。

因为 NXP LPC1100 系列的 GPIO 具有以上特性，所以可以通过程序模拟很多器件的时序达到控制相应器件的目的。下面介绍 NXP LPC1100 系列 GPIO 的一般用法。

1. 按 键

按键为嵌入式系统的输入设备，绝大多数需要人机交互的嵌入式系统都离不开按键。基于 NXP LPC1100 系列的微控制器中，使用 GPIO 部件实现按键功能是最简单且低成本的方法。使用 GPIO 部件实现按键功能通常有两种方法:独立式键盘及行列式键盘。

独立式键盘编程简单,每个按键都分别占用一个 GPIO 引脚,如图 8.1 所示。使用时,定义 GPIO 为输入方式,由于每个 GPIO 引脚都接有上拉电阻,所以当没有键按下时,读取 GPIO 状态都为高电平;当有键被按下,读取 GPIO 状态时,被按下的 GPIO 引脚为低电平。通过判断 GPIO 引脚电平的状态,即可确定按键是否被按下。

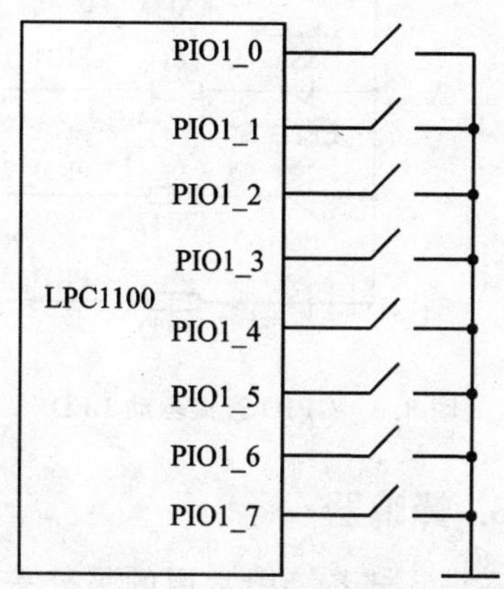

图 8.1 独立式键盘

如果需要的按键数目较多,而 GPIO 引脚不够用,则可以考虑使用行列式键盘输入方式。行列式键盘输入方式的优点是使用较少的 GPIO 引脚,可支持较多的按键。其缺点是编程较复杂。如图 8.2 所示,PIO1_0～PIO1_3 设置为 GPIO 输出引脚,PIO3_0～PIO3_3 设置为 GPIO 输入引脚。PIO1_0～ PIO1_3 引脚以一定的顺序及频率在同一时间仅使其中一个引脚输出低电平,控制器快速查询 PIO3_0～PIO3_3 引脚的电平状态,如果有 1 个键被按下,则在一定时间内 PIO3_0～PIO3_3 中将有一个引脚为低电平,再查询 PIO1_0～PIO1_3 的输出状态,找出这时输出低电平的引脚,就可以很容易地判断出哪个按键被按下。

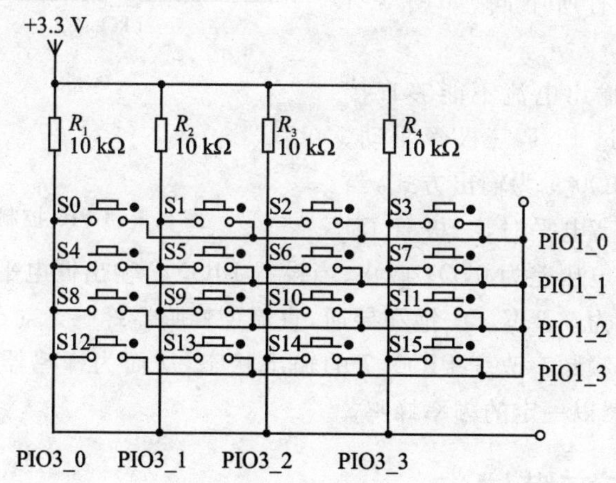

图 8.2 行列式按键输入

2. LED

LED 是常用的嵌入式输出设备之一,在嵌入式系统中常用做信号灯,指示系统当前的某些状态。LED 的控制很简单,只需在阳极与阴极间提供一个 1.7 V 正向电

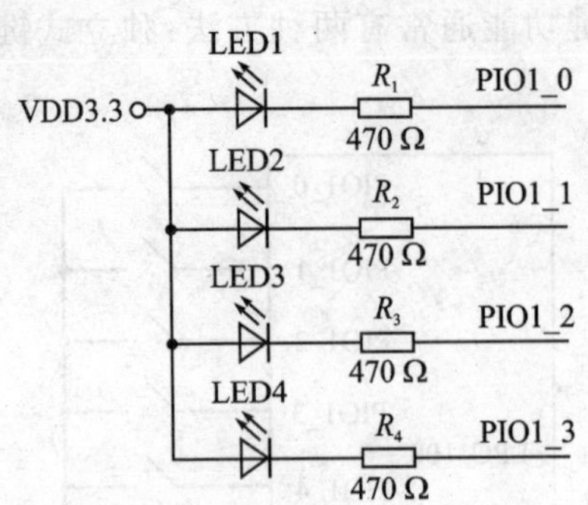

图 8.3　GPIO 直接驱动 LED

压，并使流经 LED 的电流为 5～10 mA，即可以点亮 LED。如图 8.3 所示，设置 GPIO 引脚为输出方式，使 GPIO 引脚 PIO1_0 输出低电平时，VDD3.3 与 GPIO 引脚即有 3.3 V 的电压差，这时 LED1 即被点亮；使 GPIO 引脚 PIO1_0 输出高电平时，VDD3.3 与 GPIO 引脚电压差为 0，这时 LED1 不能被点亮；电阻 R_1～R_4 用于限流。如果使用 GPIO 控制较多的 LED，则需要使用三极管驱动。

3. 蜂鸣器

在嵌入式系统中常用的另外一种输出设备是蜂鸣器，它包括直流型和交流型两种。

直流型蜂鸣器只需提供额定电压就可以控制蜂鸣器蜂鸣；交流型蜂鸣器则需提供一定频率的交流信号，才可以使蜂鸣器蜂鸣。

直流型蜂鸣器的蜂鸣频率是固定不变的，而交流型的则可以通过更改驱动电流的频率来调整蜂鸣的频率。两种类型的蜂鸣器都可以使用相同的控制电路，只是控制方式有所不同，如图 8.4 所示。

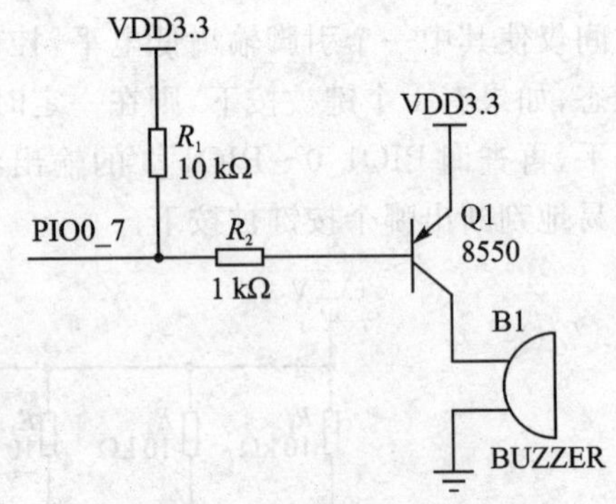

图 8.4　GPIO 控制蜂鸣器

GPIO 提供的输出电流不能够直接驱动蜂鸣器，需经过 PNP 三极管驱动。设置 GPIO 引脚 PIO0_7 为输出方式，当设置 PIO0_7 输出高电平时，三极管 Q1 的发射极与基极的电压差为 0，Q1 截止；当设置 PIO0_7 输出低电平时，Q1 的发射极与基极的电压差约为 3.3 V，Q1 饱和导通，直流型蜂鸣器蜂鸣。对于交流型蜂鸣器，需通过以一定的音频频率改变 PIO0_7 的输出状态，从而为蜂鸣器提供一定频率的交变信号，使蜂鸣器以一定的频率蜂鸣。

8.2　引脚连接模块

在本书第 3 章已经介绍了 NXP LPC1100 系列芯片的封装和引脚，可用的 GPIO 引脚的数量取决于 LPC1100 微控制器的器件及其封装，可使用的 GPIO 引脚如表 8.1 所列。

表 8.1 LPC1100 系列 GPIO 配置

器 件	封 装	GPIO 端口 0	GPIO 端口 1	GPIO 端口 2	GPIO 端口 3	GPIO 引脚的总数
LPC1111	HVQFN33	PIO0_0～PIO0_11	PIO1_0～PIO1_11	PIO2_0	PIO3_2 PIO3_4 PIO3_5	28
LPC1112	HVQFN33	PIO0_0～PIO0_11	PIO1_0～PIO1_11	PIO2_0	PIO3_2 PIO3_4 PIO3_5	28
LPC1113	HVQFN33	PIO0_0～PIO0_11	PIO1_0～PIO1_11	PIO2_0	PIO3_2 PIO3_4 PIO3_5	28
	LQFP48	PIO0_0～PIO0_11	PIO1_0～PIO1_11	PIO2_0～PIO2_11	PIO3_0～ PIO3_5	42
LPC1114	HVQFN33	PIO0_0～PIO0_11	PIO1_0～PIO1_11	PIO2_0	PIO3_2 PIO3_4 PIO3_5	28
	PLCC44	PIO0_0～PIO0_11	PIO1_0～PIO1_11	PIO2_0～PIO2_11	PIO3_4 PIO3_5	38
	LQFP48	PIO0_0～PIO0_11	PIO1_0～PIO1_11	PIO2_0～PIO2_11	PIO3_0～ PIO3_5	42

8.2.1 引脚配置

在第 2 章介绍过 NXP LPC1100 芯片的引脚是复用引脚，具体使用引脚某种功能，需要进行引脚配置。引脚可作为 GPIO 或其他外设功能，若引脚作为 GPIO，则利用数据方向寄存器来设置引脚上信号流的方向；若为其他外设功能，则根据引脚功能自动设置引脚方向，数据方向寄存器没有作用。I/O 配置寄存器的 MODE 位可使能引脚片内上拉、下拉、无上/下拉或中继模式。片内电阻配置有上拉使能、下拉使能或无上/下拉，缺省值为上拉使能。如果引脚处于逻辑高电平，则中继模式使能上拉电阻；如果引脚处于逻辑低电平，则中继模式使能下拉电阻。这样若引脚配置为输入，并不被外部驱动，则它可以保持一种已知状态。中继模式可以用来暂时不被驱动时，防止引脚悬空。标准 I/O 引脚内部结构如图 8.5 所示。

8.2.2 引脚配置相关寄存器

引脚配置寄存器控制 GPIO 端口引脚、所有外设和功能模块的输入和输出、I^2C 总线引脚和 ADC 输入引脚。每个端口引脚 PIOn_m 都分配一个 IOCON 寄存器来

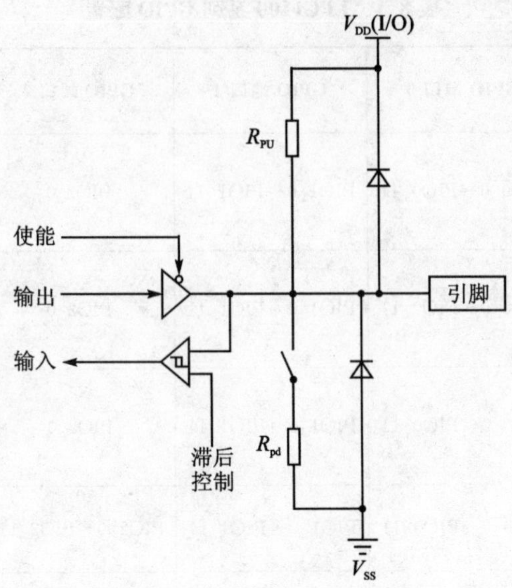

图 8.5 标准 I/O 引脚内部结构

控制引脚的功能，而且某些输入功能如 SCK0、DSR0 和 RI0 等，在几个物理引脚中有复用。IOCON_LOC 寄存器为每个功能选择引脚位置。

需要特别注意的是，如果是芯片不存在的引脚，则对应的配置寄存器也不存在。比如：HVQFN33 封装的芯片没有 PIO2_0～PIO2_11、PIO3_0、PIO3_1 和 PIO3_3 引脚，对于 33 脚封装的微控制器来说，该部分引脚对应的配置寄存器不存在。PLCC44 封装的芯片没有 PIO3_1～PIO3_3 引脚，因此对于 44 脚微控制器来说，该部分引脚对应的配置寄存器也不存在。下面详细介绍引脚配置相关的寄存器。

1. I/O 配置寄存器(IOCON_PIOn_m)

引脚功能由 I/O 配置寄存器(IOCON_PIOn_m)控制，其中 n 的取值范围是 0～3，m 的取值范围是 0～11。可配置选项包括下面几方面：

① 引脚具体功能；

② 内部电阻上拉/下拉或总线保持功能；

③ 滞后特性；

④ 模拟/数字输入模式；

⑤ I^2C 总线的 I^2C 模式。

IOCON_PIOn_m 寄存器的位定义如表 8.2 所列。

说明：

① FUNC 位：可以设为 GPIO(FUNC＝0)或者一种外设功能。如果引脚用做 GPIO 引脚，那么 GPIOnDIR 寄存器可确定此引脚配置为输入或输出。如果引脚用

做外设功能，则根据引脚功能自动控制引脚信号的传输方向。GPIOnDIR 寄存器的配置将不起作用。

表 8.2 IOCON_PIOn_m 寄存器的位定义

位	符 号	描 述	复位值
2:0	FUNC	选择引脚功能。000～111：该位配置不同的值对应着引脚不同的引脚功能，具体值配置可参考表 8.3	000
4:3	MODE	选择功能模式(片内上拉/下拉电阻控制) 00：无效(无下拉/上拉电阻使能)； 01：下拉电阻使能； 10：上拉电阻使能； 11：中继模式	10
5	HYS	滞后作用。0：禁止；1：使能	0
6	—	保留位	1
7	ADMODE	选择模拟/数字输入模式。0：模拟输入模式；1：数字输入模式	1
9:8	I^2CMODE	选择 I^2C 模式 00：标准模式/快速模式；01：标准模式；10：增强型快速模式；11：保留	00
31:10	—	保留	0

② MODE 位：允许将每个引脚配置为片内上拉、下拉或中继模式。片内电阻配置有上拉使能、下拉使能或无上拉/下拉三种状态，缺省值是上拉使能。

如果引脚处于逻辑低电平，则中继模式使能下拉电阻；如果引脚处于逻辑高电平，则中继模式使能上拉电阻。

③ HYS 位：配置为滞后缓冲器或普通缓冲器。如果电源引脚 VDD 低于 2.5 V，则滞后缓冲器被禁止，使引脚用于输入模式。如果 VDD 在 2.5～3.6 V 之间，则滞后缓冲器可以被使能，也可以被禁止。

④ ADMODE：在 A/D 模式中，为了使模/数转换器可以获取精确的输入电压，数字接收器将断开连接。所有的模拟功能引脚可通过 ADMODE 位配置为 A/D 模式。如果选择了 A/D 模式，那么滞后和 GPIO 引脚模式设置均无效。对于没有模拟功能的引脚，A/D 模式设置无效。

⑤ I^2CMODE：如果寄存器 IOCON_PIO0_4 和 IOCON_PIO0_5 的 FUNC 位选择为 I^2C 功能，则 I^2C 引脚可以配置为不同的 I^2C 模式：

- 带滤波干扰的标准模式/快速模式。
- 滤波干扰的 Fast - Mode Plus 模式，在该模式中，引脚有很高的灌电流。
- 不带滤波干扰的标准开漏 I/O 功能。

表 8.3 列出了各引脚配置不同功能，对应 IOCON 寄存器的位[2:0]配置情况。

表 8.3　IOCON 寄存器位[2:0]配置

IOCON 寄存器	FUNC 位定义			
	000	001	010	011
IOCON_RESET_PIO0_0	/RESET	PIO0_0	—	—
IOCON_PIO0_1	PIO0_1	CLKOUT	CT32B0_MAT2	—
IOCON_PIO0_2	PIO0_2	SSEL0	CT16B0_CAP0	—
IOCON_PIO0_3	PIO0_3	—	—	—
IOCON_PIO0_4	PIO0_4	SCL	—	—
IOCON_PIO0_5	PIO0_5	SDA	—	—
IOCON_PIO0_6	PIO0_6	—	SCK0①	—
IOCON_PIO0_7	PIO0_7	/CTS	—	—
IOCON_PIO0_8	PIO0_8	MISO0	CT16B0_MAT0	—
IOCON_PIO0_9	PIO0_9	MOSI0	CT16B0_MAT1	—
IOCON_SWCLK_PIO0_10	SWCLK	PIO0_10	SCK0①	CT16B0_MAT2
IOCON_R_PIO0_11	—	PIO0_11	AD0	CT32B0_MAT3
IOCON_R_PIO1_0	—	PIO1_0	AD1	CT32B1_CAP0
IOCON_R_PIO1_1	—	PIO1_1	AD2	CT32B1_MAT0
IOCON_R_PIO1_2	—	PIO1_2	AD3	CT32B1_MAT1
IOCON_SWDIO_PIO1_3	SWDIO	PIO1_3	AD4	CT32B1_MAT2
IOCON_PIO1_4	PIO1_4	AD5	CT32B1_MAT3	—
IOCON_PIO1_5	PIO1_5	/RTS	CT32B0_CAP0	—
IOCON_PIO1_6	PIO1_6	RXD	CT32B0_MAT0	—
IOCON_PIO1_7	PIO1_7	TXD	CT32B0_MAT1	—
IOCON_PIO1_8	PIO1_8	CT16B1_CAP0	—	—
IOCON_PIO1_9	PIO1_9	CT16B1_MAT0	—	—
IOCON_PIO1_10	PIO1_10	AD6	CT16B1_MAT1	—
IOCON_PIO1_11	PIO1_11	AD7	—	—
IOCON_PIO2_0	PIO2_0	/DTR	SSEL1	—
IOCON_PIO2_1	PIO2_1	/DSR②	SCK1	—
IOCON_PIO2_2	PIO2_2	/DCD③	MISO1	—
IOCON_PIO2_3	PIO2_3	/RI④	MOSI1	—
IOCON_PIO2_4	PIO2_4	—	—	—

续表 8.3

IOCON 寄存器	FUNC 位定义			
	000	001	010	011
IOCON_PIO2_5	PIO2_5	—	—	—
IOCON_PIO2_6	PIO2_6	—	—	—
IOCON_PIO2_7	PIO2_7	—	—	—
IOCON_PIO2_8	PIO2_8	—	—	—
IOCON_PIO2_9	PIO2_9	—	—	—
IOCON_PIO2_10	PIO2_10	—	—	—
IOCON_PIO2_11	PIO2_11	SCK0①	—	—
IOCON_PIO3_0	PIO3_0	/DTR	—	—
IOCON_PIO3_1	PIO3_1	/DSR	—	—
IOCON_PIO3_2	PIO3_2	/DCD③	—	—
IOCON_PIO3_3	PIO3_3	/RI④	—	—
IOCON_PIO3_4	PIO3_4	—	—	—
IOCON_PIO3_5	PIO3_5	—	—	—

① 表示 SCK0 引脚的位置选择由寄存器 IOCON_SCK_LOC 的配置决定。

② 表示/DSR 引脚的位置选择由寄存器 IOCON_DSR_LOC 的配置决定。

③ 表示/DCD 引脚的位置选择由寄存器 IOCON_DCD_LOC 的配置决定。

④ 表示/RI 引脚的位置选择由寄存器 IOCON_RI_LOC 的配置决定。

【例 8-1】 将 PIO0_1 引脚配置为 GPIO 功能，且内部上拉电阻使能，滞后特性使能。

引脚配置寄存器设置如下：

```
#define PIO0_1_FUNC    0x00         /* 把 PIO0_1 设置为 GPIO 功能 */
#define PIO0_1_ MODE   0x02         /* 内部上拉使能 */
#define PIO0_1_HYS   1              /* 滞后使能 */
IOCON_PIO0_1=PIO0_1_FUNC|(PIO0_1_MODE << 3)|(PIO0_1_HYS << 5)
```

【例 8-2】 将 PIO0_5 引脚配置为 I²C SDA 功能，且 I²C 总线为快速模式。

引脚配置寄存器设置如下：

```
#define PIO0_5_FUNC   0x01          /* 配置 PIO0_5 为 I2C SDA 功能 */
#define PIO0_5_I2CMODE   0x02       /* 配置 I2C 总线为快速模式 */
IOCON_PIO0_5=PIO0_5_FUNC | (PIO0_5_I2CMODE << 8)
```

【例 8-3】 将 PIO1_0 设置为 AD 功能，数字输入模式。

引脚配置寄存器设置如下：

```
#define PIO1_0_FUNC    0x02        /*配置 PIO1_0 为 AD 功能*/
#define PIO1_0_ADMODE  0x02        /*配置 AD 为数字输入模式*/
IOCON_R_PIO1_0=PIO1_0_FUNC | (PIO1_0_ADMODE << 6)
```

2. IOCON 位置寄存器

IOCON 位置寄存器用于为复用的功能选择物理引脚。如果 IOCON 位置寄存器选择了引脚位置,则在相应的 IOCON_PIOn_m 寄存器中配置引脚的功能。该寄存器的位定义如表 8.4、表 8.5、表 8.6 和表 8.7 所列。

表 8.4 IOCON SCK 位置寄存器(IOCON_SCK_LOC)的位定义

位	符 号	描 述	复位值
1:0	SCKLOC	选择 SCK0 引脚的位置。 00:在引脚位置 SWCLK/PIO0_10/SCK0/CT16B0_MAT2 选择 SCK0 功能; 01:在引脚位置 PIO2_11/SCK0 选择 SCK0 功能; 10:在引脚位置 PIO0_6/SCK0 选择 SCK0 功能; 11:保留	00
31:2	—	保留	—

表 8.5 IOCON DSR 位置寄存器(IOCON_DSR_LOC)的位定义

位	符 号	描 述	复位值
1:0	DSRLOC	选择 DSR0 引脚的位置。 00:在引脚位置 PIO2_1/DSR/SCK1 选择功能 DSR; 01:在引脚位置 PIO3_1/ DSR 选择功能 DSR; 10:保留; 11:保留	00
31:2	—	保留	—

表 8.6 IOCON DCD 位置寄存器(IOCON_DCD_LOC)的位定义

位	符 号	描 述	复位值
1:0	DCDLOC	选择 DCD 引脚的位置。 00:在引脚位置 PIO2_2/ DCD /MISO1 选择功能 DCD; 01:在引脚位置 PIO3_2/ DCD 选择功能 DCD; 10:保留; 11:保留	00
31:2	—	保留	—

表 8.7 IOCON 位置寄存器(IOCON_RI_LOC)的位定义

位	符 号	描 述	复位值
1:0	RILOC	选择 RI 引脚的位置。 00:在引脚位置 PIO2_3/ RI/MOSI1 选择功能 RI; 01:在引脚位置 PIO3_3/ RI 选择功能 RI; 10:保留; 11:保留	00
31:2	—	保留	—

8.2.3 GPIO 相关寄存器

所有 GPIO 寄存器都为 32 位,可以以字节、半字和字的形式访问;也可通过直接写入端口引脚地址来设置每个位。GPIO 端口 0 的基址为 0x50000000;GPIO 端口 1 的基址为 0x50010000;GPIO 端口 2 的基址为 0x50020000;GPIO 端口 3 的基址为 0x50030000。GPIO 相关寄存器如表 8.8 所列。

表 8.8 GPIO 相关寄存器

名 称	访 问	地址偏移量	描 述	复位值
GPIOnDATA	R/W	0x0000~0x3FF8	PIOn_0~PIOn_11 引脚的 GPIO 数据屏蔽寄存器	
GPIOnDATA	R/W	0x3FFC	PIOn_0~ PIOn_11 引脚的 GPIO 数据寄存器	
—	—	0x4000~0x7FFC	保留位	—
GPIOnDIR	R/W	0x8000	GPIO 数据方向寄存器	0x00
GPIOnIS	R/W	0x8004	GPIO 中断触发方式寄存器	0x00
GPIOnIBE	R/W	0x8008	GPIO 中断双边沿触发寄存器	0x00
GPIOnIEV	R/W	0x800C	GPIO 中断事件寄存器	0x00
GPIOnIE	R/W	0x8010	GPIO 中断屏蔽寄存器	0x00
GPIOnRIS	R	0x8014	GPIO 原始中断状态寄存器	0x00
GPIOnMIS	R	0x8018	GPIO 屏蔽中断状态寄存器	0x00
GPIOnIC	W	0x801C	GPIO 清除边沿触发中断寄存器	0x00
—	—	0x8020~0xFFFF	保留位	0x00

本章只介绍 GPIO 数据寄存器和 GPIO 数据方向寄存器,其余寄存器跟中断有关,将在第 9 章介绍。

1. GPIO 数据寄存器(GPIOnDATA, n=0~3)

数据寄存器用于读取输入引脚的状态数据,或配置输出引脚的输出状态。而 12 位的地址总线可用于位屏蔽操作。其中,GPIO0DATA 寄存器访问的地址范围为

0x50000000～0x50003FFC；GPIO1DATA 寄存器访问的地址范围为 0x50010000～0x50013FFC；GPIO2DATA 寄存器访问的地址范围为 0x50020000～0x50023FFC；GPIO3DATA 寄存器访问的地址范围为 0x50030000～0x50033FFC。该寄存器的位定义如表 8.9 所列。

表 8.9　GPIOnDATA 寄存器的位定义

位	符　号	访　问	描　述	复位值
11:0	DATA	R/W	引脚 PIOn_0～PIOn_11 输入的数据或输出的数据	0x00
31:12	—	—	保留	0x00

```
GPIO0DATA=0x01 << 3 ;        /* PIO0_3 引脚输出高电平,其余引脚输出低电平 */
GPIO1DATA &=~(1 << 2);       /* PIO1_2 输出低电平,其余引脚保持不变 */
```

2. GPIO 数据方向寄存器(GPIOnDIR，n=0～3)

GPIOnDIR 寄存器用来设置引脚数据流的方向，GPIO0DIR 寄存器地址为 0x50008000；GPIO1DIR 寄存器地址为 0x50018000；GPIO2DIR 寄存器地址为 0x50028000；GPIO3DIR 寄存器地址为 0x50038000。该寄存器的位定义如表 8.10 所列。

表 8.10　GPIOnDIR 寄存器的位定义

位	符　号	访　问	描　述	复位值
11:0	IO	R/W	选择引脚 PIOn_x 作为输入或输出(x=0～11) 0:引脚 PIOn_x 为输入；1:引脚 PIOn_x 为输出	0x00
31:12	—	—	保留	—

```
GPIO0DIR |=0x01 << 5 ;            /* 设置 PIO0_5 引脚为输出 */
GPIO0DIR &=~(0x01 << 5) ;         /* 设置 PIO0_5 引脚为输入 */
```

8.2.4　GPIO 读/写操作

在读/写操作过程中，为实现设置 GPIO 位而不影响其他引脚，微控制器用 14 位宽的地址总线中的[13:2]来产生屏蔽，对每个端口的 12 个 GPIO 引脚进行读/写操作。屏蔽数据寄存器地址的范围为 0x0000～0x3FF8；而对位于地址 0x3FFC 的 GPIOnDATA 数据寄存器读或写操作，必须保证地址总线中的屏蔽位为 1。

(1) 写操作

在写操作过程中，首先要设定屏蔽地址，如果数据的某些位写入 GPIOnDATA 寄存器的相应位，则屏蔽地址的对应位应设置为 1；如果 GPIOnDATA 寄存器中对应位的值要保持不变,则屏蔽地址对应位设置为 0。注意:地址位与接口数据位并不是一一对应的,而是相差 2,如图 8.6 所示。

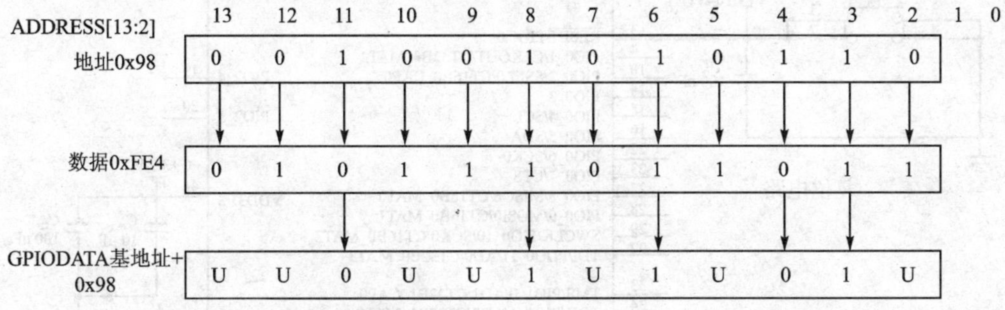

图 8.6　GPIOnDATA 寄存器的屏蔽写操作

(2) 读操作

读操作过程中,如果屏蔽地址位为 1,则直接读出 GPIO 引脚上的值。如果屏蔽地址位为 0,则不管 GPIO 引脚是何种电平状态,数据位读出都为 0,如图 8.7 所示。

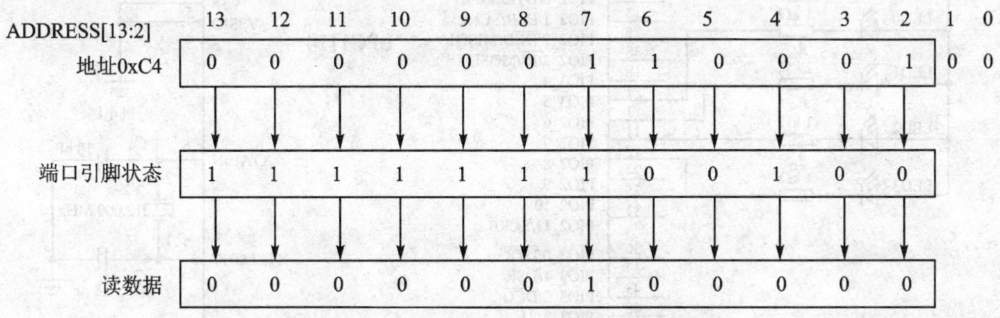

图 8.7　GPIOnDATA 寄存器的屏蔽读操作

8.3　GPIO 应用程序设计

1. 任务描述

LPC1114 的 PIO3_5、PIO2_6、PIO2_7、PIO2_8 四个引脚连接 4 个 LED,编程同时点亮 4 个 LED。电路图如图 8.8 所示。

2. 任务分析

根据要实现的功能,首先把连接 4 个 LED 的 PIO3_5、PIO2_6、PIO2_7、PIO2_8 设置为输出功能,然后输出低电平,点亮 LED。

程序中用到的头文件请参考第 5 章中 CMSIS 库。

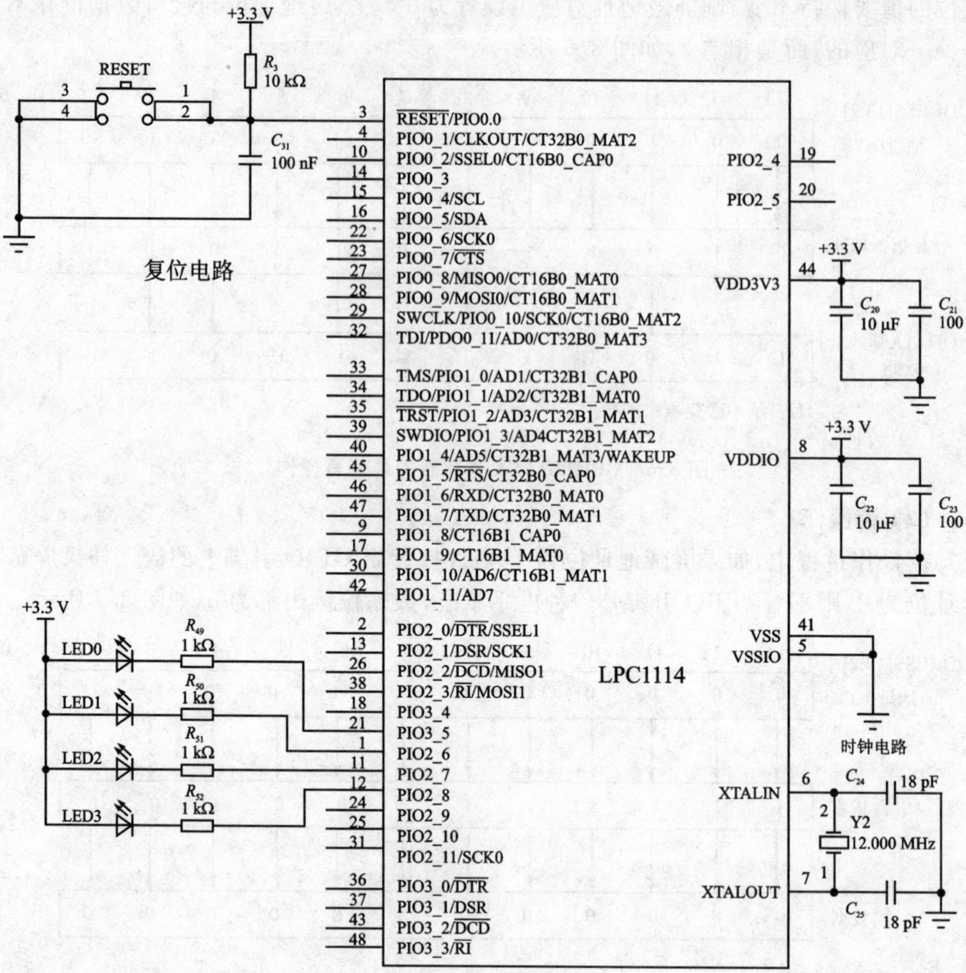

图 8.8　LED 电路图

3. C 语言程序清单

```
#include "LPC11xx.h"

#include "gpio.h"
#include "clkconfig.h"
/**********************************************************
** 函数名：GPIOInit
** 描述：  初始化 GPIO
** 参数：  无
** 返回值：无
**********************************************************/
void GPIOInit(void)
```

```
{
    LPC_SYSCON->SYSAHBCLKCTRL |= (1 << 6);     /*使能 AHB 时钟到 GPIO 域*/
    return;
}
/*************************************************************
** 函数名:GPIOSetValue
** 描述:  设置或清除 GPIO 口值
** 参数:  端口号,位地址,值
** 返回值:无
*************************************************************/
void GPIOSetValue(uint32_t portNum, uint32_t bitPosi, uint32_t bitVal)
{
    LPC_GPIO[portNum]->MASKED_ACCESS[(1 << bitPosi)] = (bitVal << bitPosi);
    /*屏蔽地址的对应位先设置为 1,把 GPIO 位数据写入数据寄存器相应位*/
}
/*************************************************************
** 函数名:GPIOSetDir
** 描述:  设置 GPIO 口方向
** 参数:  端口号,位地址,方向(1 = out; 0 = input)
** 返回值:返回读取值
*************************************************************/
void GPIOSetDir(uint32_t portNum, uint32_t bitPosi, uint32_t dir)
{
    if(dir)
        LPC_GPIO[portNum]->DIR |= 1 << bitPosi;     /*若 dir 为 1,则设置为输出*/
    else
        LPC_GPIO[portNum]->DIR &= ~(1 << bitPosi); /*若 dir 为 0,则设置为输入*/
}
/*************************************************************
** 函数名:   main()
** 描述:     主程序
** 入口参数: 无
** 返回值:   无
*************************************************************/
int main (void)
{
    SystemInit();
    GPIOInit();                                   /*初始化 GPIO*/
    /*配置 PIO3_5、PIO2_6~PIO2_8 为输出*/
    GPIOSetDir(PORT3, 5, 1);
    GPIOSetDir(PORT2, 6, 1);
    GPIOSetDir(PORT2, 7, 1);
```

```
    GPIOSetDir(PORT2, 8, 1);

    GPIOSetValue(PORT3, 5, 0);                        /* 点亮 LED0 */
    GPIOSetValue(PORT2, 6, 0);                        /* 点亮 LED1 */
    GPIOSetValue(PORT2, 7,0);                         /* 点亮 LED2 */
    GPIOSetValue(PORT2, 8, 0);                        /* 点亮 LED3 */
    while(1);
}
```

4. 操作步骤

① 在 Keil 软件中建立新工程,选择芯片,新建程序文件,把程序文件加载到工程。

② 把计算机和目标板通过 USB 接口线连接起来。

③ 编译,编译成功后,可以在线调试,单步运行;或者下载.HEX 到目标板。

④ 观察 LED。

说明:上面的应用程序应用了 CMSIS 库中的部分功能函数,目的是方便初学者学习和灵活应用 CMSIS 库中的函数。使用函数来编程能够提高程序的可读性和便于修改程序,不用关心寄存器的设置。当然也可以自己设置相关寄存器,而不用 CMSIS 函数。后面章节中的应用程序也是如此,不再加以赘述。

比如:GPIOSetDir(PORT2, 8, 1);

可以直接设置数据方向寄存器 GPIOnDIR:

```
GPIO2DIR=0x01 << 8;
```

8.4 思考与练习

1. 将 PIO0_7 引脚配置为 GPIO 功能,且内部上拉电阻使能,滞后特性禁止。
2. 将 PIO0_5 引脚配置为 I^2C SDA 功能,且 I^2C 总线为标准模式。
3. 将 PIO0_1 引脚配置为 GPI0 功能,并设置为输出。
4. 编程实现 PIO0_1、PIO0_2 口连接的两个蜂鸣器蜂鸣。(低电平蜂鸣)

第9章

NXP LPC1100 系列中断应用

学习目标：会运用 LPC1100 系列芯片的中断进行编程操作。

学习内容：1. LPC1100 系列中断概述；

2. 向量中断控制器以及中断源；

3. 相关寄存器的设置；

4. 外部中断的应用。

9.1 中断概述

LPC1100 内核是 Cortex-M0 处理器，嵌套向量中断控制器(NVIC)是 Cortex-M0 的重要组成部分。它与 CPU 紧密结合，降低了中断延时，并能够有效处理即将到来的中断。它具有以下特点：

① 可对系统异常和外设中断进行控制；

② LPC1100 系列 ARM 中，NVIC 支持 32 个向量中断；

③ 4 个可编程的中断优先级级别，具有硬件优先级屏蔽；

④ 采用硬件实现寄存器堆栈、抢占、延迟、尾链等技术，降低中断处理延时。

9.1.1 中断中的术语

1. 什么是中断

什么是中断？我们从生活中的一个例子引入。假如你正在看书，突然电话铃响了，你放下书本，接电话，然后放下电话，回来继续看书。这就是生活中的“中断”现象。中断就是正常的工作过程被外部事件打断了。

在处理器中，所谓中断，就是一个过程，即 CPU 在正常执行一段程序时，遇到外部或内部更紧急的事件需要处理，暂时中止正在执行的程序，转到紧急事件去处理。待处理完后，回到暂停处(断点)继续执行原来被中断的程序。

为紧急事件服务的程序叫做中断服务程序。

2. 中断源

什么会引起中断？生活中好多事件可以引起中断，比如你在看书，门铃响了、闹钟响了、水烧开了等诸如此类的事件都可以中断你看书的事件。所以我们把引起中断的信号源称为中断源。

3. 中断优先级

设想一下，你正在看书，电话铃响了，同时门铃也想了，你该先做哪件事情？如果你正在等一个很重要的电话，你一般会先接电话；反之，你正在等一个重要的客人，那么你可能会先开门。总之，先做更重要或更紧急的事，这就存在一个优先级的问题。处理器中也是如此，即存在优先级的问题。当处理器有多个中断源递交申请时，中断控制器对中断源按照优先级进行响应。需要注意的是，优先级不仅发生在两个中断同时产生的情况，也会发生在一个中断已经产生，而又有另一个中断产生的情况。比如：你看书的时候，电话铃响了，你正在接电话时候，门铃响了，你要根据实际情况进行优先级的排列决定下一个动作。

4. 中断状态

中断状态包括以下几种情况：

未激活：中断没有被激活也没有被挂起。

挂起：中断处于等待被处理状态。

激活：中断处于正在被处理的状态，并且尚未结束。注意：一个中断处理能中断另一个中断处理，在这种情况下，两个中断都处于激活状态。

激活且挂起：中断正在被处理器服务时，又出现了来自同一中断源的中断。

9.1.2 异常概述

Cortex－M0 处理器将 IRQ 中断、SVC 和 Reset 等统称为异常。

1. 异常类型及优先级

各异常类型及优先级如表 9.1 所列。

表 9.1 各种异常类型的特性

异常编号	IRQ 编号	异常类型	优先级	向量地址
1	—	复位	－3，优先级最高	0x00000004
2	－14	NMI	－2	0x00000008
3	－13	HardFault	－1	0x0000000C
4～10	—	保留	—	—
11	－5	SVCall	可配置	0x0000002C
12、13	—	保留	—	—
14	－2	PendSV	可配置	0x00000038
15	－1	SysTick	可配置	0x0000003C
16 和大于 16 的值	0 和大于 0 的值	IRQ 中断	可配置	0x00000040

- Reset:复位在上电或按下复位按键时启动。中断模型将复位当做一种特殊形式的中断来对待。当发生复位时,处理器的操作停止;当复位撤销时,从向量表提供的复位向量地址处重新启动执行。执行在线程模式下启动。
- NMI:一个不可屏蔽中断(NMI)可以由外设引起,也可以由软件来触发。这是除复位之外优先级最高的中断。NMI 永远使能,优先级固定为 2。
- HardFault:HardFault 是由于在正常操作过程中或在中断处理过程中出错而出现的一个中断。HardFault 的优先级固定为-1,表明它的优先级要高于任何优先级可配置的中断。
- SVCall:管理程序调用(SVC)中断是一个由 SVC 指令触发的中断。在 OS 环境下,应用程序可以使用 SVC 指令来访问 OS 内核函数和器件驱动。
- PendSV:PendSV 是一个中断驱动的系统级服务请求。在 OS 环境下,当没有其他中断有效时,使用 PendSV 来进行任务切换。
- SysTick:SysTick 是一个系统定时器到达零时产生的中断。软件也可以产生一个 SysTick 中断。在 OS 环境下,处理器可以将这个中断用做系统时钟。
- IRQ 中断:IRQ 中断是外设发出的一个中断,或者是由软件请求产生的一个中断。所有中断都与指令执行不同步。在系统中,外设使用中断来与处理器通信。

除复位、HardFault 和 NMI 之外,所有中断的优先级都是可配置的。如果没有配置,那么所有可配置优先级的中断的优先级就都为 0。

优先级值的配置范围为 0～192,各值之间的间隔为 64。复位、HardFault 和 NMI 是固有的负优先级值,优先级高于其他的中断。每个中断都有对应的优先级,优先级值越小,表示优先级别越高。如给 IRQ[0]分配一个高优先级值,给 IRQ[1]分配一个低优先级值,那么 IRQ[1]的优先级高于 IRQ[0]。如果有多个中断挂起,并且具有相同的优先级,则优先处理中断编号最小的中断。例如,如果 IRQ[0]和 IRQ[1]正在挂起,并且两者的优先级相同,那么先处理 IRQ[0]。当处理器正在执行一个中断处理程序时,如果出现一个更高优先级的中断,那么这个中断就被抢占。如果出现的中断的优先级和正在处理的中断的优先级相同,则这个中断就不会被抢占,与中断的编号大小无关。但是,新中断的状态就变为挂起,即等待处理。

在 CMSIS 中仅使用 IRQ 编号,采用负数作为中断的编号。IPSR 返回中断编号。

2. 异常处理程序

处理器使用以下处理程序来处理中断:

- 中断服务程序(ISR):外部中断 IRQ0～IRQ31 是由 ISR 来处理的中断。
- 故障处理程序:HardFault 是唯一一个由故障处理程序来处理的中断。
- 系统处理程序:NMI、PendSV、SVCall、SysTick 和 HardFault 是由系统处理

程序来处理的中断。

3. 异常向量表

向量表包含堆栈指针的复位值以及所有向量处理程序的起始地址(也称为中断向量)。

图 9.1 显示了每一种中断在向量表中的向量地址。每个向量的最低位都是 1，因为中断处理程序都是用 Thumb 指令编写的。向量表的起始地址为 0x00000000。

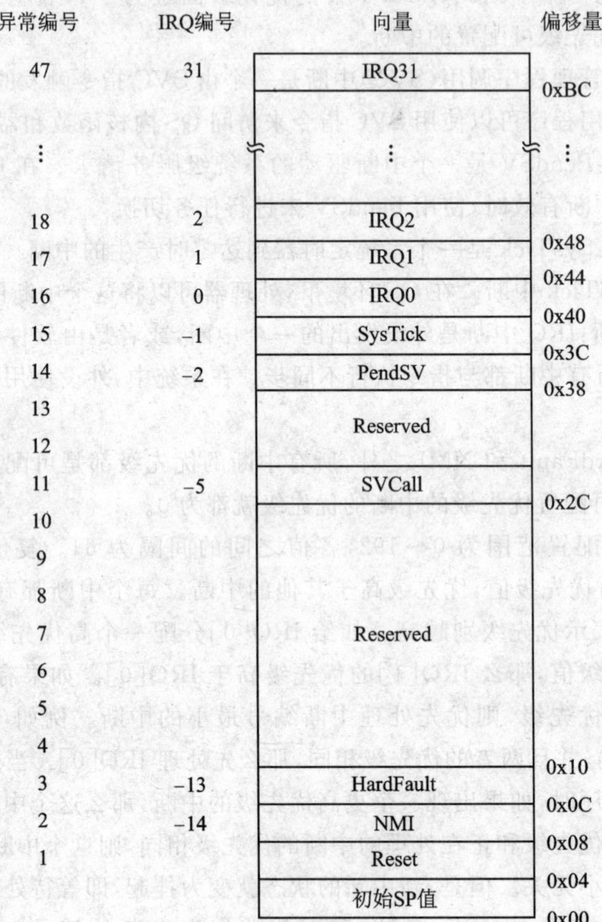

图 9.1 异常向量表

9.2 中断机制

9.2.1 降低嵌套中断延迟新技术

Coretx - M0 为降低嵌套中断延迟，采用了一种内置机制，当更高优先级的中断在上个中断进入服务程序之前到达时，可避免重堆栈；同时，支持尾链技术，这种技术将异常出栈序列与后续异常入栈序列相堆叠，从而降低中断延迟，并允许直接进入中断服务程序(ISR)。

在了解中断的进入和返回过程之前，先来了解中断处理时使用的术语。

- 抢占：当处理器正在执行一个中断处理程序时，如果一个中断的优先级比正在处理的中断的优先级更高，那么低优先级的中断就被抢占。当一个中断抢占另一个中断时，这些中断就被称为嵌套中断。
- 尾链：这个机制加速了中断的处理。当一个中断处理程序结束时，有一个挂起的中断满足进入中断的要求，就跳过堆栈弹出操作，控制权移交给新的中断处理程序。微控制器的性能不只是看执行速度问题，同时要看其对中断的处理效率。
- 延迟：这个机制加速了抢占的处理。如果一个高优先级的中断在前一个中断正在保存状态的过程中出现了，那么处理器就转去处理更高优先级的中断。状态保存并没有受迟来中断的影响，因为两个中断保存的内容是相同的。从延迟中断的处理程序返回时，遵守尾链规则。
- 返回：当中断处理程序结束后，没有优先级更高的挂起中断要处理，中断就返回。

9.2.2 中断处理过程

中断处理过程包括中断进入和中断返回。

1. 中断进入

当有一个优先级足够高的挂起中断存在，并且满足下面的任何一个条件时，即

① 处理器处于线程模式；

② 新中断的优先级高于正在处理的中断，

则新中断就抢占了正在处理的中断，处理器就进入中断处理。

中断进入过程如下：

入栈后，堆栈指针立刻指向栈帧的最低地址单元。栈帧按照双字地址对齐。栈帧包含返回地址，这是被中止的程序中下条指令的地址，这个值在中断返回时返还给PC，使被中止的程序恢复执行。

处理器执行一次向量提取，从向量表中读出中断处理程序的起始地址。当入栈结束时，处理器开始执行中断处理程序。同时，处理器向 LR 写入一个 EXC_RETURN 值。这个值说明了栈帧对应哪个堆栈指针以及在中断出现之前处理器处于什么工作模式。

如果在中断进入的过程中没有更高优先级的中断出现，则处理器就开始执行中断处理程序，并自动将相应的挂起中断的状态变为有效。如果在中断进入的过程中

有另一个优先级更高的中断出现，则处理器就开始执行这个高优先级中断的中断处理程序，不改变前一个中断的挂起状态。这是一个迟来中断的情况。

2. 中断返回

当处理器处于 Handler 模式，且执行 POP 或 BX 中的一条指令时，将 PC 设为 EXC_RETURN 值，中断就会返回。其中 POP 指令用来恢复 PC 的值；BX 指令将跳到保存到 LR 中的地址处执行。表 9.2 是中断返回行为。

中断机制依靠这个值来检测处理器何时执行完一个中断处理程序。EXC_RETURN 值的 bit[31:4]为 0xFFFFFFF。当处理器将这个值加载到 PC 时，将检测到中断已经结束。处理器执行中断返回。EXC_RETURN 的 bit[3:0]指出了所需的返回堆栈和 Handler 模式。

表 9.2 中断返回的行为

EXC_RETURN	描 述
0xFFFFFFF1	返回到 Handler 模式； 中断返回获得主堆栈的状态； 返回后执行使用 MSP
0xFFFFFFF9	返回到线程(Thread)模式； 中断返回获得 MSP 的状态； 返回后执行使用 MSP
0xFFFFFFFD	返回到线程(Thread)模式； 中断返回获得 PSP 的状态； 返回后执行使用 PSP
所有其他值	保留

9.3 中断源

每一个外围设备可以有一条或几条中断线连接到嵌套向量中断控制器。多个中断源可以共用一条中断线。表 9.3 列出了每一个外设功能所对应的中断源。

表 9.3 连接到向量中断控制器的中断源

中断编号	功 能	标 志
12:0	启动逻辑唤醒中断	每一个中断都会与一个 PIO 输入引脚相连，作为从深度睡眠模式唤醒的唤醒引脚；中断 0～11 对应 PIO0_0～PIO0_11，中断 12 对应 PIO1_0
13	—	保留
14	SSP1	Tx FIFO 一半为空；　Rx FIFO 一半为满。 Rx 超时；　Rx 溢出

续表 9.3

中断编号	功　能	标　志
15	I^2C	SI(状态改变)
16	CT16B0	匹配 0～2,捕获 0
17	CT16B1	匹配 0～1,捕获 0
18	CT32B0	匹配 0～3,捕获 0
19	CT32B1	匹配 0～3,捕获 0
20	SSP0	Tx FIFO 一半为空；　Rx FIFO 一半为满。 Rx 超时；　Rx 溢出
21	UART	Rx 线状态(RLS)；　发送保持寄存器空(THRE)； Rx 数据可用(RDA)；　字符超时指示(CTI)； Modem 控制改变；　自动波特率结束(ABEO)； 自动波特率超时(ABTO)
22	—	保留
23	—	保留
24	ADC	A/D 转换器结束转换
25	WDT	看门狗中断(WDINT)
26	BOD	Brown - out 检测
27	—	保留
28	PIO_3	端口 3 的 GPIO 中断状态
29	PIO_2	端口 2 的 GPIO 中断状态
30	PIO_1	端口 1 的 GPIO 中断状态
31	PIO_0	端口 0 的 GPIO 中断状态

9.4　中断相关寄存器

下面介绍与所有中断源相关的寄存器及其寄存器的使用。

LPC1100 支持 32 位中断,中断尾链,每一个中断都有可编程优先级别 0～3,数字 0 对应最高优先级别。

1. 中断使能寄存器(ISER)

ISER 使能中断请求,可通过读该寄存器知道哪个中断被使能。该寄存器每一位和中断源的编号相对应。具体位定义如表 9.4 所列。

表 9.4 中断使能寄存器的位定义

位	名 称	访 问	功 能
31:0	SETENA	R/W	中断使能位。 写:0,无效;1,使能中断。 读:0,中断禁止;1,中断使能

2. 中断清除使能寄存器(ICER)

可用软件清零中断使能寄存器(ICER)中的一个或多个位,即禁止相应中断输入的使能。该寄存器每一位和中断源的编号相对应。通过读它的状态可以知道哪个中断被禁止使能,具体位定义如表 9.5 所列。

表 9.5 中断清除使能寄存器的位定义

位	名 称	访 问	功 能
31:0	CLRENA	R/W	清除中断使能寄存器的位。 写:0,无效;1,禁止中断。 读:0,中断禁止;1,中断使能

3. 中断设置挂起寄存器(ISPR)

ISPR 寄存器强制中断源处于挂起状态。该寄存器每一位和中断源的编号相对应。可以读 ISPR 知道哪个中断被挂起。具体位定义如表 9.6 所列。

表 9.6 中断设置挂起寄存器的位定义

位	名 称	访 问	功 能
31:0	SETPEND	R/W	挂起某个中断。 写:0,无效;1:改变中断状态为挂起状态。 读:0,中断没被挂起;1:中断被挂起

4. 中断清除挂起寄存器(ICPR)

ICPR 寄存器清除被挂起的中断,该寄存器每一位和中断源的编号相对应。可通过读此寄存器知道哪个中断被挂起。位定义如表 9.7 所列。

表 9.7 中断清除挂起寄存器的位定义

位	名 称	访 问	功 能
31:0	CLRPEND	R/W	清除挂起某个中断。 写:0,无效;1,清除挂起状态。 读:0,中断没被挂起;1,中断被挂起

9.5 外部中断

9.5.1 外部中断概述

LPC1100 系列的 GPIO 都可以产生中断，这种中断方式叫做外部中断，也叫做 GPIO 中断。

每个引脚都可作为外部中断的输入引脚，中断触发方式可配置为低电平、高电平、上升沿、下降沿或双边沿触发。

9.5.2 外部中断寄存器

1. GPIO 中断触发方式寄存器(GPIOnIS,n=0～3)

GPIOnIS 寄存器相对于 GPIO 基地址的偏移量为 0x8004，因此 GPIO0IS 寄存器地址为 0x50008004；GPIO1IS 寄存器地址为 0x50018004；GPIO2IS 寄存器地址为 0x50028004；GPIO3IS 寄存器地址为 0x50038004。该寄存器的位定义如表 9.8 所列。

表 9.8 GPIOnIS 寄存器的位定义

位	符 号	访 问	描 述	复位值
11:0	IO	R/W	选择引脚 PIOn_x 的中断触发方式(x=0～11)。 0:PIOn_x 引脚上的中断为边沿触发； 1:PIOn_x 引脚上的中断为电平触发	0x00
31:12	—	—	保留	—

```
GPIO0IS |=0x01 << 1 ;            /* PIO0_1 引脚上的中断为电平触发 */
```

2. GPIO 中断双边沿触发寄存器(GPIOnIBE,n=0～3)

GPIOnIBE 寄存器相对于 GPIO 基地址的偏移量为 0x8008，因此 GPIO0IBE 寄存器地址为 0x50008008；GPIO1IBE 寄存器地址为 0x50018008；GPIO2IBE 寄存器地址为 0x50028008；GPIO3IBE 寄存器地址为 0x50038008。该寄存器的位定义如表 9.9 所列。

表 9.9 GPIOnIBE 寄存器的位定义

位	符 号	访 问	描 述	复位值
11:0	IBE	R/W	选择引脚 PIOn_x 为双边沿触发中断(x=0～11)。 0:通过寄存器 GPIOnIEV 控制引脚 PIOn_x 上的中断； 1:引脚 PIOn_x 为双边沿触发中断	0x00
31:12	—	—	保留	—

```
GPIO0IBE |=0x01 << 2 ;        /* PIO0_2 引脚为双边沿触发 */
```

3. GPIO 中断事件寄存器(GPIOnIEV, n=0～3)

GPIOnIEV 寄存器相对于 GPIO 基地址的偏移量为 0x800C,因此 GPIO0IEV 寄存器地址为 0x5000800C;GPIO1IEV 寄存器地址为 0x5001800C;GPIO2IEV 寄存器地址为 0x5002800C;GPIO3IEV 寄存器地址为 0x5003800C。该寄存器的位定义如表 9.10 所列。

表 9.10 GPIOnIEV 寄存器的位定义

位	符 号	访 问	描 述	复位值
11:0	IEV	R/W	选择引脚 PIOn_x 中断触发方式(x=0～11)。 0:选择下降沿或低电平触发中断(由 GPIOnIS 的设置来决定是下降沿还是低电平触发); 1:选择上升沿或高电平触发中断(由 GPIOnIS 的设置来决定上升沿还是高电平触发)	0x00
31:12	—	—	保留	—

```
GPIO0IS |=0x01 << 1 ;       /* PIO0_1 引脚上的中断为电平触发 */
GPIOnIEV |=0x01 << 1 ;      /* PIO0_1 引脚为高电平触发 */
```

4. GPIO 中断屏蔽寄存器(GPIOnIE, n=0～3)

GPIOnIE 寄存器用来设置引脚是否允许触发中断,若 GPIOnIE 寄存器中的某一位设为 1,则对应的引脚就会触发中断;若为零,就会禁止对应引脚的中断触发。该寄存器的位定义如表 9.11 所列。

GPIOnIE 寄存器相对于 GPIO 基地址的偏移量为 0x8010,因此 GPIO0IE 寄存器地址为 0x50008010;GPIO1IE 寄存器地址为 0x50018010;GPIO2IE 寄存器地址为 0x50028010;GPIO3IE 寄存器地址为 0x50038010。

表 9.11 GPIOnIE 寄存器的位定义

位	符 号	访 问	描 述	复位值
11:0	MASK	R/W	所选引脚 PIOn_x 上中断是否被屏蔽(x=0～11)。 0:引脚 PIOn_x 上的中断被屏蔽 1:引脚 PIOn_x 上的中断不被屏蔽	0x00
31:12	—	—	保留	—

```
GPIOnIE |=~ (0x01 << 1);      /* PIO0_1 引脚上的中断被屏蔽 */
```

5. GPIO 原始中断状态寄存器(GPIOnRIS,n=0～3)

该寄存器表明引脚是否有中断请求。该寄存器为只读。该寄存器的位定义如表 9.12 所列。

GPIO 原始中断状态寄存器相对于 GPIO 基地址的偏移量为 0x8014，因此 GPIO0IRS 寄存器地址为 0x50008014；GPIO1IRS 寄存器地址为 0x50018014；GPIO2IRS 寄存器地址为 0x50028014；GPIO3IRS 寄存器地址为 0x50038014。

表 9.12 GPIOnRIS 寄存器的位定义

位	符 号	访 问	描 述	复位值
11:0	RAWST	R	引脚原始(在屏蔽前)中断状态(x=0～11) 0:引脚 PIOn_x 在屏蔽前没有中断请求； 1:引脚 PIOn_x 在屏蔽前有中断请求	0x00
31:12	—	—	保留	—

6. GPIO 屏蔽中断状态寄存器(GPIOnMIS, n=0～3)

GPIOMIS 寄存器表明引脚在屏蔽后的中断状态。该寄存器为只读。该寄存器的位定义如表 9.13 所列。

GPIOnMIS 寄存器相对于 GPIO 基地址的偏移量为 0x8018，因此 GPIO0MIS 寄存器地址为 0x50008018；GPIO1MIS 寄存器地址为 0x50018018；GPIO2MIS 寄存器地址为 0x50028018；GPIO3MIS 寄存器地址为 0x50038018。

表 9.13 GPIOnMIS 寄存器的位定义

位	符 号	访 问	描 述	复位值
11:0	MASK	R	引脚在屏蔽后的中断状态(x=0～11)。 0:引脚 PIOn_x 没有中断或是被屏蔽； 1:引脚 PIOn_x 发生了中断	0x00
31:12	—	—	保留	—

7. GPIO 清除边沿触发中断寄存器(GPIOnIC, n=0～3)

GPIOnIC 寄存器用于清除被设置为边沿触发中断的端口，如果是电平触发，则该寄存器无效。GPIOnIC 寄存器相对于 GPIO 基地址的偏移量为 0x801C，因此 GPIO0IC 寄存器地址为 0x5000801C；GPIO1IC 寄存器地址为 0x5001801C；GPIO2IC 寄存器地址为 0x5002801C；GPIO3IC 寄存器地址为 0x5003801C。该寄存器的位定义如表 9.14 所列。

表 9.14 GPIOnIC 寄存器的位定义

位	符 号	访 问	描 述	复位值
11:0	CLR	W	用于清除引脚上的边沿触发中断，如果是电平触发，则该寄存器无效(x=0～11)。 0:无影响；1:清除引脚 PIOn_x 上的边沿触发中断方式	0x00

```
GPIO0IC |=0x01 << 2 ;  /* 清除 PIO0_2 引脚上的边沿触发 */
```

9.5.3 外部中断相关寄存器的设置

① 通过数据方向寄存器 GPIOnDIR 设置 I/O 口的数据方向，0 为输入，1 为输出。

② 通过设置 NVIC 中断使能寄存器 ISER 和中断屏蔽寄存器 GPIOnIE 来使能端口中断。

③ 通过设置 GPIO 中断清除寄存器 GPIOnIC 来清除中断状态标志位。

9.5.4 外部中断应用程序设计

1. 任务描述

当 PIO1_1 连接的按键按下时，发生外部中断，PIO2_8 连接的 LED 点亮。电路如图 9.2 所示。

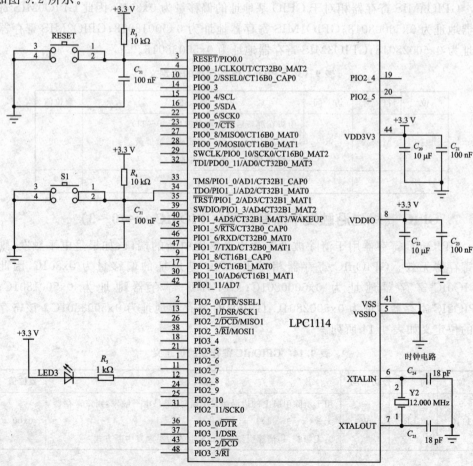

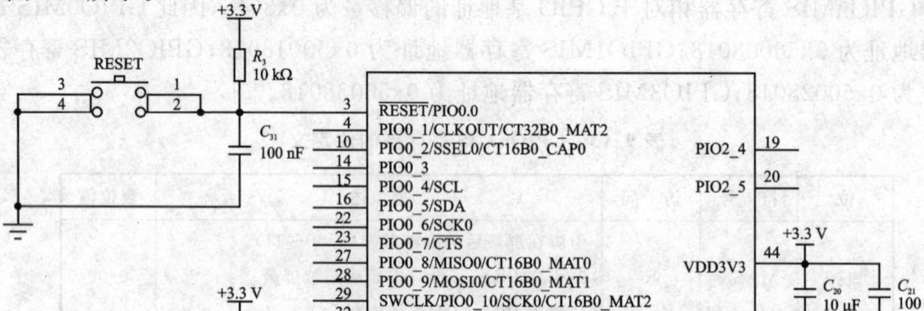

图 9.2 外部中断电路

2. 任务分析

根据任务要求,可以设置 PIO1_1 为下降沿中断,PIO2_8 设置为输出。当 PIO1_1 由高电平变为低电平时,即下降沿发生中断,PIO2_8 输出低电平,LED 亮。

3. C 语言程序清单

```
#include "LPC11xx.h"
#include "gpio.h"
#include "clkconfig.h"
/*****************************************************
** 函数名:GPIO1IntStatus
** 描述:  获得端口 1 引脚的中断状态
** 参数:  位地址
** 返回值:中断状态
*****************************************************/
uint32_t GPIOIntStatus(uint32_t bitPosi)
{
    uint32_t regVal = 0;
    if (LPC_GPIO1->MIS & (0x1 << bitPosi))
        regVal = 1;
    return (regVal);
}
/*****************************************************
** 函数名:GPIOIntClear
** 描述:  清除端口引脚的中断
** 参数:  端口号,位地址
** 返回值:无
*****************************************************/
void GPIOIntClear(uint32_t portNum, uint32_t bitPosi)
{
  switch (portNum)
  {
    case PORT0:
      LPC_GPIO0->IC |= (0x1 << bitPosi);
    break;
    case PORT1:
      LPC_GPIO1->IC |= (0x1 << bitPosi);
    break;
    case PORT2:
      LPC_GPIO2->IC |= (0x1 << bitPosi);
    break;
```

```
    case PORT3:
      LPC_GPIO3->IC |= (0x1 << bitPosi);
    break;
    default:
      break;
  }
/*************************************************************
** 函数名: GPIOSetValue
** 描述:   设置或清除 GPIO 口值
** 参数:   端口号,位地址,值
** 返回值: 无
*************************************************************/
void GPIOSetValue(uint32_t portNum, uint32_t bitPosi, uint32_t bitVal)
{
    LPC_GPIO[portNum]->MASKED_ACCESS[(1 << bitPosi)] = (bitVal << bitPosi);
}
/*************************************************************
** 函数名称: PIOINT1_IRQHandler
** 功能描述: PORT1 作为中断源的中断服务程序
** 入口参数: 无
** 返回值:  无
*************************************************************/
void PIOINT1_IRQHandler(void)
{   /* PIOINT1_IRQHandler 的中断向量入口地址在 startup_LPC11xx.s 中有定义 */
    uint32_t regVal;
    regVal = GPIOIntStatus(1);          /* 查询 PIO1_1 是否发生中断即按键是否有按下 */
    if(regVal)                          /* 若 regVal 为 1,则按键按下,发生中断 */
    {
        GPIOSetValue(PORT2, 8, 0);  /* PIO2_8 = 0,LED 亮 */
        GPIOIntClear(1,1);          /* 清除中断标志位 */
    }
    return;
}
/*************************************************************
** 函数名称: GPIOIntEnable
** 功能描述: GPIO 引脚作为中断源使能中断
** 入口参数: 端口号,位地址
** 返回值:  无
*************************************************************/
void GPIOIntEnable(uint32_t portNum, uint32_t bitPosi)
{
    switch (portNum)
```

```
    {
        /*判断端口,设置引脚 PIOn_m 使能中断*/
        case PORT0:
            LPC_GPIO0->IE |= (0x1 << bitPosi);
            break;
        case PORT1:
            LPC_GPIO1->IE |= (0x1 << bitPosi);
            break;
        case PORT2:
            LPC_GPIO2->IE |= (0x1 << bitPosi);
            break;
        case PORT3:
            LPC_GPIO3->IE |= (0x1 << bitPosi);
            break;
        default:
            break;
    }
    return;
}
/*********************************************************
** 函数名称:GPIOSetInterrupt
** 功能描述:设置中断触发方式
**          是边沿触发还是电平触发,若为边沿触发,是单边沿还是双边沿触发;若为
**          电平触发,是高电平触发还是低电平触发等
** 入口参数:端口号,位地址,触发方式,极性选择
** 返回值: 无
*********************************************************/
void GPIOSetInterrupt(uint32_t portNum, uint32_t bitPosi, uint32_t sense, uint32_t event)
{
    switch (portNum)                    /*判断端口号*/
    {
        case PORT0:                     /*若端口号为 PORT0,则设置 GPIO0*/
            if (sense == 0)             /*若 sense 为 0,则设置为边沿触发*/
            {
                LPC_GPIO0->IS &= ~(0x1 << bitPosi);
                if (event == 0)         /*若 event 为 0,则设置为下降沿触发*/
                    LPC_GPIO0->IEV &= ~(0x1 << bitPosi);
                else                    /*否则设置为上升沿触发*/
                    LPC_GPIO0->IEV |= (0x1 << bitPosi);
            }
            else                        /*否则设置为电平触发*/
            {
```

```
            LPC_GPIO0->IS |= (0x1 << bitPosi);
            if (event == 0)                     /*若 event 为 0,则设置为低电平触发*/
                LPC_GPIO0->IEV &= ~(0x1 << bitPosi);
            else                                /*若 event 为 1,则设置为高电平触发*/
                LPC_GPIO0->IEV |= (0x1 << bitPosi);
        }
        break;
    case PORT1:                                 /*若端口号为 PORT1,则设置 GPIO1*/
        if (sense == 0)                         /*若 sense 为 0,则设置为边沿触发*/
        {
            LPC_GPIO1->IS &= ~(0x1 << bitPosi);
            if (event == 0)                     /*若 event 为 0,则设置为下降沿触发*/
                LPC_GPIO1->IEV &= ~(0x1 << bitPosi);
            else                                /*否则设置为上升沿触发*/
                LPC_GPIO1->IEV |= (0x1 << bitPosi);
        }
        else                                    /*若 sense 为 1,则设置为电平触发*/
        {
            LPC_GPIO1->IS |= (0x1 << bitPosi);
            if (event  == 0)                    /*若 event 为 0,则设置为低电平触发*/
                LPC_GPIO1->IEV &= ~(0x1 << bitPosi);
            else                                /*否则设置为高电平触发*/
                LPC_GPIO1->IEV |= (0x1 << bitPosi);
        }
        break;
    case PORT2:                                 /*若端口号为 PORT2,则设置 GPIO2*/
        if (sense == 0)                         /*若 sense 为 0,则设置为边沿触发*/
        {
            LPC_GPIO2->IS &= ~(0x1 << bitPosi);
            if (event == 0)                     /*若 event 为 0,则设置为下降沿触发*/
                LPC_GPIO2->IEV &= ~(0x1 << bitPosi);
            else                                /*否则设置为上升沿触发*/
                LPC_GPIO2->IEV |= (0x1 << bitPosi);
        }
        else                                    /*若 sense 为 1,则设置为电平触发*/
        {
            LPC_GPIO2->IS |= (0x1 << bitPosi);
            if (event == 0)                     /*若 event 为 0,则设置为低电平触发*/
                LPC_GPIO2->IEV &= ~(0x1 << bitPosi);
            else                                /*否则设置为高电平触发*/
                LPC_GPIO2->IEV |= (0x1 << bitPosi);
        }
```

```
        break;
    case PORT3:                             /*若端口号为 PORT3,则设置 GPIO3 */
        if (sense == 0)                     /*若 sense 为 0,则设置为边沿触发 */
        {
            LPC_GPIO3->IS &= ~(0x1 << bitPosi);
            if (event == 0)                 /*若 event 为 0,则设置为下降沿触发 */
                LPC_GPIO3->IEV &= ~(0x1 << bitPosi);
            else                            /*否则设置为上升沿触发 */
                LPC_GPIO3->IEV |= (0x1 << bitPosi);
        }
        else                                /*若 sense 为 1,则设置为电平触发 */
        {
            LPC_GPIO3->IS |= (0x1 << bitPosi);
            if (event == 0)                 /*若 event 为 0,则设置为低电平触发 */
                LPC_GPIO3->IEV &= ~(0x1 << bitPosi);
            else                            /*否则设置为高电平触发 */
                LPC_GPIO3->IEV |= (0x1 << bitPosi);
        }
        break;
    default:
        break;
    }
    return;
}

/**********************************************************
** 函数名称:main()
** 功能描述:主函数
** 入口参数:无
** 返回值:  无
**********************************************************/
int main (void)
{
    SystemInit();
    GPIOInit();                             /*初始化 GPIO */
    GPIOSetDir(PORT1, 1, 0);                /*配置 PIO1_1 为输入 */
    GPIOSetDir(PORT2, 8, 1);                /*配置 PIO2_8 为输出 */
    GPIOSetInterrupt(PORT1, 1, 0, 0);       /*PIO1_1 下降沿触发中断 */
    NVIC_EnableIRQ(EINT1_IRQn);             /*PORT1 中断允许 */
    GPIOIntEnable(PORT1, 1);                /*PIO1_1 中断允许 */
    while(1);
}
```

4. 操作步骤

① 在 Keil 软件中建立新工程，选择芯片，新建程序文件，把程序文件加载到工程。

② 把计算机和目标板通过 USB 接口线连接起来。

③ 编译。编译成功后，可以在线调试，单步运行；或者下载.HEX 到目标板。

④ 观察 LED。

备注：在程序中用到的以下变量在 LPC11xx.h 中定义的寄存器别名如下：

LPC_GPIO[portNum]－>IR——GPIOnIR 寄存器；

LPC_GPIO[portNum]－>IS——GPIOnIS 寄存器；

LPC_GPIO[portNum]－>IBE——GPIOnIBE 寄存器；

LPC_GPIO[portNum]－>IEV——GPIOnIEV 寄存器。

9.6 思考与练习

1. NVIC 中断源有哪些？
2. 简述中断进入和返回过程。
3. 中断的默认优先级是什么？
4. 编写程序，实现当按下按键时，8 个 LED 流水灯亮点并左移。

第10章

NXP LPC1100系列定时器应用

学习目标：会运用 LPC1100 芯片的定时器进行编程操作。

学习内容：1. NXP LPC1100 系列定时器的特性；

2. 定时器相关引脚；

3. 相关寄存器的设置；

4. 定时器的应用；

5. SysTick 定时器；

6. 看门狗定时器。

10.1 定时器

10.1.1 什么是定时器

定时器确实是一项了不起的发明，使相当多需要人控制时间的工作变得简单了许多。人们甚至将定时器用在了军事方面，制成了定时炸弹、定时雷管。现在的不少家用电器都安装了定时器来控制开关或工作时间。

同样，定时器是嵌入式芯片中一个非常重要的外设，在嵌入式系统应用中具有举足轻重的作用。它可以实现定时或延时的功能，广泛应用于工业产品、娱乐产品、智能家电、航空航天、军事演习等各个领域。比如信号发生器、交通灯、厨房定时器、电子万年历、微波炉、导弹、火星探测机器人等很多电子设备都用到了定时器的定时功能。例如一个方波发生器，就是使用定时器定时，当时间到后将 I/O 口的电平翻转，然后再重新定时，这样 I/O 口就输出一个方波了。除此之外，定时器还可以实现对外部信号进行检测或计数的功能，比如电子计数器、点钞机等。因此，概括起来定时器具备两方面的功能：定时功能和计数功能，所以也称之为定时器/计数器。

10.1.2 LPC1100 定时器的特点

基于 Cortex－M0 的 LPC1100 系列也具有 4 个定时器。其中有 2 个 32 位的定时器，还有 2 个 16 位的定时器，都具有捕获和匹配功能。匹配功能是定时器对外设时钟(pclk)周期进行计数，根据 4 个匹配寄存器的设定，当到达匹配寄存器指定的定时值时产生中断或执行其他动作。捕获功能用于在输入信号发生跳变时捕获定时器的值,并可选择产生中断。

在 PWM 模式下,2 个 32 位定时器都有 4 个匹配寄存器:有 3 个匹配寄存器用于提供单边沿的 PWM 输出,1 个匹配寄存器则用于控制 PWM 周期的长度。在这种模式下,16 位定时器 0(CT16B0)与 32 位定时器相同,而 16 位定时器 1(CT16B1)只有 2 个匹配寄存器可用于提供单边沿的 PWM 输出。

2 个 32 位定时器与 2 个 16 位定时器既有相似点,也有不同点。

1. 2 个 32 位定时器的特性

① 2 个 32 位的定时器,各带有 1 个可编程的 32 位预分频器;

② 都可以进行定时或计数操作;

③ 1 个 32 位的捕获通道可在输入信号跳变时捕捉定时器的瞬时值,捕获事件也可以产生中断;

④ 4 个 32 位匹配寄存器,允许执行以下操作:

- 匹配时继续工作,可选择产生中断;
- 匹配时复位定时器,可选择产生中断;
- 匹配时停止定时器,可选择产生中断。

⑤ 有 4 个与匹配寄存器相对应的外部输出,这些输出具有以下功能:

- 匹配时输出低电平;
- 匹配时输出高电平;
- 匹配时输出电平翻转;
- 匹配时不执行任何操作。

2. 2 个 16 位定时器的特性

① 2 个 16 位的定时器,各带有 1 个可编程的 16 位预分频器;

② 都可以进行定时或计数操作;

③ 1 个 16 位捕获通道,可在输入信号跳变时捕捉定时器的瞬时值,也可选择捕获事件产生中断;

④ 4 个 16 位匹配寄存器允许执行以下操作:

- 匹配时继续工作,可选择产生中断;
- 匹配时复位定时器,可选择产生中断;
- 匹配时停止定时器,可选择产生中断。

⑤ CT16B0 有 3 个、CT16B1 有 2 个与匹配寄存器相对应的外部输出,这些输出具有以下功能:

- 匹配时输出低电平;
- 匹配时输出高电平;
- 匹配时输出电平翻转;

● 匹配时不执行任何操作。

10.1.3 LPC1100 定时器相关引脚

在基于 Cortex－M0 的 LPC1100 系列芯片中，有 8 个与定时器相关的引脚。其中 32 位定时器引脚有 4 个。16 位定时器引脚有 4 个。32 位定时器引脚如表 10.1 所列。

表 10.1　32 位定时器引脚描述

引脚名称	引脚方向	引脚功能
CT32B0_CAP0 CT32B1_CAP0	输入	捕获引脚。 当捕获引脚出现跳变时，可以将定时器值装入捕获寄存器中，也可以选择产生一个中断
CT32B0_MAT[3:0] CT32B1_MAT[3:0]	输出	匹配引脚。 当匹配寄存器 TMR32B0/1(MR3:0)的值与定时器值(TC)相等时，外部匹配寄存器(EMR)和 PWM 控制寄存器(PWMCON)控制匹配引脚输出可以翻转电平、输出低电平、输出高电平或不执行任何操作

16 位定时器的引脚也有匹配引脚和捕获引脚，关于它的描述如表 10.2 所列。

表 10.2　16 位定时器引脚描述

引脚名称	引脚方向	引脚功能
CT16B0_CAP0 CT16B1_CAP0	输入	捕获引脚。 当捕获引脚出现跳变时，可以将定时器值装入捕获寄存器中，也可以选择产生一个中断
CT16B0_MAT[2:0] CT16B1_MAT[1:0]	输出	匹配引脚。 当匹配寄存器 TMR16B0/1(MR3:0)的值与定时器(TC)相等时，外部匹配寄存器(EMR)和 PWM 控制寄存器(PWMCON)控制匹配引脚输出翻转、输出低电平、输出高电平或不执行任何操作

10.1.4 LPC1100 定时器相关寄存器

基于 Cortex－M0 的 LPC1100 系列芯片的定时器寄存器很多，下面介绍频繁使用的一些寄存器，如果读者想多了解其余寄存器，请参考其他相关资料。

1. 定时器中断寄存器(TMR32/16BnIR，n＝0，1)

定时器中断寄存器包括 4 个寄存器，分别是 TMR32B0IR、TMR32B1IR、TMR16B0IR 和 TMR16B1IR，可读可写。

这 4 个定时器中断寄存器都是 32 位寄存器，其中有 4 位用于匹配中断标志位，1 位用于捕获中断标志位。如果有中断产生，则 IR 中的相应位置位，否则该位为 0。

向对应的 IR 位写 1 会复位中断，写 0 无效。定时器中断寄存器的位定义如

表 10.3 所列。

表 10.3 定时器中断寄存器的位定义

位	功 能	描 述	复位值
0	MR0 中断	匹配通道 0 的中断标志位	0
1	MR1 中断	匹配通道 1 的中断标志位	0
2	MR2 中断	匹配通道 2 的中断标志位	0
3	MR3 中断	匹配通道 3 的中断标志位	0
4	CR0 中断	捕获通道 0 的中断标志位	0
31:5	—	保留	—

```
TMR32B0IR＝0xff;              /＊复位 32 位定时器所有的中断＊/
TMR32B0IR＝0x01 << 4;         /＊复位 32 位定时器捕获通道 0 的中断＊/
```

2. 定时器控制寄存器(TMR32/16BnTCR,n＝0,1)

定时器控制寄存器用来控制定时器启动和复位等操作,可读可写。定时器控制寄存器的位定义如表 10.4 所列。

表 10.4 定时器控制寄存器的位定义

位	功 能	描 述	复位值
0	定时器使能	1:定时器使能计数;0:定时器停止计数	0
1	定时器复位	1:定时器在 PCLK 的下一个上升沿同步复位;0:定时器不复位	0
31:2	—	保留,用户软件不能向保留位写入 1	NA

```
TMR32B0TCR＝0x01;        /＊启动 32 位定时器 0＊/
TMR16B0TCR＝0x00;        /＊停止 16 位定时器 0＊/
```

3. 定时器/计数器(TMR32/16BnTC,n＝0,1)

当预分频器到达计数的上限时,32 位定时器加 1。如果 TC 在到达定时器上限之前没有复位,它将一直计数到 0xFFFFFFFF,然后翻转到 0x00000000。如果需要,则可用匹配寄存器检查溢出。

4. 预分频寄存器(TMR32/16BnPR,n＝0,1)

32 位预分频寄存器(PR)指定了预分频计数器的最大计数值。PR 可取值 0,1,2,…,N,…,定时器时钟频率＝$F_{PCLK}/(PR+1)$。

5. 预分频计数器寄存器(TMR32/16BnPC,n＝0,1)

预分频计数器来控制 pclk 的分频。这样可实现控制定时器分辨率和定时器溢出时间之间的关系。预分频计数器每个 pclk 周期加 1。当其到达预分频寄存器中保存的值时，定时器加 1，预分频计数器在下个 pclk 周期复位。这样，当 PR=0 时，定时器/计数器每个 pclk 周期加 1；当 PR=1 时，定时器/计数器每 2 个 pclk 周期加 1。

6. 匹配寄存器(TMR32/16BnMR0/1/2/3，n=0，1)

匹配寄存器的值连续与定时器/计数器(TC)的值相比较，当两个值相等时自动触发相应动作。这些动作包括产生中断、复位定时器或停止定时器。所执行的动作由下面的匹配控制寄存器来控制。

7. 匹配控制寄存器(TMR32/16BnMCR，n=0，1)

匹配控制寄存器用于控制在发生匹配时所执行的动作。匹配控制寄存器的位定义如表 10.5 所列。

表 10.5 匹配控制寄存器的位定义

位	功 能	描 述	复位值
0	MR0I	MR0 上的中断： 1：当 MR0 与 TC 值匹配时，产生中断；0：当 MR0 与 TC 值匹配时，不产生中断	0
1	MR0R	MR0 上的复位： 1：MR0 与 TC 值匹配时，定时器复位；0：MR0 与 TC 值匹配时，定时器不复位	0
2	MR0S	MR0 上的停止： 1：MR0 与 TC 匹配时，定时器停止计数；0：MR0 与 TC 匹配时，定时器不停止计数	0
3	MR1I	MR1 上的中断： 1：MR1 与 TC 中的值匹配时，产生中断；0：MR1 与 TC 中的值匹配时，不产生中断	0
4	MR1R	MR1 上的复位： 1：MR1 与 TC 值匹配时，定时器复位；0：MR1 与 TC 值匹配时，定时器不复位	0
5	MR1S	MR1 上的停止： 1：MR1 与 TC 匹配时，定时器停止计数；0：MR1 与 TC 匹配时，定时器不停止计数	0
6	MR2I	MR2 上的中断： 1：MR2 与 TC 中的值匹配时产生中断；1：MR2 与 TC 中的值匹配时不产生中断	0
7	MR2R	MR2 上的复位： 1：MR2 与 TC 值匹配时，定时器复位；0：MR2 与 TC 值匹配时，定时器不复位	0

续表 10.5

位	功 能	描 述	复位值
8	MR2S	MR2 上的停止： 1：MR2 与 TC 匹配时，定时器停止计数；0：MR2 与 TC 匹配时，定时器不停止计数	0
9	MR3I	MR3 上的中断： 1：MR3 与 TC 中的值匹配时产生中断；0：MR3 与 TC 中的值匹配时不产生中断	0
10	MR3R	MR3 上的复位： 1：MR3 与 TC 值匹配时，使定时器复位；0：MR3 与 TC 值匹配时，定时器不复位	0
11	MR3S	MR3 上的停止： 1：MR3 与 TC 匹配时，定时器停止计数；0：MR3 与 TC 匹配时，定时器不停止计数	0
31：12	—	保留，用户软件不能向保留位写入 1	NA

```
TMR32B0MCR=0x01;        /* MR0 与 TC 匹配时，定时器 0 产生中断 */
TMR32B0MCR=0x01 << 7;   /* MR2 与 TC 匹配时，定时器 0 复位 */
```

8. 捕获寄存器(TMR32/16BnCR0, n=0,1)

每个捕获寄存器都与一个或几个器件引脚相关联。当引脚发生特定的事件时，可将定时器的计数值装入该寄存器。捕获控制寄存器决定捕获功能是否使能，以及捕获事件是在引脚的上升沿、下降沿还是双边沿发生。

9. 捕获控制寄存器(TMR32/16BnCCR, n=0,1)

当发生捕获时，捕获控制寄存器决定捕获功能是否使能，以及捕获事件是在引脚的上升沿、下降沿还是双边沿发生，是否产生中断。捕获控制寄存器的位定义如表 10.6 所列。

表 10.6 捕获控制寄存器的位定义

位	功 能	描 述	复位值
0	CAP0RE	1：在引脚 CT32Bn_CAP0 输入上升沿时发生捕获，使 TC 的值装入 CR0； 0：无效	0
1	CAP0FE	1：在引脚 CT32Bn_CAP0 输入下降沿时发生捕获，使 TC 的值装入 CR0； 0：无效	0
2	CAP0I	1：TC 的值装入 CR0 时将产生一个中断； 0：无效	0
31：12	—	保留，用户软件不能向保留位写入 1	NA

TMR32B0CCR＝0x02；　　/＊32 位定时器 0 在引脚 CT32B0_CAP0 输入下降沿时发生捕获＊/

TMR32B1CCR＝0x04；　　/＊32 位定时器 1 在 TC 的值装入 CR0 时将产生一个中断＊/

10. 外部匹配寄存器(TMR32/16BnEMR,n＝0,1)

外部匹配寄存器控制外部匹配引脚 CAP32Bn_MAT[3:0]并提供外部匹配引脚的状态。如果匹配输出配置为 PWM 输出,则外部匹配寄存器的功能由 PWM 规则决定。外部匹配控制寄存器的位定义如表 10.7 所列。

表 10.7　外部匹配寄存器的位定义

位	符 号	描　述	复位值
0	EM0	外部匹配 0。 该位反映输出 CT32Bn_MAT0 的状态,不管该输出是否连接到此引脚。当 TC 与 MR0 发生匹配时,该位输出可翻转,输出低电平,高电平或不执行任何动作。位 EMR[5:4]控制该输出的功能	0
1	EM1	外部匹配 1。 该位反映输出 CT32Bn_MAT1 的状态,不管该输出是否连接到此引脚。当 TC 与 MR1 发生匹配时,该位输出可翻转,输出低电平、高电平或不执行任何动作。位 EMR[7:6]控制该输出的功能	0
2	EM2	外部匹配 2。 该位反映输出 CT32Bn_MAT2 的状态,不管该输出是否连接到此引脚。当 TC 与 MR2 发生匹配时,该位输出可翻转,输出低电平、高电平或不执行任何动作。位 EMR[9:8]控制该输出的功能	0
3	EM3	外部匹配 3。 该位反映输出 CT32Bn_MAT3 的状态,不管该输出是否连接到此引脚。当 TC 与 MR3 发生匹配时,该位输出可翻转,输出低电平、高电平或不执行任何动作。位 EMR[11:10]控制该输出的功能	0
5:4	EMC0	决定外部匹配 0 的功能,表 10.8 所列是这两位的编码	0
7:6	EMC1	决定外部匹配 1 的功能,表 10.8 所列是这两位的编码	0
9:8	EMC2	决定外部匹配 2 的功能,表 10.8 所列是这两位的编码	0
11:10	EMC3	决定外部匹配 3 的功能,表 10.8 所列是这两位的编码	0
15:12	—	保留,用户软件不能向保留位写 1	NA

表 10.8 外部匹配控制

EMR[5:4], EMR[7:6], EMR[9:8], EMR[11:10]	功 能
00	不执行任何操作
01	将对应的外部匹配输出设置为 0(如果连接到引脚,则输出低电平)
10	将对应的外部匹配输出设置为 1(如果连接到引脚,则输出高电平)
11	使对应的外部匹配输出翻转

```
TMR32B0EMR=0x11 << 4;   /* 当 32 位定时器 0 发生匹配时,外部匹配 0
                           输出翻转 */
TMR32B1EMR=0x10 << 6;   /* 当 32 位定时器 1 发生匹配时,外部匹配 1
                           输出高电平 */
TMR32B1EMR=0x00 << 8;   /* 当 32 位定时器 1 发生匹配时,外部匹配 2
                           输出保持不变 */
```

11. 计数控制寄存器(TMR32/16BnCTCR,n=0,1)

计数控制寄存器(CTCR)用来选择定时器模式和计数器模式。在计数器模式下,选择计数的引脚和边沿。

当选用计数器模式时,在 PCLK 时钟的每个上升沿对 CAP 输入(由 CTCR 位 3:2 选择)进行采样,把连续两次采样值进行比较之后,可以判断出 CAP 输入的是上升沿、下降沿、双边沿还是不变。只要识别的事件与 CTCR 寄存器位[1:0]选定的事件对应,则定时器/计数器寄存器 TC 将递增 1。

要有效地处理计数器的外部时钟源会有一些限制,由于需使用 PCLK 时钟的 2 个连续的上升沿才能确定 CAP 选择的输入的一个边沿,故 CAP 输入的频率不能超过 PCLK 时钟的一半。因此,相同 CAP 输入的高/低电平持续时间不应少于 1/(2×PCLK)。计数控制寄存器的位定义如表 10.9 所列。

表 10.9 计数控制寄存器的位定义

位	功 能	描 述	复位值
1:0	定时/计数模式选择	00:定时模式,TC 在每个 PCLK 每一个上升沿递增 1; 01:计数模式,TC 在位[3:2]选择的 CAP 的每一个上升沿时递增 1; 10:计数模式,TC 在位[3:2]选择的 CAP 的每一个下降沿时递增 1; 11:计数模式,TC 在位[3:2]选择的 CAP 的每一个双边沿时递增 1	00
3:2	捕获输入选择	若位[1:0]选择为计数模式,则位[3:2]选择使用哪个 CAP 引脚计数。 00:CT32Bn_CAP0;01、10、11:保留	00
31:4	—	保留,用户软件不能向保留位写入 1	NA

TMR32B0CTCR=0x01; /＊32 位定时器 0 工作在计数模式,TC 在 CAP 的上升沿时递增＊/

TMR32B0CTCR=0x02; /＊32 位定时器 0 工作在计数模式,TC 在 CAP 的下降沿时递增＊/

12. PWM 控制寄存器(TMR32 /16BnPWMC,n=0,1)

不管是 32 位定时器还是 16 位定时器,PWM 控制寄存器 PWMC 都用于将匹配输出配置为 PWM 输出。每个匹配输出都可独立地配置为 PWM 输出或匹配输出,而这些功能由外部匹配寄存器(EMR)来控制。

对于 32 位的 2 个定时器,可选择 MATn[2:0]这三个输出为单位边沿控制的 PWM 输出。另外一个匹配寄存器决定 PWM 周期长度。当在其他任何一个匹配寄存器中出现匹配时,PWM 输出设置为高电平。定时器通过配置为设定 PWM 周期长度的匹配寄存器来复位。当定时器被复位为 0 时,所有被配置为 PWM 输出的高电平匹配输出被清除。

32 位定时器的 PWM 控制寄存器 TMR32BnPWMC 的位定义如表 10.10 所列。

表 10.10　TMR32BnPWMC 的位定义

位	功 能	描 述	复位值
0	PWMEN0	1:使能 CT32Bn_MAT0 为 PWM 模式;0:CT32Bn_MAT0 受 EMC0 控制	00
1	PWMEN1	1:使能 CT32Bn_MAT1 为 PWM 模式;0:CT32Bn_MAT1 受 EMC1 控制	00
2	PWMEN2	1:使能 CT32Bn_MAT2 为 PWM 模式;0:CT32Bn_MAT2 受 EMC2 控制	00
3	PWMEN3	1:使能 CT32Bn_MAT3 为 PWM 模式;0:CT32Bn_MAT3 受 EMC3 控制。 注:建议使能 MAT3 设置 PWM 周期	00
31:4	—	保留,用户软件不能向保留位写 1	NA

TMR32B1PWMC=0x01 << 3; /＊使能 CT32B1_MAT3 为 PWM 模式＊/

对于 16 位定时器 0 来说,3 个外部匹配引脚 CT16B0_MAT[2:0]输出都可以被选择为单边沿控制 PWM 输出;而对于 16 位定时器 1 来说,只有 2 个外部匹配引脚 CT16B1_MAT[1:0]输出可以被选择为单边沿控制 PWM 输出。另外一个匹配寄存器用来决定 PWM 周期的长度。当任意一个匹配寄存器发生匹配时,PWM 输出配置为高电平,定时器通过那个被配置为 PWM 输出的周期长度的匹配寄存器来复位。当定时器被复位为 0 时,所有被配置为 PWM 输出的高电平匹配被清除。16 位定时器的 PWM 控制寄存器 TMR16BnPWMC 的位定义如表 10.11 所列。

13. 单边沿控制的 PWM 输出规则

① 在 PWM 周期开始时,所有单边沿控制的 PWM 输出都变为低电平(定时器置为 0),除非它们的匹配值等于 0。

表 10.11　TMR16BnPWMC 的位定义

位	符　号	描　述	复位值
0	PWMEN0	PWM 通道 0 使能。 1:允许 CT16Bn_MAT0 使用 PWM 模式;0:CT16Bn_MAT0 被 EM0 控制	00
1	PWMEN1	PWM 通道 1 使能。 1:允许 CT16Bn_MAT1 使用 PWM 模式;0:CT16Bn_MAT1 被 EM1 控制	00
2	PWMEN2	PWM 通道 2 使能。 1:允许通道 2 或引脚 CT16B0_MAT2 使用 PWM 模式;0:通道 2 或 CT16B0_MAT2 被 EM2 控制。 在定时器 1 上,匹配通道 2 没有与引脚相连	00
3	PWMEN3	PWM 通道 3 使能。 1:允许通道 3 使用 PWM 模式;0:匹配通道 3 被 EM3 控制。 注:建议 MAT3 设置 PWM 周期	00
31:4	—	保留,用户软件不能向保留位写 1	NA

② 当每个 PWM 输出和匹配值相等时,PWM 输出都将变为高电平。如果没有发生匹配,则 PWM 输出将继续保持低电平。

③ 如果匹配值大于 PWM 周期的值,且 PWM 信号为高电平,则 PWM 信号将在下一个 PWM 周期开始时被清零。

④ 如果匹配值与定时器复位值(PWM 周期)相同,则当定时器达到匹配值后,PWM 输出将在下一个时钟节拍复位到低电平。因此,PWM 输出总是包含一个时钟节拍宽度的正脉冲,周期由 PWM 周期即定时器重载入值决定。

⑤ 如果匹配寄存器的值设置为 0,则 PWM 输出将在定时器第一次返回 0 时变为高电平,并继续保持高电平。

10.1.5　LPC1100 定时器中断设置方法

基于 Cortex-M0 的 LPC1100 系列的定时器可发生捕获中断和匹配中断。

1. 匹配中断

定时器计数溢出不会产生中断,但当匹配时可以产生中断。每个定时器都具有 4 个匹配寄存器(MR0～MR3),可以用来存放匹配值,当定时器的当前计数值 TC 等于匹配值 MR 时,就可以产生中断。由寄存器 BnMCR 控制匹配中断的使能。以定时器 0 为例,定时器匹配控制寄存器 B0MCR 用来使能定时器的匹配中断。

当 B0TC＝B0MR0 时,发生匹配事件 0,若 B0MCR[0]＝1,则中断标志位 T0IR[0]置位;

当 B0TC＝B0MR1 时,发生匹配事件 1,若 B0MCR[3]＝1,则中断标志位 T0IR[1]置位;

当 B0TC＝B0MR2 时，发生匹配事件 2，若 B0MCR[6]＝1，则中断标志位 T0IR[2]置位；

当 B0TC＝B0MR3 时，发生匹配事件 3，若 B0MCR[9]＝1，则中断标志位 T0IR[3]置位。

2. 捕获中断

当定时器的捕获引脚 CAP 上出现有效信号时，会发生捕获事件，也可以产生中断。下面以捕获 CAP0 为例进行介绍。

捕获控制寄存器 B0CCR 用来设置定时器的捕获功能，包括捕获信号和中断使能。

若 B0CCR[0]＝1，则当捕获引脚 CAP0 上出现“上升沿”信号时，发生捕获事件；若 T0CCR[2]＝1，则捕获中断使能。

若 B0CCR[1]＝1，则当捕获引脚 CAP0 上出现“下降沿”信号时，发生捕获事件；若 T0CCR[2]＝1，则捕获中断使能。

10.1.6 LPC1100 定时器初始化模块

16 位定时器与 32 位定时器的相关寄存器的位定义相同，操作方式也相同。下面以 32 位定时器为例进行介绍。定时器在进行任何操作之前都要进行初始化，根据定时器的功能，包括定时器捕获功能初始化和定时器匹配功能初始化。下面以具体示例讲解各初始化程序。

【例 10-1】 32 位定时器 0 初始化，输出频率为 5 Hz 的方波。

分析：根据题目要求，在引脚输出一定频率的方波，使用定时器的匹配功能可以实现。可设置匹配寄存器 MR1，当匹配发生后则复位 TC，并且利用定时器的匹配输出翻转功能使 MAT1 输出电平翻转，这样会产生占空比为 50 %的方波，即输出一个固定频率的方波。

输出引脚在方波的半周期输出翻转一次，即 0.1 s 翻转一次，可根据频率计算公式进行计算：

$$\text{输出频率} = \frac{F_{PCLK}}{2 \times MR \times (PR + 1)}$$

式中 F_{PCLK}——外设时钟频率；

MR——匹配寄存器的值。

设输出频率为 5 Hz，PR 设为 0，代入上式计算得到 MR 的值为 $F_{PCLK}/10$。

程序清单 10.1 定时器 0 匹配输出初始化

```
#define  FPCLK   12000000
void T0Init (void)
{
    SYSAHBCLKCTRL |= (1 << 9);          /* 打开定时器 0 模块时钟 */
```

```
    IOCON_PIO1_7 = 0x03;                  /* P1.7 设置成匹配引脚 CT32B0_MAT1 */
    TMR32B0PR = 0;                        /* 设置时钟不分频 */
    TMR32B0MCR = 0x10;                    /* 设置 MR1 匹配后复位 TC */
    TMR32B0EMR = (0x03 << 6);             /* MR1 匹配后 MAT1 输出翻转 */
    TMR32B0MR1 = FPCLK / 10;              /* 0.1 s 输出翻转一次 */
    TMR32B0TCR = 0x01;                    /* 启动定时器 0 */
}
```

【例 10-2】 32 位定时器 1 捕获功能初始化，要求定时器时钟为外设时钟的 100 分频，在 CAP0 上升沿捕获。

分析：使能定时器 1 的捕获通道，然后启动 T1，当捕获事件产生时即自动把定时器的当前值装载到了 TMR32B1CR0 寄存器中。

程序清单 10.2 定时器 1 捕获功能初始化

```
void T1Init (void)
{
    SYSAHBCLKCTRL |= (1 << 10);           /* 打开定时器 1 模块 */
    IOCON_R_PIO1_0 = 0x03;                /* P1.0 设置成捕获引脚 CT32B1_CAP0 */
    TMR32B1PR = 99;                       /* 进行 100 分频 */
    TMR32B1CCR = 0x01;                    /* 设置 CAP0 上升沿捕获 */
    TMR32B1TC = 0;                        /* 设置 TC 初值为 0 */
    TMR32B1TCR = 0x01;                    /* 启动定时器 1 */
}
```

【例 10-3】 32 位定时器 1 定时初始化，定时时间为 0.5 s，当匹配后复位定时器并产生中断。

分析：根据题目要求，使用匹配功能实现定时 0.5 s，TMR32B1MR0 匹配后复位定时器并产生中断标志，若设置 T1 的时钟 2 分频，则 PR=1。根据定时时间计算公式进行计算：

$$\text{定时时间} = \frac{MR \times (PR + 1)}{F_{PCLK}}$$

设定时时间为 0.5 s，PR=1，计算出 MR 匹配值为 $F_{PCLK}/4$。

每个定时器都具有 4 个匹配寄存器（MR0～MR3），可以用来存放匹配值，这里我们使用 MR0，当定时器的当前计数值 TC 等于匹配值 MR 时，就会复位定时器并产生中断。由寄存器 MCR 控制匹配复位和中断的使能。

程序清单 10.3 定时器 1 定时中断初始化

```
#define  FPCLK   12000000
void T1Init (void)
{
    SYSAHBCLKCTRL |= (1 << 10);               /* 使能定时器 1 模块时钟 */
    IOCON_R_PIO1_1 = 0x03;                    /* P1.1 设置为匹配引脚 CT32B1_MAT0 */
```

```
    TMR32B1IR = 1;                          /* 清除中断标志位 */
    TMR32B1PR = 1;                          /* 设置时钟 2 分频 */
    TMR32B1MCR = 0x03;                      /* 设置 MR0 匹配后复位 TC 并产生中断 */
    TMR32B1MR0 = FPCLK /4;                  /* 设置定时时间为 0.5 s */
    TMR32B1TCR = 0x01;                      /* 启动定时器 1 */
}
```

【例 10-4】 利用定时器实现延时。

程序清单 10.4 定时器 0 实现延时

```
#define  FPCLK   12000000
void T0delay32Ms(uint32 delayMs)
{
    TMR32B0TCR = 0x02;                      /* 复位定时器 0 */
    TMR32B0PR = 0;                          /* 时钟不分频 */
    TMR32B0MR0 = delayMs * (FPCLK/1000);    /* 定时时间为 delayMs * 1 ms */
    TMR32B0IR = 0xff;                       /* 复位所有中断 */
    TMR32B0MCR = 0x04;                      /* 设置当时间到,定时器 0 停止计数 */
    TMR32B0TCR = 0x01;                      /* 启动定时器 0 */
    while (TMR32B0TCR & 0x01);              /* 若定时时间到,停止计数,TCR = 0 */
}
```

10.1.7 LPC1100 定时器应用程序设计

1. 任务描述

利用 LPC1114 芯片编程实现 PIO1_8 连接的 LED 每 50 ms 闪烁一次。

图 10.1 是 LED 电路原理图。

2. 任务分析

将 PIO1_8 设置为输出,使用 32 位定时器 0,设置为匹配功能,使用匹配寄存器 MR0,当 1 ms 时发生匹配,匹配次数满 50 次为 50 ms,改变一次 LED 状态。

3. C 语言程序清单

```
#include  "LPC11xx.h"
#include  "timer32.h"
#include  "gpio.h"
uint32_t  timer32_0_counter;                /* 定时计数值 */
#define  FPCLK  12000000UL
#define  TIME_VAL   (FPCLK/1000)            /* 匹配值 */
/****************************************************************
** 函数名: TIMER32_0_IRQHandler
** 描述:   32 位定时器 0 中断服务函数,每 10 ms 进入一次中断
```

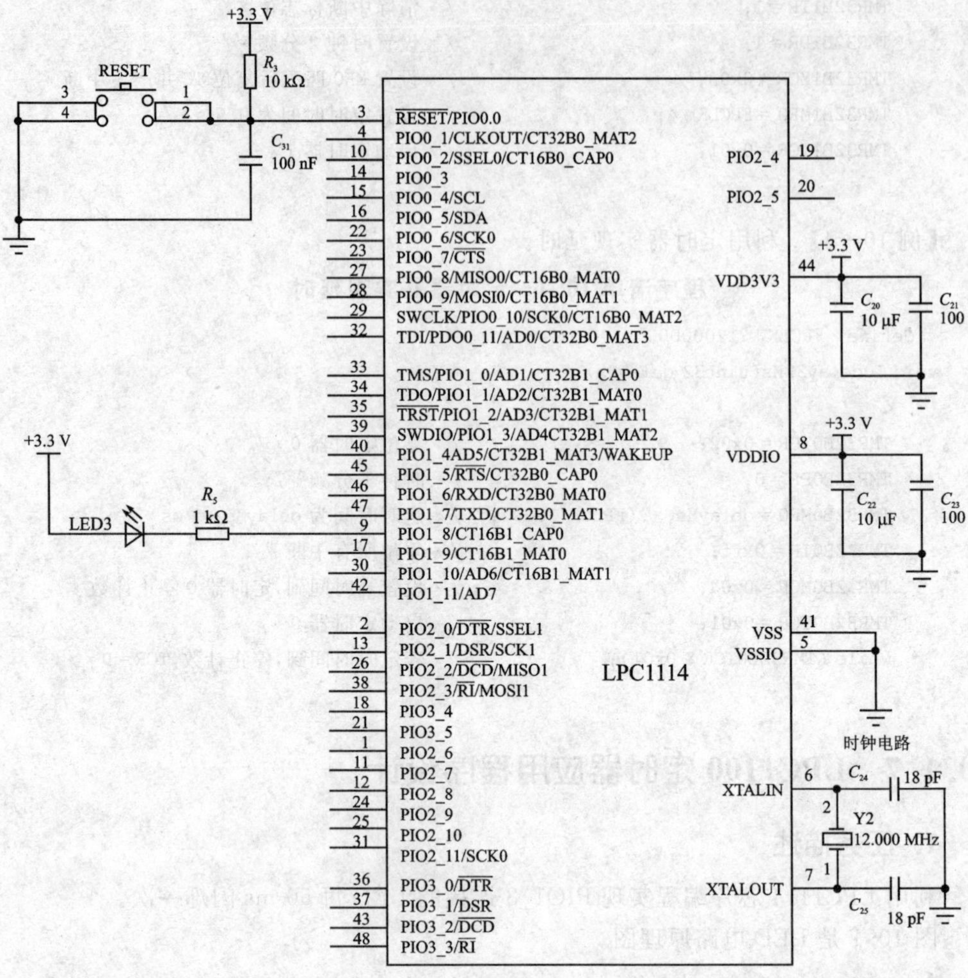

图 10.1 LED 电路原理图

```
**  参数：  无
**  返回值：无
*************************************************************/
void TIMER32_0_IRQHandler(void)
{
    LPC_TMR32B0->IR = 1;                       /*清除中断标志位*/
    timer32_0_counter++;                       /*软件计数器加1*/
    return;
}
/*************************************************************
**  函数名：enable_timer32
**  描述：   启动定时器
```

```
* *  参数：  定时器 0 或定时器 1
* *  返回值：无
*******************************************************/
void enable_timer32(uint8_t timer_num)
{
  if (timer_num == 0)
  {
    LPC_TMR32B0->TCR = 1;                    /* 启动 32 位定时器 0 */
  }
  else
  {
    LPC_TMR32B1->TCR = 1;                    /* 启动 32 位定时器 1 */
  }
  return;
}
/*******************************************************
* *  函数名：init_timer032
* *  描述：  初始化 32 位定时器 0,设置定时器间隔,复位定时器,设置定时器中断
* *  参数：  定时时间
* *  返回值：无
*******************************************************/
void init_timer032(uint32_t TimerInterval)
{
    LPC_SYSCON->SYSAHBCLKCTRL |= (1 << 9);  /* 使能定时器时钟 */
    LPC_IOCON->PIO1_6 &= ~0x07;             /* 设置 PIO1_6 为 Timer0_32 MAT0 功能 */
    LPC_IOCON->PIO1_6 |= 0x02;
    timer32_0_counter = 0;                  /* 软件计数值初始化为 0 */
    LPC_TMR32B0->MR0 = TimerInterval;       /* 赋匹配值 */
    LPC_TMR32B0->MCR = 3;                   /* 当匹配发生后,MR0 中断并复位 */
    NVIC_EnableIRQ(TIMER_32_0_IRQn);        /* 使能 TIMER0 中断 */
    return;
}
/*******************************************************
* *  函数名：  main()
* *  描述：    主程序
* *  入口参数：无
* *  返回值：  无
*******************************************************/
int main (void)
{
    SystemInit();
    init_timer032(TIME_VAL);               /* 使用 32 位 T0 定时器,定时初值为 1 ms */
```

```
    enable_timer32(0);                               /*启动 32 位 T0 定时器*/
    LPC_SYSCON->SYSAHBCLKCTRL |= (1 << 6);           /*使能 GPIO 时钟*/
    GPIOSetDir(PORT1, 8, 1);                         /*设置 PIO1_8 口为输出*/
    while (1)
    {
        if ((timer32_0_counter > 0) && (timer32_0_counter <= 50))
                                                     /*每 1ms timer32_0_counter 加 1*/
        {
            GPIOSetValue(1,8, 0);                    /*LED 亮 50 ms*/
        }
        if((timer32_0_counter > 50) && (timer32_0_counter <= 100))
        {
            GPIOSetValue(1, 8, 1);                   /*LED 灭 50 ms*/
        }
        else if (timer32_0_counter > 100)            /*大于 100 ms,timer32_0_counter 清
                                                       零重新计数*/
        {
            timer32_0_counter = 0;
        }
    }
}
```

备注:在程序中用到的以下变量在 LPC11xx.h 中定义的寄存器别名如下:

LPC_TMR32B0->MR0——TMR32B0MR0 寄存器

LPC_TMR32B0->TCR——TMR32B0TCR 寄存器

LPC_TMR32B0->MCR——TMR32B0MCR 寄存器

LPC_TMR32B0->IR——TMR32B0IR 寄存器

4. 操作步骤

① 在 Keil 软件中建立新工程,选择芯片,新建程序文件,把程序文件加载到工程。

② 把计算机和目标板通过 USB 接口线连接起来。

③ 编译成功后,可以在线调试,单步运行;或者下载.HEX 到目标板。

④ 观察 LED。

10.2 SysTick 定时器

10.2.1 概 述

SysTick 定时器又叫系统时钟定时器,它是 ARM Coretx - M0 核的一部分,

SysTick定时器的作用是产生 10 ms 中断,供操作系统或其他系统管理软件使用。

SysTick 定时器是 24 位定时器,使用专门的异常向量,由一个专门的内部系统提供时钟,该时钟是 ARM 核时钟。它为基于 Crotex-M0 的处理器提供一个标准的计时器,有助于软件的移植。为操作系统或其他系统管理软件提供固定 10 ms 的中断。软件可使用它测量时间(如:完成任务所需的时间、已使用的时间等)。

SysTick 定时器倒计时到零,就会产生一个中断,这样可以提供一个固定的 10 ms间隔中断。SysTick 定时器的时钟来自 CPU 时钟,是 CPU 时钟的一半。为了连续产生特定时间间隔的中断,需要设置相关寄存器 SYST_RVR 进行正确的初始化。

SysTick 定时器结构如图 10.2 所示。

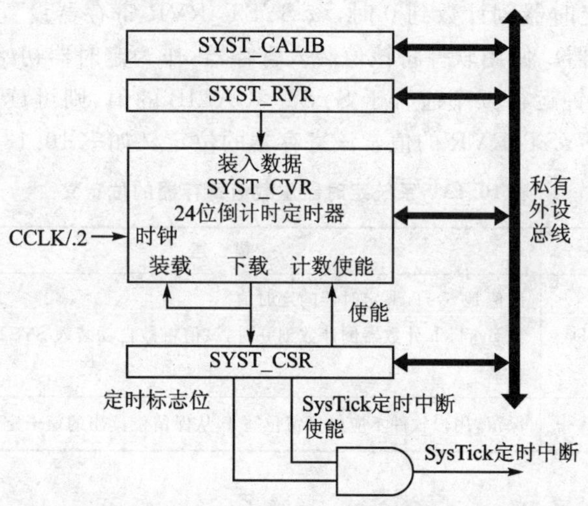

图 10.2 SysTick 定时器结构

10.2.2 相关寄存器

1. 系统定时器控制和状态寄存器(SYST_CSR - 0xE000 E010)

SYST_CSR 寄存器包含 SysTick 定时器的控制信息,并提供一个状态标志。该寄存器的位定义如表 10.12 所列。

表 10.12 系统定时器控制和状态寄存器的位定义

位	符 号	描 述	复位值
0	ENABLE	SysTick 计数器使能。为 1 时,计数器使能;为 0 时,计数器禁止	0
1	TICKINT	SysTick 中断使能。为 1 时,SysTick 中断使能;为 0 时,SysTick 中断禁止。使能时,在 SysTick 计数器倒计数到 0 时产生中断	0
2	CLKSOURCE	选择 SysTick 定时器的时钟源。 该位为 1 时,使用外部时钟;当该位为 0 时,使用 CPU 时钟。 但是注意,外部时钟不被使用,这位为 1,写入 0 无效	1

续表 10.12

位	符 号	描 述	复位值
15:3	—	保留,用户软件不应向保留位写 1,从保留位读出的值未定义	NA
16	COUNTFLAG	SysTick 计数器标志。当 SysTick 计数器倒计数到 0 时该标志置位,读取该寄存器时该标志清零	0
31:17	—	保留,用户软件不应向保留位写 1,从保留位读出的值未定义	NA

2. 系统定时器重载值寄存器(SYST_RVR)

当 SysTick 定时器倒计数到 0 时,该 SYST_RVR 寄存器设置的值将被加载到 SYST_CVR 寄存器。使用软件将该值装入寄存器,作为定时器初始化的一部分。如果 CPU 或外部时钟运行频率适合于 SYST_ CALIB 的值,则可读取 SYST_CALIB 寄存器的值用做 SYST_RVR 的值。该寄存器的位定义如表 10.13 所列。

表 10.13　系统定时器重载值寄存器的位定义

位	符 号	描 述	复位值
23:0	RELOAD	该值是 SysTick 定时器的定时值。 当 SysTick 计数器倒计数到 0 时,该值将被自动装入 SYST_CVR 寄存器	0
31:24	—	保留,用户软件不应向保留位写 1,从保留位读出的值未定义	NA

3. 系统定时器当前值寄存器(SYST_CVR)

SYST_CVR 寄存器保存 SysTick 计数器的当前计数值。该寄存器的位定义如表 10.14 所列。

表 10.14　系统定时器当前值寄存器的位定义

位	符 号	描 述	复位值
23:0	CURRENT	读该寄存器会返回 SysTick 计数器的当前值。 写任意值都会清除 SysTick 计数器和清除 SysTick 定时器标志位(COUNTFLAG)	0
31:24	—	保留,用户软件不应向保留位写 1,从保留位读出的值未定义	NA

4. 系统定时器校准值寄存器(SYST_CALIB)

该寄存器显示 SysTick 定时器校准性能,如果校准值不详,则计算校准值取决于 CPU 时钟或外部时钟频率。其位定义如表 10.15 所列。

表 10.15 系统定时器校准值寄存器的位定义

位	符 号	描 述	复位值
23:0	TENMS	该位为 0，表示校准值未知	待定
29:24	—	保留，用户软件不应向保留位写 1。从保留位读出的值未定义	NA
30	SKEW	该位为 1，由于 TENMS 未知，10 ms 的校准值也未知。这将影响 SysTick 定时器作为一个软件实时时钟	0
31	NOREF	该位为 1，表示没有提供单独的参考时钟	0

10.2.3 SysTick 定时器中断

LPC1100 系列内部的 SysTick 定时器是一个 24 位倒计时器，当计数值倒计时到 0 时会产生中断。

SysTick 定时器的异常号为 15，当发生中断时，处理器将自动从向量表中找到 SysTick 定时器中断的入口地址，PC 指针会跳转到该地址执行中断服务程序。SysTick 定时器中断设置如下：

① 设置 SYST_RVR 寄存器的值，装入定时值。

② 设置 SYST_CVR 寄存器的值，写入任意值都将清零该寄存器，确保定时器允许时，定时器从 SYST_RVR 寄存器的值开始计数。

③ 设置 SYST_CSR 寄存器的值，将该寄存器的 ENABLE 位置 1，允许定时；将该寄存器的 TICKINT 位置 1，允许中断。

④ 当定时器倒计时到 0（寄存器 SYST_CVR[23:0]=0）时，触发中断，中断标志位（SYST_CSR 寄存器的 COUNTFLAG 位）置 1。处理器进入 SysTick 定时器的中断服务程序中。

⑤ 在中断服务程序中，读 SYST_CSR 寄存器的 COUNTFLAG 位会清除该中断标志位。

10.2.4 SysTick 定时计算

定时时间 t 计算公式：

$$\text{RELOAD} = F_{\text{CCLK}} \times t - 1$$

式中，RELOAD 是寄存器 SYST_RVR[23:0]的值，F_{CCLK} 是 CPU 时钟频率。

SysTick 定时器的重载计数值与 CPU 时钟频率有关，不同的 CPU 时钟频率，定时时间相同，重载计数值不同。通常 SysTick 定时器定时时间为 10 ms。

下面举例说明。例子中计算的 SysTick 定时器的定时时间都是 10 ms，因为 SysTick 定时器通常都这样使用，无舍入错误。

【例 10-5】 已知 CPU 时钟频率为 50 MHz，求重载值。如果 CPU 时钟频率为 40 MHz，重载值又是多少？

解:当 CPU 时钟频率为 50 MHz 时,重载值为

RELOAD＝(F_{CCLK}×10 ms)－1＝(50 MHz×10 ms)－1＝499 999＝0x0007A11F

当 CPU 时钟频率为 40 MHz 时,重载值为

RELOAD＝(F_{CCLK}×10 ms)－1＝(40 MHz×10 ms)－1＝399 999＝0x00061A7F

10.3 看门狗定时器(WDT)

10.3.1 什么是看门狗定时器

1. 看门狗的概念

嵌入式芯片的工作常常会受到来自外界电磁场的干扰,造成程序的跑飞,而陷入死循环,程序的正常运行被打断。由嵌入式芯片控制的系统无法继续工作,会造成整个系统陷入停滞状态,发生不可预料的后果,所以出于对嵌入式芯片运行状态进行实时监测的考虑,便产生了一种专门用于监测嵌入式芯片程序运行状态的芯片,俗称"看门狗"。

看门狗又叫 Watchdog Timer,简称 WDT。看门狗是一个定时器电路,一般有一个输入,叫喂狗(kicking the dog 或 service the dog);一个输出到 MCU 的 RST 端。MCU 正常工作时,每隔一段时间输出一个信号到喂狗端,给 WDT 清零。如果超过规定的时间不喂狗(一般在程序跑飞时),WDT 定时超过,就会给出一个复位信号到 MCU,使 MCU 复位,防止 MCU 死机。看门狗的作用就是防止程序发生死循环,或者说程序跑飞。

2. 看门狗的工作原理

在系统运行以后也就启动了看门狗的计数器,看门狗就开始自动计数,如果到了一定的时间还不去清看门狗,那么看门狗计数器就会溢出从而引起看门狗中断,造成系统复位。所以在使用有看门狗的芯片时要注意清零看门狗。必须清楚看门狗的溢出时间以决定在合适的时候,清零看门狗。清零看门狗也不能太过频繁,否则会造成资源浪费。程序正常运行时,软件每隔一定的时间(小于定时器的溢出周期)给定时器置数,即可预防溢出中断而引起的误复位。

3. 看门狗的分类

看门狗包括硬件看门狗和软件看门狗。有些嵌入式芯片内部有 WDT;有些内部没有 WDT,则使用软件看门狗实现。

硬件看门狗是由硬件电路实现的,利用了看门狗定时器来监控主程序的运行,也就是说在主程序的运行过程中,要在定时时间到之前对定时器进行复位。如果出现死循环,那么定时时间到后就会使嵌入式芯片复位。

软件看门狗的原理和硬件看门狗的原理类似，只不过是用编写程序的方法实现的。给定时器设定一定的定时时间，在主程序中对其进行复位，如果不能在一定的时间里对其进行复位，那么定时器的定时中断就会使嵌入式芯片复位。

4. 看门狗的应用

看门狗是恢复系统的正常运行及有效监视的管理器，具有锁定光驱、锁定任何指定程序的作用，可用在家庭中防止小孩无节制地玩游戏、上网等，具有很好的应用价值。

10.3.2 LPC1100 看门狗定时器简介

1. 特　点

LPC1100 内部有看门狗，使微控制器在进入错误状态后的一定时间内复位。当看门狗使能时，如果用户程序没有在溢出周期内喂狗（给看门狗定时器重装定时值），则看门狗会产生一个可选的溢出动作。

看门狗定时器包括一个 4 分频器和一个 32 位计数器。时钟通过 4 分频器输入到定时器，定时器递减计时。计数器的最小值为 0xFF。如果设置一个小于 0xFF 的值，则默认将 0xFF 装载到计数器。因此看门狗定时器的最小间隔为 $T_{WDCLK}\times256\times4$，最大间隔为 $T_{WDCLK}\times2^{32}\times4$，两者都是 $T_{WDCLK}\times4$ 的倍数。

2. 时　钟

看门狗定时器使用两个时钟：PCLK 和 WDCLK。PCLK 由 CPU 时钟生成，供 APB（外设总线）访问看门狗寄存器使用。WDCLK 由看门狗时钟 wdt_clk 生成，供看门狗定时器计数使用，频率范围为 7.8 kHz～1.8 MHz。有些时钟可用做 wdt_clk 的时钟源，它们分别是：IRC（内部振荡器）、看门狗振荡器以及主时钟（外部时钟）。时钟源在系统终端模块中选择。WDCLK 有自己的时钟分频器，该时钟分频器也可将 WDCLK 禁止。这两个时钟域之间有同步逻辑。当 WDMOD 和 WDTC 寄存器通过 APB 操作更新时，新的值将在 WDCLK 时钟域逻辑的 3 个 WDCLK 周期后生效。当看门狗定时器在 WDCLK 频率下运行时，同步逻辑会先锁存 WDCLK 上计数器的值，然后使其与 PCLK 同步，再作为 WDTV 寄存器的值，供 CPU 读取。

如果不使用看门狗振荡器，则可在 PDRUNCFG 寄存器中将其关闭。为了节能，可在 AHBCLKCRTL 寄存器中禁止看门狗寄存器模块的时钟（PCLK）。

3. 结　构

看门狗的结构方框图如图 10.3 所示。

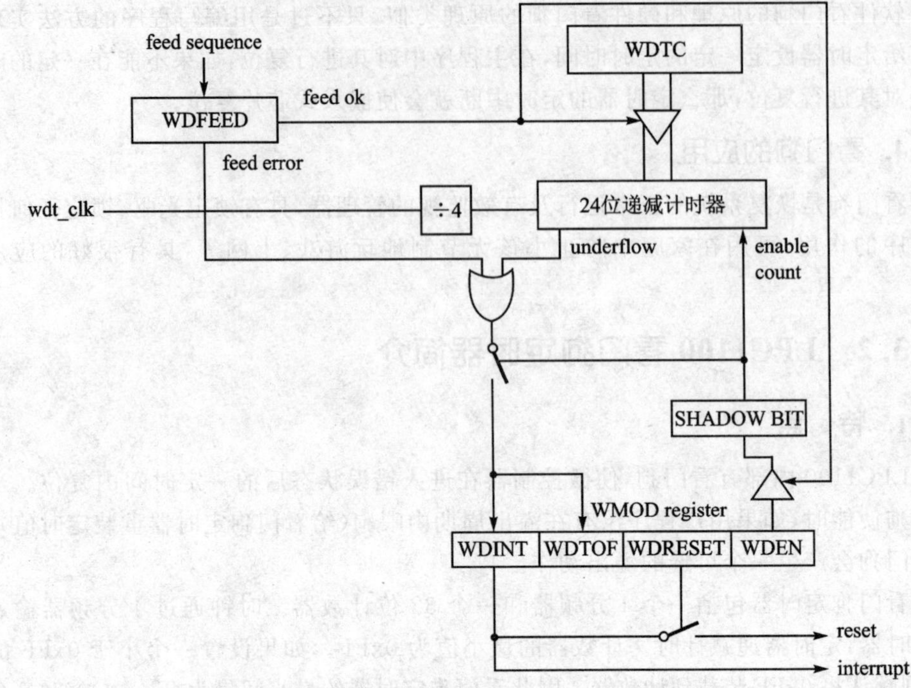

图 10.3 看门狗结构的方框图

10.3.3 相关寄存器

LPC1100 看门狗相关寄存器包括 7 个寄存器：WDMOD、WDTC、WDFEE、DWDTV、WDTCLKSEL、WDTCLKUEN、WDTCLKDIV。下面分别详细介绍。

1. 看门狗模式寄存器(WDMOD-0x4000 4000)

WDMOD 寄存器通过 WDEN 和 RESET 位的组合来控制看门的操作。注意在 WDMOD 寄存器发生任何改变生效之前，必须执行一次喂狗操作。该寄存器的位定义如表 10.16 所列。

表 10.16 看门狗模式寄存器的位定义

位	符 号	描 述	复位值
0	WDEN	看门狗使能位，该位只能写。 1：看门狗运行；0：看门狗被停止	0
1	WDRESET	看门狗复位允许，该位只能写。 1：看门狗下溢时会引起芯片复位；0：看门狗下溢时不会引起芯片复位	0
2	WDTOF	看门狗下溢标志位。看门狗定时器下溢时置位，由软件清零。 当 WDRESET＝1 时，芯片复位	0

续表 10.16

位	符　号	描　述	复位值
3	WDINT	看门狗中断标志，只读位，不能被软件清零	0
7:4	—	保留，用户软件不应向保留位写 1。从保留位读出的值未定义	NA
31:8	—	保留	—

WDMOD＝0x02；　　　　/＊设置看门狗溢出时，产生复位＊/

一旦 WDEN 和 WDRESET 中的任何一位被置位，都不能使用软件清零。这两个标志通过复位或看门狗定时器下溢清零。

WDTOF：看门狗定时器下溢时，该标志置位。该标志可通过软件清零，上电复位或掉电检测复位时也可清零。

WDINT：当看门狗下溢时，该标志置位。该标志仅能通过复位来清零。只要看门狗中断被响应，就可以在 NVIC 中禁止或不停地产生看门狗中断请求。看门狗中断的作用就是在看门狗处于活动状态下允许调试，在看门狗下溢时不复位设备。

在看门狗运行时可随时产生看门狗复位或中断。每个时钟源都可以在睡眠模式下运行。如果在睡眠模式下产生看门狗中断，那么看门狗中断会唤醒处理器。

选择看门狗工作模式与上述寄存器 WDMOD 的位 1、位 2 有关，如表 10.17 所列。

表 10.17　看门狗工作模式选择

WDEN	WDRESET	描　述
0	×(0 或 1)	调试/操作模式，看门狗被禁用
1	0	看门狗中断模式：带看门狗中断的调试，但不允许看门狗复位。 当选择这种模式时，看门狗计数器向下溢出时会置位 WDINT 标志，并产生看门狗中断请求
1	1	看门狗复位模式：带看门狗中断和看门狗复位的操作。 当选择这种模式时，看门狗计数器向下溢出会使微控制器复位。虽然允许看门狗中断(WDEN＝1)，但不会被响应，因为看门狗复位将会清零 WDINT 标志，所以无法判断出看门狗中断

2. 看门狗定时器常数寄存器(WDTC－0x4000 4004)

WDTC 寄存器决定看门狗定时器的超时时间。喂狗时，WDTC 的内容就会被装入看门狗定时器。它是一个 32 位寄存器，低 8 位在复位时置 1。写入一个小于 0xFF 的值会默认将 0xFF 装入 WDTC。因此，超时的最小下溢时间为 $T_{WDCLK} \times 256 \times 4$。该寄存器的位定义如表 10.18 所列。

表 10.18　看门狗定时器常数寄存器的位定义

位	符　号	描　述	复位值
23:0	Count	设置看门狗超出时间	0xFF
31:24	—	保留。读取该位无定义，只可对该位写入 0	NA

3. 看门狗喂狗寄存器(WDFEED－0x4000 4008)

向该寄存器写 0xAA，然后写入 0x55，会把 WDTC 的值重新装入看门狗定时器中。如果看门狗已通过 WDMOD 寄存器使能，那么该操作也会启动看门狗。将 WDMOD 寄存器中的 WDEN 位置位后并不足以启动看门狗，还必须完成一次有效的喂狗操作，看门狗才能产生复位。在看门狗真正启动前，看门狗将忽略喂狗错误。向 WDFEED 写入 0xAA 之后，必须紧跟着向 WDFEED 写入 0x55，否则如果看门狗被允许，则访问任一看门狗寄存器的操作，会立即产生看门狗复位或中断。在喂狗期间，错误地访问了看门狗寄存器，会在第二个 PCLK 周期产生复位。

在喂狗时序期间禁止中断。如果在喂狗期间发生中断，则会产生一个中止条件。

看门狗喂狗寄存器的位定义如表 10.19 所列。

表 10.19　看门狗喂狗寄存器的位定义

位	符　号	描　述	复位值
7:0	Feed	先写入 0xAA，再写入 0x55	NA
31:8	—	保留	—

```
WDFEED＝0xAA;                    /＊喂狗＊/
WDFEED＝0x55;
```

注意：写入寄存器必须先写入 0xAA，再写入 0x55，顺序不能颠倒。

4. 看门狗定时器值寄存器(WDTV－0x4000 400C)

WDTV 寄存器用于读取和保存看门狗定时器的当前值。

当读取 32 位定时器的值时，锁定和同步过程需要占用 6 个 WDCLK 周期加上 6 个 PCLK 周期，因此，WDTV 的值比定时器的实际值要"旧"。该寄存器的位定义如表 10.20 所列。

表 10.20　看门狗定时器值寄存器的位定义

位	符　号	描　述	复位值
23:0	Count	定时器当前计数值	0xFF
31:24	—	保留	—

5. 看门狗时钟源选择寄存器(WDTCLKSEL－0x4004 80D0)

该寄存器用来选择看门狗时钟源，当 WDTCLKUEN 寄存器位 0 由 0 变为 1 时，WDTCLKSEL 寄存器更新时钟源才有效。该寄存器的位定义如表 10.21 所列。

表 10.21　看门狗时钟源选择寄存器的位定义

位	符　号	描　述	复位值
1:0	SEL	看门狗选择时钟源。 00:IRC 振荡器作为时钟源；01:主时钟作为时钟源。 10:看门狗振荡器作为时钟源；11:保留	0x00
31:2	—	保留	0x00

```
WDTCLKSEL＝0x00;                    /* WDT 选择 IRC 作为时钟源 */
```

6. 看门狗时钟源更新使能寄存器(WDTCLKUEN－0x4004 80D4)

在写 WDTCLKSEL 寄存器之后，该寄存器允许使用新的输入时钟源来更新看门狗定时器的时钟源。为了使更新有效，必须先往 WDTCLKUEN 寄存器中写 0，之后再写 1。

当切换时钟源时，在时钟源被更新之前，两个时钟都要在运行。该寄存器的位定义如表 10.22 所列。

表 10.22　看门狗时钟源更新使能寄存器的位定义

位	符　号	描　述	复位值
0	ENA	允许 WDT 时钟源更新。 0:无变化；1:更新时钟源	0
31:1	—	保留	0x00

7. 看门狗时钟分频器定时器(WDTCLKDIV－0x4004 80D8)

该寄存器决定了看门狗时钟 wdt_clk 分频器的值。该寄存器的位定义如表 10.23 所列。

表 10.23　看门狗时钟分频器定时器的位定义

位	符　号	描　述	复位值
7::0	DIV	WDT 时钟分频值。 0:关闭 WDCLK； 1:分频值为 1； ⋮ 255:分频值为 255	0x00
31:8	—	保留	0x00

```
WDTCLKDIV=0x05;              /* WDT 分频值为 5 */
```

10.3.4 看门狗的基本操作

看门狗的基本操作步骤如下：

① 确定看门狗定时器所使用的时钟源(默认情况下使用内部 RC 振荡器)；

② 在 WDTC 寄存器中设置看门狗定时器固定的重装值；

③ 在 WDMOD 寄存器中设置看门狗定时器的工作模式；

④ 通过向 WDFEED 寄存器写入 0xAA 和 0x55 启动看门狗；

⑤ 在看门狗计数器溢出前应再次喂狗，以免发生复位/中断。

当看门狗处于复位模式且计数器溢出时，CPU 将复位，并从向量表中加载堆栈指针和程序计数器(与外部复位情况相同)，检查看门狗超时标志(WDTOF)，判断看门狗是否已产生复位条件。WDTOF 标志必须通过软件清零。

【例 10-6】 看门狗初始化。

程序清单 10.5 看门狗初始化

```
void WDT_Init()
{
    WDTCLKSEL = 0x01;                /* 选择 WDT 时钟源 */
    WDTCLKUEN = 0x00;
    WDTCLKUEN = 0x01;                /* 允许更新时钟源 */
    WDTCLKDIV = 0x01;                /* WDT 分频值为 1 */
    SYSAHBCLKCTRL |= (1 << 15);      /* 允许使用 WDT 时钟 */
    WDTC = 0xFF00;                   /* 设置定时时间 */
    WDMOD = 0x03 ;                   /* 使能 WDT 溢出后复位 */
    WDFEED = 0xAA;                   /* 喂狗，启动 WDT */
    WDFEED = 0x55;
}
```

10.4 思考与练习

1. 简述两个 32 位定时器与两个 16 位定时器的特点。

2. 32 位定时器 0 捕获功能初始化，定时器时钟为外设时钟的 10 分频，在 CAP0 下降沿捕获，保存定时器计数值。

3. 32 位定时器 0 初始化，输出频率为 10 Hz 的方波。

4. 简述看门狗定时器的作用。

第 11 章

NXP LPC1100 系列 UART 串行通信应用

学习目标：会运用芯片的异步串口进行编程操作。

学习内容：1. NXP LPC1100 系列 UART 的特性；
2. UART 相关引脚；
3. 相关寄存器的设置；
4. UART 的应用。

所有 Cortex－M0 处理器的 NXP LPC1100 系列 UART 模块都相同。此口同时增加了调制解调器(Modem)接口,DSR、DCD 和 RI 三个调制信号只在 LQFP48 和 PLCC44 封装下有引脚配置。

11.1 什么是异步串行通信

在微型计算机中,有两种通信方式,分别是串行通信和并行通信。

1. 串行通信

串行通信是指计算机与 I/O 设备之间数据传输的各位是按顺序依次一位接一位进行传输,通常数据在一根数据线或一对差分线上传输。

2. 并行通信

并行通信是指计算机与 I/O 设备之间通过多条传输线交换数据,数据的各位同时进行传送。

串行通信的传输速度慢,但使用的设备成本低,可利用现有的通信手段和通信设备,适用于远距离传输;并行通信传送的速度快,但使用的传输设备成本高,适用于近距离传输。对于一些差分串行通信总线,如 RS－232、RS－485、USB 等,它们的传输距离远,且抗干扰能力强,速度也比较快。在要求通信距离为几十米到上千米时,广泛采用 RS－485 串行总线。RS－485 采用平衡发送和差分接收,因此具有抑制共模干扰的能力,加上总线收发器具有的高灵敏度,能检测低至 200 mV 的电压,故传输信号能在千米以外得到恢复。

3. 异步串行通信

所谓异步通信，是数据传送以字符为单位，字符与字符间的传送是异步的，位与位间的传送基本是同步的。LPC2000 系列多采用异步串行通信方式。

异步串行通信的特点如下：

① 以字符为单位进行信息传送。

② 相邻两字符间的间隔任意长。

③ 因为一个字符中的比特位长度有限，所以需要接收时钟和发送时钟相接近即可。

④ 异步方式的特点简单说就是字符间异步，字符内部各位同步。

异步串行通信的数据格式如图 11.1 所示。每个字符由 4 部分组成：

① 1 位起始位，规定低电平为 0。

② 中间是 5～8 位数据位，就是要传送的数据信息。

③ 1 位奇偶校验位。

④ 停止位，规定高电平为 1。

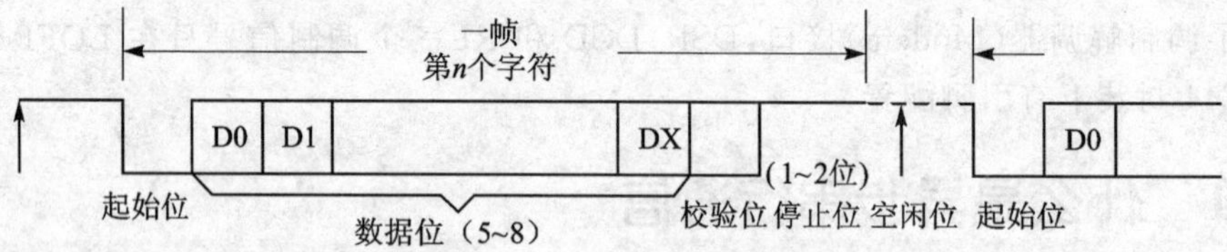

图 11.1　异步串行数据格式

4. 同步串行通信方式的特点

同步通信时数据传送是以数据块(一组字符)为单位，字符与字符间、字符内部的位与位之间都是同步。同步串行通信的特点总结如下：

① 以数据块为单位传送信息。

② 在一个数据块内，字符与字符间无间隔。

③ 因为一次传输的数据块中包含的数据较多，所以接收时钟与发送时钟严格同步，通常要有同步时钟。

同步串行通信格式如图 11.2 所示，每个数据块由 3 部分组成。

① 2 个同步字符作为一个数据块的起始标志(SNY)。

② *n* 个连续传送的数据。

③ 2 个字符循环冗余校验码(CRC)。

SNY	SNY	数据 1	数据 2	……	数据 *n*	CRC1	CRC2

图 11.2　同步串行数据格式

11.2 LPC1100 UART 的特点、引脚及连接方法

基于 Cortex-M0 微控制器的 NXP LPC1100 系列具有一个符合 16C550 工业标准的异步串行口(UART)。此口增加了调制解调器(Modem)接口，DSR、DCD 和 RI 等信号是只用于 LQFP48 和 PLCC44 封装的引脚配置。UART 内部结构如图 11.3 所示。

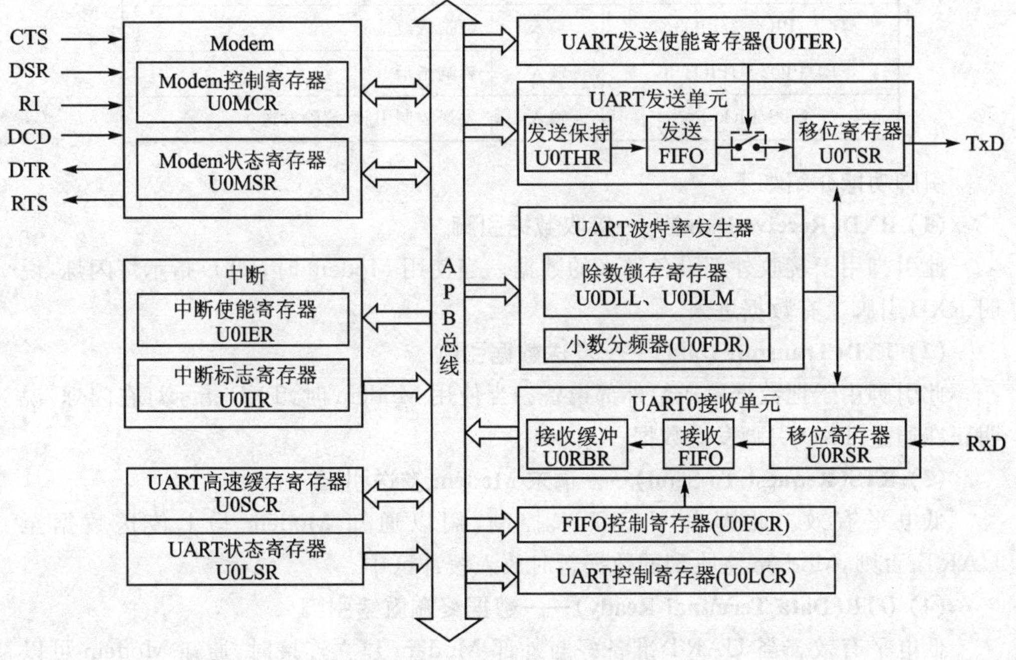

图 11.3 UART 内部结构图

1. 特 性

① 具有 16 字节收发缓冲器 FIFO；

② 接收器 FIFO 触发点可为 1、4、8 和 14 字节；

③ 内置波特率发生器；

④ 支持 RS-485/EIA-485 的 9 位模式；

⑤ 包含标准调制解调器接口信号。

2. 引 脚

在 UART 时钟被允许之前，必须在相应的 IOCON 寄存器对 UART 引脚进行设置。引脚名称和定义如表 11.1 所列。

表 11.1　UART 相关引脚定义

引　脚	I/O 类型	描　述
RXD/PIO1_6	输入	通过 RXD 引脚串行接收数据
TXD/PIO1_7	输出	通过 TXD 引脚串行发送数据
RTS/PIO1_5	输出	请求发送引脚,RS - 485 方向控制引脚
DTR/PIO2_0/PIO3_0	输出	数据终端就绪
DSR/PIO2_1/PIO3_1	输入	数据设置就绪
DCD/PIO2_2/PIO3_2	输入	数据载波检测
RI/PIO2_3/PIO3_3	输入	铃响指示
CTS/PIO0_7	输入	发送控制引脚,清除发送

引脚功能介绍如下：

(1) RXD(Receive Data)——接收数据引脚

此引脚用于接收外部设备送来的数据。当使用 Modem 时,RXD 指示灯闪烁,说明 RXD 引脚上有数据进入。

(2) TXD(Transmit Data)——发送数据引脚

此引脚用于把数据发送给外部设备。当使用 Modem 时,TXD 指示灯在闪烁,说明正在通过 TXD 引脚发送数据。

(3) RTS(Request To Send)——请求 Modem 发送引脚

低电平有效。此脚由 UART 来控制,用以通知 Modem 马上传送数据至 UART;否则,Modem 将收到的数据暂时放入缓冲区中。

(4) DTR(Data Terminal Ready)——数据终端就绪引脚

低电平有效。当 UART 准备好与外部 Modem 建立连接时,通知 Modem 可以进行数据传输。该引脚输出低电平。

(5) DSR——数据设置就绪引脚

低电平有效。当 Modem 准备好与 UART 建立连接时,通知 UART 可以进行数据通信了。该引脚被拉低。

(6) DCD(Data Carrier Detect)——数据载波检测引脚

低电平有效。当外部 Modem 已与 UART 建立通信连接时,该引脚被拉低,表示已经连接好。

(7) RI(Ring Instruction)——铃响指示引脚

低电平有效,指示 Modem 检测到电话的响铃信号。是否接听呼叫由 UART 决定。

(8) CTS(Clear To Send)——控制 UART 发送引脚

此引脚由 Modem 控制,用以通知 UART 把要传的数据送至 Modem。

3. 典型应用电路

(1) 微控制器间通信

当两个微控制器直接进行数据交换时，可直接通过 TXD 和 RXD 引脚相连，如图 11.4 所示。由于 Cortex - M0 微控制器的 NXP LPC1100 系列 I/O 电压为 3.3 V（但 I/O 口可承受 5 V 电压），所以连接时应注意电平的匹配。

(2) RS - 232 通信

RS - 232 通信是个人计算机上的通信接口之一，是由电子工业协会（Electronic Industries Association，EIA）所制定的异步传输标准接口。通常，RS - 232 接口以 9 个引脚（DB - 9）的形态出现，如图 11.5 所示。一般个人计算机上会有两组 RS - 232 接口，分别称为 COM1 和 COM2。在多数情况下，仅需 3 条信号线就可实现，如一条发送线、一条接收线及一条地线。

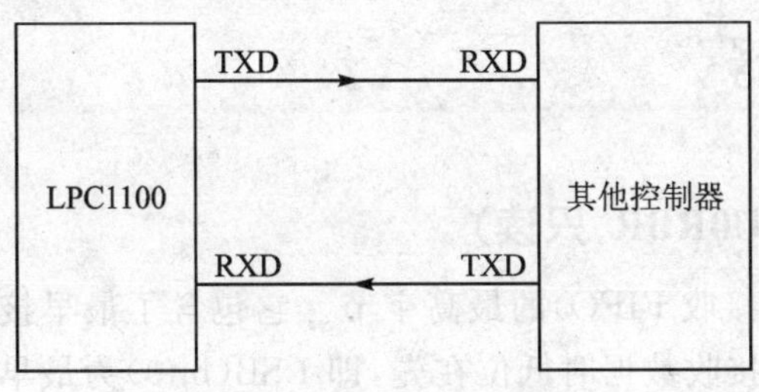

图 11.4 使用串口进行数据交换

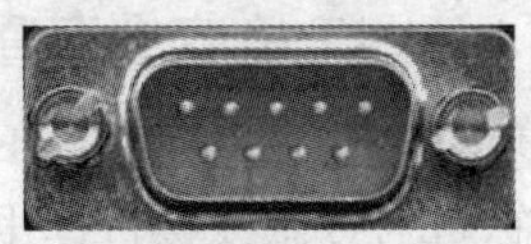

图 11.5 RS - 232 DB9 接口

若微控制器与 PC 机进行 UART 通信，则要通过电平转换器，连接图如图 11.6 所示。由于嵌入式芯片是 TTL 电平，是正逻辑；而 PC 机是 RS - 232C 电平，RS - 232C 是负逻辑，所以连接时需要使用电平转换器。第 7 章有相关介绍。

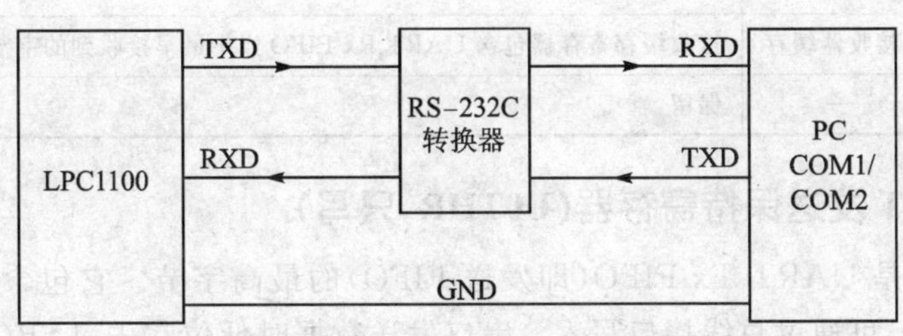

图 11.6 使用串口与 PC 机通信

当使用 Modem 接口时，也需要一个 RS - 232C 转换器将信号转换为 RS - 232C 电平，之后才能与 Modem 连接，如图 11.7 所示。

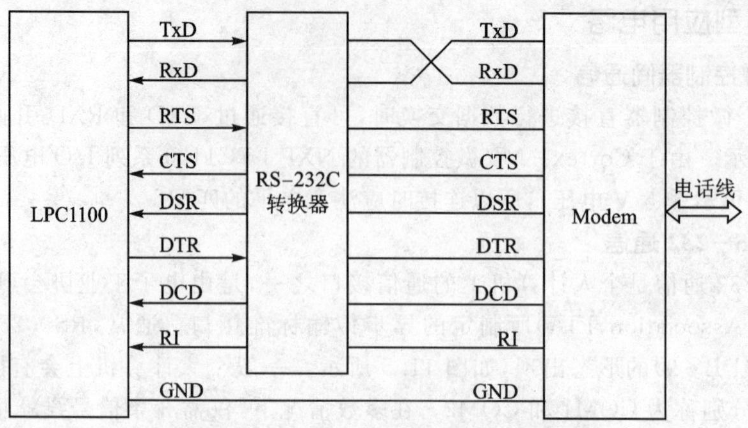

图 11.7 UART 与 Modem 接口电路

11.3 UART 相关寄存器

1. UART 接收缓存寄存器(U0RBR,只读)

U0RBR 是 UART Rx FIFO(即接收 FIFO)的最高字节。它包含了最早接收到的字符,可通过总线接口读出。串口接收数据时低位在先,即 LSB(bit0)为最早接收到的数据位。如果接收到的数据小于 8 位,则未使用的 MSB 用 0 填充。

注意:如果要访问 U0RBR,则 U0LCR 的除数锁存访问位(DLAB)必须为 0。U0RBR 为只读寄存器,不能向它写入数据。U0RBR 寄存器的位定义如表 11.2 所列。

表 11.2 UART 接收缓存寄存器的位定义

U0RBR	功 能	描 述
7:0	接收器缓存	接收缓存寄存器包含 UART Rx FIFO 当中最早接收到的字节
31:8	—	保留

2. UART 发送保持寄存器(U0THR,只写)

U0THR 是 UART Tx FIFO(即发送 FIFO)的最高字节。它包含了 Tx FIFO 中最新的字符,可通过总线接口写入。串口发送数据时低位在先,LSB(bit0)代表最先发送的位。

和访问 U0RBR 一样,如果要访问 U0THR,U0LCR 的除数锁存访问位(DLAB)必须为 0。U0THR 为只写寄存器。U0THR 寄存器的位定义如表 11.3 所列。

3. UART 中断使能寄存器(U0IER)

U0IER 用于使能 4 个 UART 中断源。如果要访问 U0IER,则 U0LCR 的除数锁存访问位(DLAB)必须为 0。U0IER 寄存器的位定义如表 11.4 所列。

表 11.3 UART 发送器保持寄存器的位定义

U0THR	功 能	描 述
7:0	发送器保持	U0THR 把数据保存到 UART 发送 FIFO 中,当字节到达 FIFO 的最底部且发送器就绪时,该字节将被发送
31:8	—	保留

表 11.4 UART 中断使能寄存器的位定义

U0IER	功 能	描 述
0	RBR 中断使能	0:禁止 RDA 中断;1:使能 RDA 中断
1	THRE 中断使能	0:禁止 THRE 中断;1:使能 THRE 中断
2	Rx 线状态使能	0:禁止 Rx 线状态中断;1:使能 Rx 线状态中断
7:3	保留	未定义,写入 0
8	自动波特率结束中断使能	0:禁止自动波特率结束中断;1:使能自动波特率结束中断
9	自动波特率超时中断使能	0:禁止自动波特率超时中断;1:使能自动波特率超时中断
31:10	—	保留,用户软件不应向保留位写入 1

说明:RBR 中断包含了两个中断源,一是接收数据可用(RDA)中断,即正确接收到数据;二是接收超时中断(CTI)。

4. UART 中断标志寄存器(U0IIR,只读)

U0IIR 提供状态代码用于指示一个挂起中断的中断源和优先级。在访问 U0IIR 过程中,中断被冻结。如果在访问 U0IIR 时产生了中断,那么该中断被记录,下次访问 U0IIR 可读出。U0IIR 寄存器的位定义如表 11.5 所列。

表 11.5 UART 中断标志寄存器的位定义

U0IIR	功 能	描 述
0	中断状态	该位低电平有效,挂起的中断可通过 U0IER[3:1]确定。 0:至少有 1 个中断被挂起;1:没有挂起的中断
3:1	中断标志	指示接收的中断。 011:1——接收线状态(RLS);010:2a——接收数据可用(RDA)。 110:2b——字符超时指示(CTI);001:3——THRE 中断。 000:4——Modem 中断
5:4	—	保留,未定义,不能写入 1
7:6	FIFO 使能	这些位等效于 U0FCR[0]

续表 11.5

U0IIR	功 能	描 述
8	自动波特率中断结束标志	自动波特率中断结束。 若已成功完成自动波特率检测且中断被使能,则自动波特率中断结束标志为真
9	自动波特率超时中断标志	自动波特率超时中断。 若自动波特率发生了超时且中断被使能,则自动波特率超时中断标志为真
31:10	—	保留,写入 0,未定义

表 11.6 列出了中断类型的优先级和中断源。根据 U0IIR[3:0]给定的状态,中断处理程序就能确定中断源以及如何清除中断标志。在退出中断服务程序之前,必须读取寄存器 U0IIR 来清除中断。

表 11.6 UART 中断处理

U0IIR[3:0]	优先级	中断类型	中断源
0001	—	无	无
0110	最高	接收线状态/错误	OE PE FE 或 BI
0100	第一	接收数据可用	接收数据可用或 FIFO 模式下到达触发点
1100	第二	字符超时指示	Rx FIFO 包含至少 1 个字符并且在一段时间内无字符输入或移出
0010	第三	HERE	HERE

5. UART FIFO 控制寄存器(U0FCR)

U0FCR 控制 UART Rx 和 Tx FIFO 的操作。U0FCR 寄存器的位定义如表 11.7 所列。

表 11.7 UART FIFO 控制寄存器的位定义

U0FCR	功 能	描 述
0	FIFO 使能	0:访问 UART FIFO 被禁止。 1:允许对 UART Rx 和 Tx FIFO 以及 U0FCR[7:1]访问
1	Rx FIFO 复位	0:无影响;1:把 UART Rx FIFO 中的所有字节清零
2	Tx FIFO 复位	0:无影响;1:把 UART Tx FIFO 中的所有字节清零
5:3	保留	未定义,写入 0
7:6	Rx 触发选择	00:触发点 0(默认 1 字节或 0x01);01:触发点 1(默认 4 字节或 0x04); 10:触发点 2(默认 8 字节或 0x08);11:触发点 3(默认 14 字节或 0x0E)
31:10	—	保留,写入 0,未定义

U0FCR=0x00000001； / * 允许对 UART Rx 和 Tx FIFO 以及 U0FCR[7:1]访问 * /

6. UART 线控制寄存器(U0LCR)

U0LCR 决定发送和接收数据字符的格式。U0LCR 寄存器的位定义如表 11.8 所列。

表 11.8 UART 线控制寄存器的位定义

U0LCR	功 能	描 述
1:0	字长度选择(WLS)	00:5 位字符长度;01:6 位字符长度; 10:7 位字符长度;11:8 位字符长度
2	停止位选择(SBS)	0:1 个停止位;1:2 个停止位
3	奇偶使能(PE)	0:禁止奇偶产生和校验;1:使能奇偶产生和校验
5:4	奇偶选择(PS)	00:奇校验 1 s 内发送的字符数和附加校验位为奇数; 01:偶校验 1 s 内发送的字符数和附加校验位为偶数; 10:强制为 1 奇偶校验; 11:强制为 0 奇偶校验
6	间隔控制(BC)	0:禁止间隔发送;1:使能间隔发送
7	除数锁存访问位(DLAB)	0:禁止访问除数锁存寄存器;1:允许访问除数锁存寄存器
31:8	—	保留

U0LCR=0x03； / * 数据长度设为 8 位,1 个停止位,禁止奇偶校验,禁止访问除数锁存器,禁止间隔发送 * /

7. UART 线状态寄存器(U0LSR,只读)

它提供 UART Tx 和 Rx 模块的状态信息。U0LSR 寄存器的位定义如表 11.9 所列。

表 11.9 UART 线状态寄存器的位定义

U0LSR	功 能	描 述
0	接收数据就绪(RDR)	0:U0RBR 为空; 1:U0RBR 包含有效数据,接收数据完毕标志
1	溢出错误(OE)	一旦发生错误,就设置溢出错误条件。读该寄存器时会清零该位。当 UART RSR 已有新的字符就绪,而 UART RBR FIFO 已经满时,该位会置位。此时,UART 接收 FIFO 将不会被覆盖,UART RSR 内的字符会丢失。 0:溢出错误状态未激活;1:溢出错误状态激活
2	奇偶错误(PE)	当接收字符的校验位处于错误状态时,校验错误会发生。读 U0LSR 会清零该位。 0:奇偶错误状态未激活;1:奇偶错误状态激活

续表 11.9

U0LSR	功 能	描 述
3	帧错误(FE)	当接收字符的停止位为逻辑 0 时，就会发生帧错误。读该寄存器会清零该位。 0：帧错误状态未激活；1：帧错误状态激活
4	间隔中断(BI)	在发送整个字符(起始位、数据、校验位和停止位)过程中，RXD 如果在空闲状态，则会产生间隔中断。一旦检测到间隔条件，接收器会立即进入空闲状态，直到 RXD 进入标记状态即全 1。读该寄存器会清零该位。 0：间隔中断状态未激活；1：间隔中断状态激活
5	发送保持寄存器空(THRE)	当检测到 UART THR 已空时，THRE 就会被置位。写该寄存器会清零该位。数据发送完毕标志位。 0：U0THR 包含有效数据；1：U0THR 为空
6	发送器空(TEMT)	当 U0THR 和 U0TSR 同时为空时，TEMT 就会被置位。而当其中之一包含有效数据时，该位会清零。 0：U0THR 或 U0TSR 包含有效数据；1：U0THR 或 U0TSR 为空
7	Rx FIFO 错误	当一个带有 Rx 错误的字符载入到 U0RBR 时，该位会被置位。读取该寄存器，该位清零。 0：U0RBR 中没有 UART Rx 错误或 U0FCR[0]为 0； 1：U0RBR 包含至少 1 个 UART Rx 错误
31:8	—	保留

8. UART 高速缓存寄存器(U0SCR)

在 UART 操作时，U0SCR 无效。用户可自由对该寄存器进行读或写操作。不提供中断接口向主机指示 U0SCR 所发生的读或写操作。U0SCR 寄存器的位定义如表 11.10 所列。

表 11.10 UART 高速缓存寄存器的位定义

U0SCR	功 能	描 述
7:0	Pad	一个可读可写的字节
31:8	—	保留

9. UART 除数锁存寄存器(U0DLL /U0DLM /DLAB＝1)

除数锁存寄存器是 UART 波特率发生器的一部分，它保存了用来分频 UART_PCLK 时钟以产生波特率时钟的分频值。U0DLL 和 U0DLM 寄存器一起构成一个 16 位除数，U0DLL 包含除数的低 8 位，U0DLM 包含除数的高 8 位。值 0x0000 被看作是 0x0001，因为除数是不允许为 0 的。波特率时钟必须是通信波特率的 16 倍的整数倍。波特率可用公式计算：

Baud＝Fuart_pclk/(16×(U0DLM×256＋U0DLL))

由于 U0DLL 与 U0RBR/U0THR 共用同一地址，U0DLM 与 U0IER 共用同一地址，所以访问 UART 除数锁存寄存器时，除数锁存访问位(DLAB)必须为 1，以确保寄存器的正确访问。U0DLL 寄存器的位定义如表 11.11 所列，U0DLM 寄存器的位定义如表 11.12 所列。

表 11.11　UART 除数锁存 LSB 寄存器的位定义

U0DLL	功　能	描　述
7:0	DLLSB	U0DLL 寄存器与 U0DLM 寄存器一起决定 UART 的波特率
31:8	—	保留

表 11.12　UART 除数锁存 MSB 寄存器的位定义

U0DLM	功　能	描　述
7:0	DLMSB	U0DLM 寄存器与 U0DLL 寄存器一起决定 UART 的波特率
31:8	—	保留

```
U0LCR＝0x80;                          /*设置 DLAB 为 1*/
U0DLM＝(Fuart_pclk/16/Baud)/256;      /*U0DLM 保存波特率分频值的高 8 位*/
U0DLL＝(Fuart_pclk/16/Baud)%256;      /*U0DLL 保存波特率分频值的低 8 位*/
```

10. UART 自动波特率控制寄存器(U0ACR)

在用户测量波特率的输入时钟/数据速率期间，整个测量过程就是由 UART 自动波特率控制寄存器(U0ACR)进行控制的。用户可自由地读/写该寄存器，其具体的位定义如表 11.13 所列。

表 11.13　UART 自动波特率控制寄存器的位定义

位	符　号	描　述
0	Start	在自动波特率功能结束后，该位会自动清零。 0:自动波特率功能停止；1:自动波特率功能启动
1	Mode	自动波特率模式选择位。 0:模式 0；1:模式 1
2	AutoRestart	0:不重新启动。 1:如果超时则重新启动(计数器会在下一个 UART Rx 下降沿重新启动)
7:3	—	保留。用户软件不应对其写入 1
8	ABEOIntClr	自动波特率中断结束清零位。 0:无影响；1:将 U0IIR 中相应的中断清除

续表 11.13

位	符号	描述
9	ABTOIntClr	自动波特率超时中断清零位。 0:无影响;1:将 U0IIR 中相应的中断清除
31:10	—	保留。用户软件不应对其写入 1。从保留位读出的值未定义

11. UART 小数分频寄存器(U0FDR)

UART 小数分频寄存器(U0FDR)是控制产生波特率的时钟预分频器,并且用户可自由对该寄存器进行读/写操作。该预分频器使用 APB 时钟并根据指定的分频值要求产生输出时钟。UART 小数分频寄存器的位定义如表 11.14 所列。

注意:如果预分频值设置是有效的,并且 DLM=0,那么 DLL 的最小值为 3。

表 11.14 UART 小数分频寄存器的位定义

位	符号	描述
3:0	DIVADDVAL	产生波特率的预分频的除数值。 如果该字段为 0,则小数波特率发生器将不会影响 UART 的波特率
7:4	MULVAL	波特率预分频的乘数值。 为了让 UART 正常运作,该字段必须大于或等于 1
31:8	—	保留。用户软件不应对其写入 1

使用小数分频器后,UART 的波特率计算公式为

$$BR = \frac{Fuart\_pclk}{16 \times (256 \times U0DLM + U0DLL)} \times \frac{MULVAL}{DIVADDVAL + MULVAL}$$

式中 BR——UART 波特率;

Fuart_pclk——UART 时钟频率;

U0DLL、U0DLM——保存 UART 波特率的分频值。

MULVAL 和 DIVADDVAL 的值应遵循以下条件:

- $1 \leqslant MULVAL \leqslant 15$;
- $0 \leqslant DIVADDVAL \leqslant 14$;
- $DIVADDVAL < MULVAL$。

注意:在发送/接收数据时,不能修改 U0FDR 的值。

波特率的计算方法如下:

UART 可以使用或不使用小数分频器操作,在现实的应用中,它可以设置几种不同的小数分频值,来实现所需的波特率。下面的算法可以说明找到 DLM、DLL、MULVAL 和 DIVADDVAL 值的方法。

这种方法计算的波特率与所需波特率的误差小于 1.1 %。

已知 UART 时钟频率 Fuart_pclk,所需的 UART 波特率为 BR,设置步骤如下:

① 先根据公式 DLest＝Fuart_pclk/(16×BR)计算出 DLest。DLest＝256×U0DLM＋U0DLL。

② 判断 DLest 是不是整数，若是，则取 DIVADDVAL＝0，MULVAL＝1。这样就可以根据波特率公式计算出 U0DLL 和 U0DLM 的值。

③ 若 DLest 不是整数，则取 DRest＝1.5，根据公式 DLest＝int (Fuart_pclk/(16×BR×DRest))求得一个整数值，把这个整数值代入 DRest＝Fuart_pclk /(16×BR×DLest)，求出一个新的 DRest。

④ 若满足 1.1＜DRest＜1.9，那么通过 DLest 整数值就可以知道 U0DLL 和 U0DLM。然后通过如表 11.15 所列的小数分频器设置表对 FR 参数进行估算，找到一个与 DRest 最接近的 FR，这样就知道了 DIVADDVAL 和 MULVAL 的值。然后通过波特率计算公式

$$BR=\frac{F_{PCLK}}{16\times(256\times U0DLM+U0DLL)}\times\frac{MULVAL}{DIVADDVAL+MULVAL}$$

计算出当前 BR 的值，即可知道与所需波特率值的误差。

⑤ 若不满足 1.1＜DRest＜1.9，则在[1.1，1.9]之间重新给 DRest 取一个值，重复③、④步骤，一直到满足条件为止。

表 11.15 小数分频器设置表

FR	DIVADDVAL/MULVAL	FR	DIVADDVAL/MULVAL	FR	DIVADDVAL/MULVAL	FR	DIVADDVAL/MULVAL
1.000	0/1	1.250	1/4	1.500	1/2	1.750	3/4
1.067	1/15	1.267	4/15	1.533	8/15	1.769	10/13
1.071	1/14	1.273	3/11	1.538	7/13	1.778	7/9
1.077	1/13	1.286	2/7	1.545	6/11	1.786	11/14
1.083	1/12	1.300	3/10	1.556	5/9	1.800	4/5
1.091	1/11	1.308	4/13	1.571	4/7	1.818	9/11
1.100	1/10	1.333	1/3	1.583	7/12	1.833	5/6
1.111	1/9	1.357	5/14	1.600	3/5	1.846	11/13
1.125	1/8	1.364	4/11	1.615	8/13	1.857	6/7
1.133	2/15	1.375	3/8	1.625	5/8	1.867	13/15
1.143	1/7	1.385	5/13	1.636	7/11	1.875	7/8
1.154	2/13	1.400	2/5	1.643	9/14	1.889	8/9
1.167	1/6	1.417	5/12	1.667	2/3	1.900	9/10
1.182	2/11	1.429	3/7	1.692	9/13	1.909	10/11
1.200	1/5	1.444	4/9	1.700	7/10	1.917	11/12
1.214	3/14	1.455	5/11	1.714	5/7	1.923	12/13
1.222	2/9	1.462	6/13	1.727	8/11	1.929	13/14
1.231	3/13	1.467	7/15	1.733	11/15	1.933	14/15

【例 11-1】 已知 Fuart_pclk＝14.745 6 MHz，BR＝9 600，求除数锁存器 U0DLL、U0DLM 的值。

解：根据波特率的计算公式，DLest＝Fuart_pclk/(16×BR)＝14.745 6 MHz/(16×9 600)＝96。

因为 DLest 是一个整数，所以可以取 DIVADDVAL＝0，MULVAL＝1，则 DLM＝0，DLL＝96。

【例 11-2】 已知 Fuart_pclk＝12 MHz，BR＝115 200，求除数锁存器的值。

解：根据波特率的计算公式，DLest＝Fuart_pclk/(16×BR)＝12 MHz/(16×115 200)＝6.51。

该算式中的 DLest 并不是整数，使用 DRest＝1.5，代入公式

$$DLest = int[Fuart\_pclk/(16 \times BR \times DRest)] = 4$$

然后把 DLest＝4 代入公式

DRest＝Fuart_pclk/(16×BR×DLest)＝1.628（满足条件：1.1＜DRest＜1.9）

所以 U0DLL＝4，U0DLM＝0。

通过表 11.15 对 FR 参数进行估算。在表 11.15 中，FR＝1.625 最接近 1.628，则 DIVADDVAL＝5，而 MULVAL＝8。然后通过波特率计算公式

$$BR = \frac{F_{pclk}}{16 \times (256 \times U0DLM + U0DLL)} \times \frac{MULVAL}{DIVADDVAL + MULVAL}$$

得到 UART 的波特率为 115 384。该速率与原来指定的 115 200 之间存在 0.16 % 的相对误差。

12. UART Modem 控制寄存器(U0MCR)

U0MCR 使能 Modem 的回送模式并控制 Modem 的输出信号。该寄存器的位定义如表 11.16 所列。

表 11.16 UART Modem 控制寄存器的位定义

位	功 能	描 述
0	DTR 控制	选择 Modem 输出引脚 DTR。当 Modem 回送模式激活时，该位为 0
1	RTS 控制	选择 Modem 输出引脚 RTS。当 Modem 回送模式激活时，该位为 0
3:2	—	保留。用户软件不应对其写入 1
4	回写模式选择	Modem 回送模式提供了执行诊断回送测试的机制。发送器输出的串行数据在内部连接到接收器的串行输入端。输入引脚 RXD 对回送操作无影响，而输出引脚 TXD 保持为标记状态。4 个 Modem 输入端(CTS、DSR、RI 和 DCD)与外部没有连接。从外部来看，Modem 输出端(RTS、DTR)设置是无效的。而从内部来看，4 个 Modem 输出端都连接到 4 个 Modem 输入端。这样连接的结果将导致 U0MSR 的高 4 位由 U0MCR 的低 4 位驱动，而不是在正常模式下由 4 个 Modem 输入驱动。这样在回送模式下，写 U0MCR 的低 4 位可产生 Modem 状态中断。 0：禁止 Modem 回送模式；1：使能 Modem 回送模式

续表 11.16

位	功 能	描 述
5	—	保留。用户软件不应对其写入 1
6	RTSen	0:禁止自动 RTS 流控制;1:使能自动 RTS 流控制
7	CTSen	0:禁止自动 CTS 流控制;1:使能自动 CTS 流控制
31:8	—	保留。用户软件不应对其写入 1

13. UART Modem 状态寄存器(U0MSR)

U0MSR 是一个只读寄存器,提供 Modem 的状态信息。Modem 信号不会对 UART 操作有直接影响,但有助于通过软件执行 Modem 信号的操作。该寄存器的位定义如表 11.17 所列。

注意:读 U0MSR 会把 U0MSR[3:0]清零。

表 11.17 UART Modem 状态寄存器的位定义

位	符 号	描 述
0	Delta CTS	当输入端 CTS 的状态改变时,该位置 1。 0:没有检测到 Modem 输入端 CTS 上的状态变化; 1:检测到 Modem 输入端 CTS 上的状态变化
1	Delta DSR	当输入端 DSR 的状态改变时,该位置 1。 0:没有检测到 Modem 输入端 DSR 上的状态变化; 1:检测到 Modem 输入端 DSR 上的状态变化
2	Trailing Edge RI	当输入端 RI 上低电平到高电平跳变时,该位置 1。 0:没有检测到 Modem 输入端 RI 上的状态变化; 1:检测到 RI 上的低电平往高电平跳变的变化
3	Delta DCD	当输入端 DCD 的状态改变时,该位置 1。 0:没有检测到 Modem 输入端 DCD 上的变化; 1:检测到 Modem 输入端 DCD 上的变化
4	CTS	清除发送状态。输入信号 CTS 的补码。在 Modem 回送模式下,该位连接到 U0MCR[1]
5	DSR	数据设置就绪状态。输入信号 DSR 的补码。在 Modem 回送模式下,该位连接到 U0MCR[0]
6	RI	响铃指示状态。输入 RI 的补码。在 Modem 回送模式下,该位连接到 U0MCR[2]
7	DCD	数据载波检测状态。输入 DCD 的补码。在 Modem 回送模式下,该位连接到 U0MCR[3]
31:8	—	保留。用户软件不应对其写入 1

14. UART 发送使能寄存器(U0TER)

除了配备完整的硬件流控制(上述的自动 CTS 和自动 RTS 机制)之外,U0TER 还可以实现软件流控制。当 TxEN=1 时,只要数据可用,UART 发送器就会一直发送数据。一旦 TxEN 变为 0,UART 就会停止发送。

尽管表 11.18 描述了如何利用 TxEN 位来实现软件流控制,但建议用户采用 UART 硬件所实现的自动流控制特性处理软件流控制,并限制 TxEN 位对软件流控制的范围。

表 11.18 UART 发送使能寄存器的位定义

位	符 号	描 述
6:0	—	保留。用户软件不应对其写入 1
7	TxEN	1:允许写入 THR 的数据在 TxD 引脚上输出; 0:禁止发送数据,直到该位被置"1"
31:8	—	保留

15. UART RS - 485 控制寄存器(U0RS485CTRL)

基于 Crotex - M0 的 NXP LPC1100 系列 UART 支持 RS485U0RS485/EIA - 485 模式,这样可以在许多工业领域进行通信。

通信需要进行一系列设置,CTRL 寄存器控制 UART 在 RS - 485/EIA - 485 模式下的配置。该寄存器的位定义如表 11.19 所列。

表 11.19 UART RS - 485 控制寄存器的位定义

位	符 号	描 述
0	NMMEN	0:禁止使用 RS - 485/EIA - 485 普通多点模式(NMM)。 1:允许使用 RS - 485/EIA - 485 普通多点模式(NMM)。在该模式下,当收到的字节使 UART 设置奇偶校验错误并产生一个中断时,对地址进行检测
1	RXDIS	0:允许使用接收器;1:禁止使用接收器
2	AADEN	0:禁止自动地址检测;1:允许自动地址检测
3	SEL	0:若 DCTRL=1,引脚 RTS 用于方向控制; 1:若 DCTRL=1,引脚 DTR 用于方向控制
4	DCTRL	0:禁止自动方向控制;1:使能自动方向控制
5	OINV	该位保留了 RTS(或 DTR)引脚上方向控制信号的极性。 0:当发送器有数据要发送时,方向控制引脚会被驱动为逻辑"0"。在最后一个数据位被发送出去后,该位就会被驱动为逻辑"1"。 1:当发送器有数据要发送时,方向控制引脚就会被驱动为逻辑"1"。在最后一个数据位被发送出去后,该位就会被驱动为逻辑"0"
31:6	—	保留。用户软件不应对其写入 1

16. UART RS-485 地址匹配寄存器(U0RS485ADRMATCH)

RS-485 支持主机对多个从机的通信,所以 RS-485 通信设备需要配置地址。U0RS485ADRMATCH 寄存器就是用来配置 RS-485/EIA-485 模式的地址值。地址匹配寄存器的位定义如表 11.20 所列。

表 11.20 UART RS-485 地址匹配寄存器的位定义

位	符 号	描 述
7:0	ADRMATCH	包含了地址匹配值
31:8	—	保留

17. UART1 RS-485 延时值寄存器(U0RS485DLY)

对于最后一个停止位离开 Tx FIFO 到撤销 RTS(或 DTR)信号之间的延时,在 8 位的 RS485DLY 寄存器内进行设定。该延迟时间是以波特率时钟周期为单位的。可设定的范围是 0~255 个位单位。延时值寄存器的位定义如表 11.21 所列。

表 11.21 UART RS-485 延时值寄存器的位定义

位	符 号	描 述
7:0	DLY	包含了方向控制(RTS 或 DTR)延时值。该寄存器与 8 位计数器一起工作
31:8	—	保留。用户软件不应对其写入 1

18. UART 时钟分频器寄存器(UARTCLKDIV)

该寄存器配置 UART 时钟 UART_PCLK,设置 DIV 的值为 0,可以关闭 UART _PCLK。在允许设置 UART 时钟之前,一定要在 IOCON 模块中配置 UART 引脚。该寄存器的位定义如表 11.22 所列。

表 11.22 UART 时钟分频器寄存器的位定义

位	符 号	描 述
7:0	DIV	UART_PCLK 时钟分频器值。 0:关闭 UART_PCLK; 1:分频值为 1; ⋮ 255:分频值为 255
31:8	—	保留。用户软件不应对其写入 1

11.4 UART 基本操作例程

UART 的基本操作就是对相关寄存器的设置。UART 包括下面的基本操作:

- 设置引脚配置为 UART(IOCON);
- 设置串口波特率(U0DLM、U0DLL);
- 设置串口工作模式(U0LCR、U0FCR);
- 保存发送或接收数据的寄存器(U0THR、U0RBR);
- 检查串口状态字或等待串口中断(U0LSR)。

【例 11-3】 编写 UART 初始化程序。

要求:将串口波特率设置为 UART_BPS(如 115 200),8 位数据长度,1 位停止位,无奇偶校验。

程序清单 11.1 UART 初始化

```
#define UART_BPS   115200                   /* 定义通信波特率 */
void UART_Ini(void)
{
    uint16 Fdiv;
    U0LCR = 0x83;                           /* 8 位字符长度,允许访问分频锁存器 */
    Fdiv = (Fuart_pclk/16) UART_BPS;        /* 设置波特率 */
    U0DLM = Fdiv/256;
    U0DLL = Fdiv % 256;
    U0LCR = 0x03;                           /* 波特率设置好后,禁止访问除数锁存器 */
}
```

【例 11-4】 编写 UART 发送一个字节数据的程序。

图 11.8 是 UART 发送数据示意图。

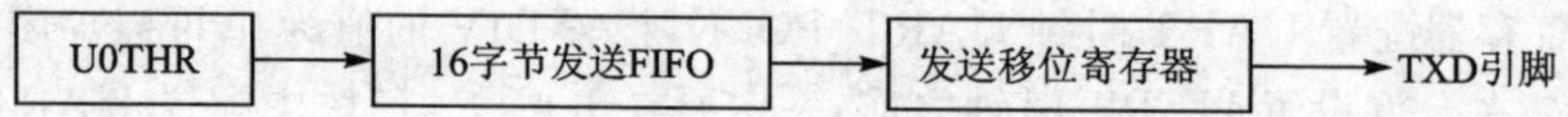

图 11.8 UART 发送数据示意图

程序清单 11.2 UART 发送一个字节数据

```
void UART_SendByte(uint8 data)
{
    U0THR = data;                       /* 发送数据 */
    while((U0LSR&0x20) == 0);           /* 等待数据发送完毕 */
}
```

【例 11-5】 编写 UART 接收一个字节数据的程序。

图 11.9 是 UART 接收数据的示意图。

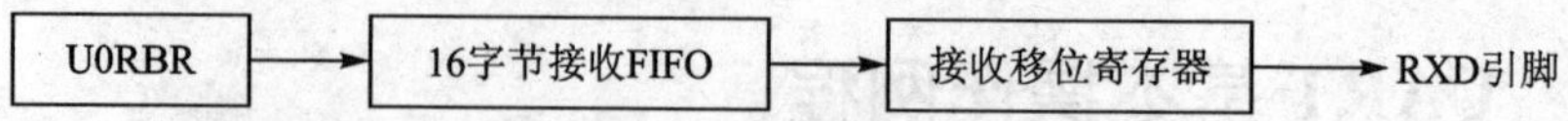

图 11.9 UART 接收数据示意图

程序清单 11.3　UART 接收一个字节数据

```
uint8 UART_RcvByte(void)
{
    uint8 rcv_data;                          /* 保存接收数据的变量 rcv_data */
    while ((U0LSR&0x01) == 0);               /* 查询数据是否接收完毕 */
    rcv_data = U0RBR;
    return (rcv_data);
}
```

11.5　UART 应用程序设计

1. 任务描述

通过 LPC1114 的串口发送字符串"hello world!"到 PC 机。

电路图如图 11.10 所示。

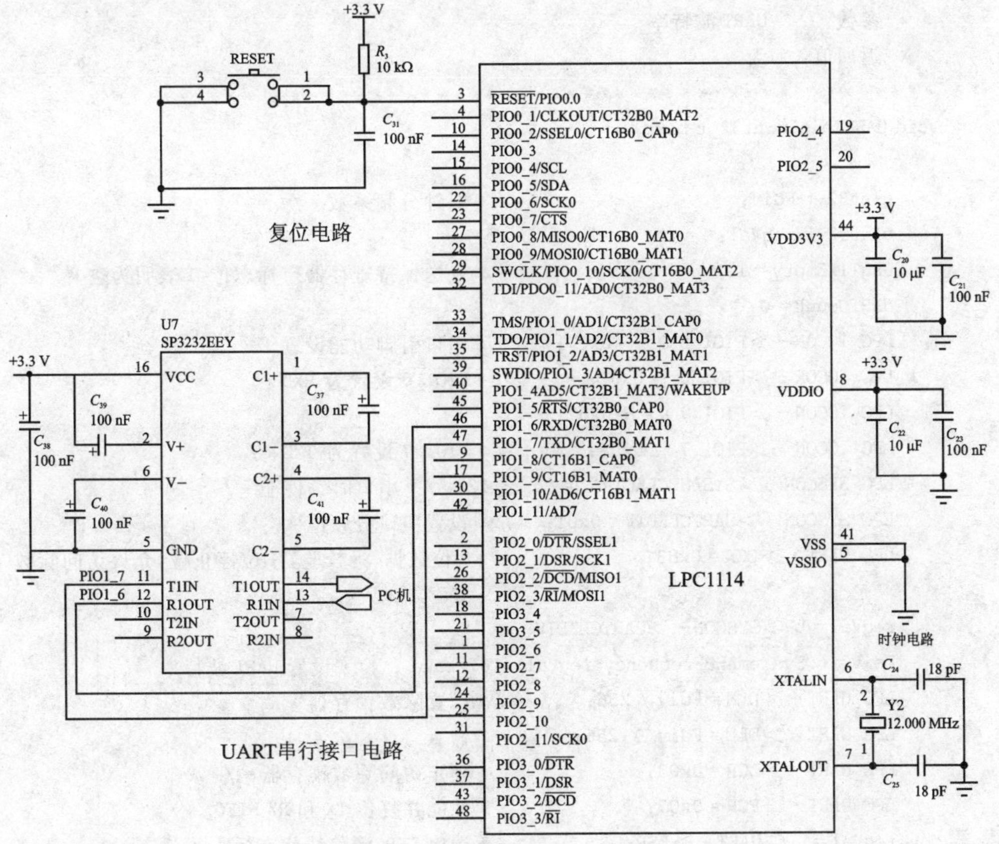

图 11.10　UART 通信电路

2. 任务分析

通过串口将一串字符数据发送出去，在串口初始化程序中设置串口引脚，串口发送数据格式、串口波特率。然后采用查询方式，完成字符的发送。

SP3232EEY 芯片完成 TTL 电平和 RS-232 电平之间的转换。该芯片的具体介绍见第 7 章。

3. C 语言程序清单

```
#include  <stdio.h>
#include  "LPC11xx.h"
#include  "uart.h"
uint32_t  UARTCount = 10;
uint8_t  UARTTxEmpty = 1;
uint8_t  UARTBuffer[] = "hello world!\n\t";
/*********************************************************
** 函数名:   UARTInit
** 功能描述:初始化 UART 端口,设置选中引脚、时钟、校验、停止位、FIFO 等
** 参数:     UART 波特率
** 返回值:   无
*********************************************************/
void UARTInit(uint32_t baud)
{
    uint32_t Fdiv;                          /* 时钟分频系数 */
    uint32_t regVal;
    UARTTxEmpty = 1;                        /* 发送保持寄存器空标志位,1 表明为空 */
    UARTCount = 0;
    LPC_IOCON->PIO1_6 &= ~0x07;             /* 串口引脚功能设置 */
    LPC_IOCON->PIO1_6 |= 0x01;              /* PIO1_6 设置为 RXD */
    LPC_IOCON->PIO1_7 &= ~0x07;
    LPC_IOCON->PIO1_7 |= 0x01;              /* PIO1_7 设置为 TXD */
    LPC_SYSCON->SYSAHBCLKCTRL |= (1 << 12); /* 串口时钟使能 */
    LPC_SYSCON->UARTCLKDIV = 0x01;          /* 设置串口分频值 */
    LPC_UART->LCR = 0x83;                   /* 8 位数据,无校验,1 位停止位,允许访问除数
                                               锁存器 */
    regVal = LPC_SYSCON->UARTCLKDIV;
    Fdiv = ((SystemAHBFrequency/regVal)/16)/baud ;  /* 设置 UART 波特率 */
    LPC_UART->DLM = Fdiv / 256;             /* 设置除数锁存器 */
    LPC_UART->DLL = Fdiv % 256;
    LPC_UART->LCR = 0x03;                   /* 禁止访问除数锁存器 */
    LPC_UART->FCR = 0x07;                   /* 使能并复位 TX 和 RX FIFO. */
    regVal = LPC_UART->LSR;                 /* 读取 LSR,清除线状态标志 */
    while((LPC_UART->LSR &(LSR_THRE|LSR_TEMT)) != (LSR_THRE|LSR_TEMT));
```

```
                                        /* 等待发送保持寄存器为空 */
    return;
}
/*****************************************************
** 函数名：   UARTSend
** 功能描述：根据数据长度发送一串数据到 UART 0 端口
** 参数：     缓冲器指针,数据长度
** 返回值：   无
*****************************************************/
void UARTSend(uint8_t *BufferPtr, uint32_t Length)
{
    while (Length != 0)
    {
        while (!(LPC_UART->LSR & LSR_THRE));   /* 等待发送保持寄存器空 */
        LPC_UART->THR = *BufferPtr;            /* 数据传送给发送保持寄存器 */
        BufferPtr++;                           /* 指向下一个字节数据 */
        Length--;
    }
    return;
}
/*****************************************************
** 函数名称：主程序
** 功能描述：发送一串字符
** 入口参数：无
** 返回值：   无
*****************************************************/
int main (void)
{
    SystemInit();
    UARTInit(115200);                        /* 串口初始化,通信波特率为 115 200 */
    UARTSend((uint8_t *)UARTBuffer, UARTCount);    /* 发送字符串 */
    while (1);
}
```

备注：在程序中用到的以下变量在 LPC11xx.h 中定义的寄存器别名如下：

LPC_UART－＞LSR——U0LSR 寄存器；

LPC_UART－＞THR——U0THR 寄存器；

LPC_UART－＞FCR——U0FCR 寄存器；

LPC_UART－＞DLL——U0DLL 寄存器；

LPC_UART－＞DLH——U0DLM 寄存器；

LPC_UART－＞RBR——U0RBR 寄存器。

4. 操作步骤

① 在 Keil 软件中编写程序，编译成功后，下载到目标板。

② 把计算机与目标板通过串口线连接起来。

③ 打开串口超级终端，选择串口 0，设置波特率为 115 200。

④ 启动目标板，在超级终端能看到目标板发送的字符"hello world!"。

11.6 思考与练习

1. 简述 NXP LPC1100 串口通信的特点。
2. 区分串口通信和并口通信。
3. 写出发送一个字节数据的程序。
4. 编程实现接收一个字节数据的程序。

第12章

NXP LPC1100 系列 I^2C 总线接口应用

学习目标：会运用 NXP LPC1100 芯片的 I^2C 总线进行编程操作。

学习内容：1. I^2C 总线特性；

2. I^2C 总线引脚；

3. I^2C 总线相关寄存器；

4. I^2C 总线应用。

12.1 I^2C 总线概述

1. 什么是 I^2C 总线

I^2C(Inter - Integrated Circuit)总线是一种由 Philips 公司开发的两线式串行总线，用于连接微控制器及其外围设备。I^2C 总线产生于 20 世纪 80 年代，最初为音频和视频设备开发，如今在服务器管理中使用，其中包括单个组件状态的通信。例如管理员可对各个组件进行查询，以管理系统的配置或掌握组件的功能状态，如电源和系统风扇。可随时监控内存、硬盘、网络、系统温度等多个参数，增加了系统的安全性，方便了管理。I^2C 总线是微电子通信控制领域广泛采用的一种总线标准。

I^2C 总线是同步通信的一种特殊形式，具有接口线少、控制方式简单、器件封装体积小、通信速率较高等优点。I^2C 总线最主要的优点是其简单性和有效性。由于接口直接在组件之上，因此 I^2C 总线占用的空间非常小，减少了电路板的空间和芯片引脚的数量，降低了互联成本。总线的长度可长达 7.62 m(25 ft)，并且能够以 10 kbit/s 的最大传输速率支持 40 个组件。I^2C 总线的另一个优点是，它支持多主控，其中任何能够进行发送和接收的设备都可以成为主总线。一个主控能够控制信号的传输和时钟频率。当然，在任何时间点上只能有一个主控。

现在，I^2C 总线已经成为一个国际标准，在超过 100 种不同的集成电路上实现，得到超过 50 家公司的许可，应用涉及家电、通信、控制等众多领域，特别是在 ARM 嵌入式系统开发中得到广泛应用。该接口用于与外部 I^2C 标准器件连接，如 I^2C 接口接串行存储器、LCD、音调发生器、温度传感器、时钟芯片和其他微控制器等。

2. I²C 总线规范

(1) I²C 总线规范简介

I²C BUS 是微电子通信控制领域广泛采用的一种总线标准。I²C 总线的 2 根线(串行数据 SDA,串行时钟 SCL)连接到总线上的任何一个器件,每个器件都有一个唯一的地址,而且都可以作为一个发送器或接收器。此外,器件在执行数据传输时也可以看作是主机或从机。串行的 8 位双向数据传输位速率在标准模式下可达 100 kbit/s,快速模式下可达 400 kbit/s,高速模式下可达 3.4 Mbit/s。

I²C 总线的几个术语如下:

① 发送器:本次传送中发送数据(不包括地址和命令)到总线的器件。

② 接收器:本次传送中从总线接收数据(不包括地址和命令)的器件。

③ 主机:初始化发送、产生时钟信号和终止发送的器件,可以是发送器或接收器。主机通常是微控制器。

④ 从机:被主机寻址的器件,可以是发送器或接收器。

⑤ 多主机:同时有多于一个主机尝试控制总线但不破坏传输。

⑥ 仲裁:是一个在有多个主机同时尝试控制总线但只允许其中一个使用控制总线并使传输不被破坏的过程。

⑦ 同步:两个或多个器件同步时钟信号的过程。

I²C 总线应用系统的典型结构如图 12.1 所示。在该结构中,微控制器 A 可以作为该总线上的唯一主机,其他的器件全部是从机。而另一种方式是微控制器 A 和微控制器 B 都作为总线上的主机。I²C 总线是一个多主机的总线,即总线上可以连接多个能控制总线的器件。当两个以上控制器件同时发动传输时,只能有一个控制器件能真正控制总线而成为主机,并使报文不被破坏,这个过程叫仲裁。与此同时,I²C 总线能够同步多个控制器件所产生的时钟信号。

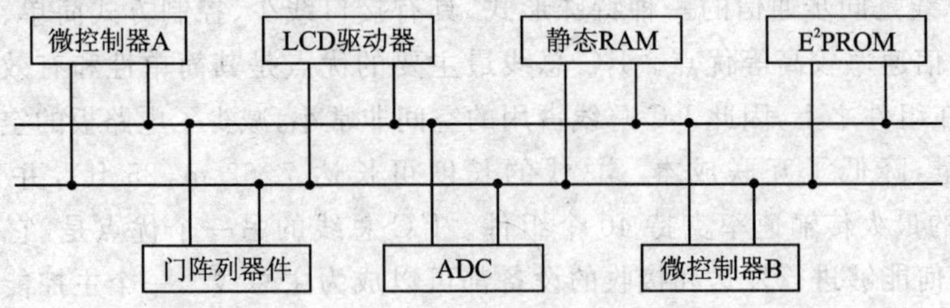

图 12.1 I²C 总线应用系统典型结构

(2) I²C 上总线的位传输

由于连接到 I²C 总线的器件有不同种类的工艺(CMOS、NMOS、双极性),逻辑 0(低)和逻辑 1(高)的电平不是固定的,它由电源 V_{CC} 的相关电平决定,因此每传输一个数据位就产生一个时钟脉冲。

1）数据有效性

SDA 线上的数据必须在时钟线 SCL 的高电平期间保持稳定，数据线的电平状态只有在 SCL 线的时钟信号为低电平时才能改变，如图 12.2 所示。

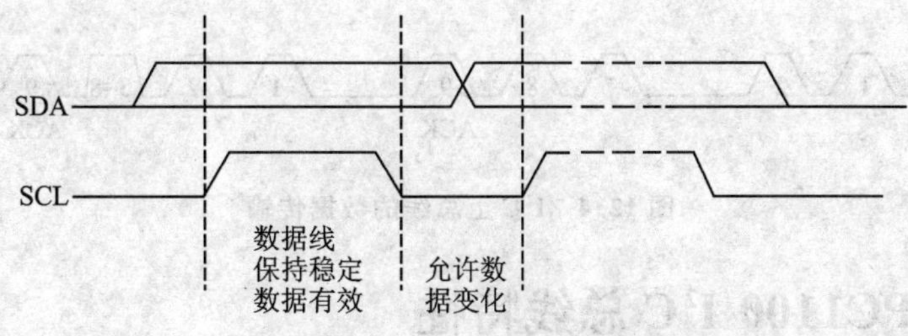

图 12.2　I²C 总线的位传输

2）起始和停止信号

当 SCL 线是高电平时，SDA 线由高电平向低电平切换，这个情况表示起始信号；当 SCL 线是高电平时，SDA 线由低电平向高电平切换，这个情况表示停止信号。

起始和停止信号一般由主机产生，起始信号表示一次传送的开始，总线在起始信号后被认为处于忙的状态；停止信号表示一次传送的结束，发送完停止信号后，在停止信号的某段时间后总线被认为再次处于空闲状态，如图 12.3 所示。

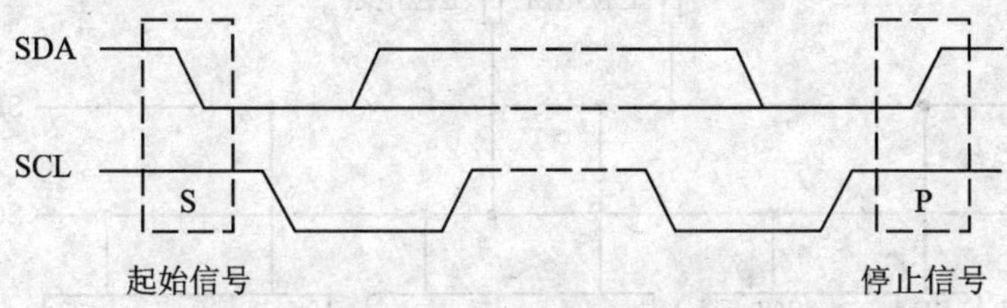

图 12.3　I²C 总线的起始信号和停止信号

(3) I²C 上总线的数据传输

1）字节格式

发送到 SDA 线上的每个字节必须为 8 位。每次传输可以发送的字节数量不受限制。每个字节后必须跟一个应答位。首先传输的是数据的最高位(MSB)。如果从机要完成一些其他功能(例如一个内部中断服务程序)后才能接收或发送下一个完整的数据字节，则可以使时钟线 SCL 保持低电平，迫使主机进入等待状态，当从机准备好接收下一个数据字节并释放时钟线 SCL 后，数据传输继续。I²C 上总线的数据传输如图 12.4 所示。

2）应答响应

数据传输必须有应答响应信号，应答时钟脉冲由主机产生。在应答的时钟脉冲期间，发送器释放 SDA 线(高)，接收器必须将 SDA 线拉低，使它在这个时钟脉冲的高电平期间保持稳定的低电平。

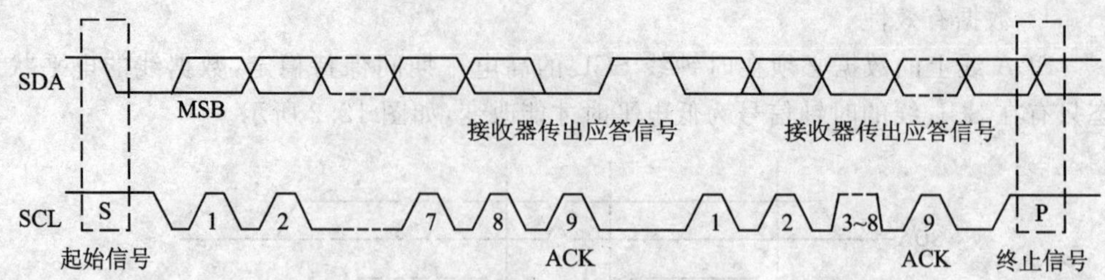

图 12.4　I^2C 上总线的数据传输

12.2　LPC1100 I^2C 总线特性

NXP LPC1100 系列的 I^2C 接口模块提供了与 I^2C 总线上的其他 IC 设备进行通信的能力。典型的 I^2C 总线配置如图 12.5 所示。I^2C 总线通过两根 I/O 线，即一根时钟线（SCL 串行时钟线）、一根数据线（SDA 串行数据线），使挂接到总线上的器件可进行全双工的同步数据通信。

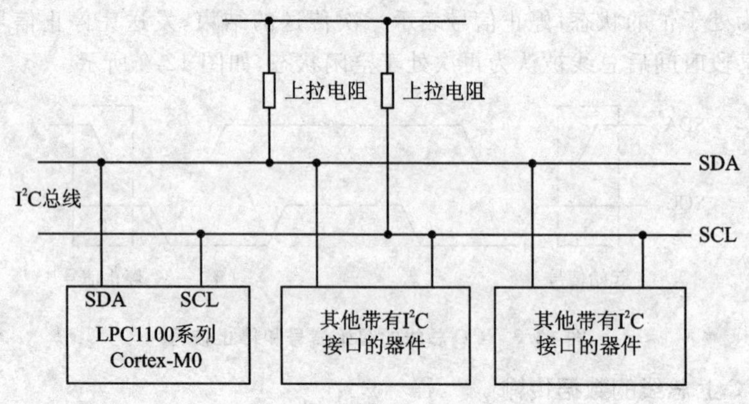

图 12.5　I^2C 总线配置

根据访问方式（R/W），I^2C 总线上可能存在以下两种类型的数据传输方式：

① 由主发送器向从接收器传输数据。主机发送的第一个字节是从机地址，接下来是数据字节数。从机每接收一个字节后返回一个应答位。

② 由从发送器向主接收器传输数据。由主机发送第一个字节（从机地址），然后从机返回一个应答位，接下来是由从机发送数据字节到主机。主机接收到所有字节（最后一个字节除外）后返回一个应答位。接收到最后一个字节后，主机返回非应答位。

I^2C 接口有 4 种操作模式：主发送模式、主接收模式、从发送模式及从接收模式。

NXP LPC1100 系列的 I^2C 总线可配置为主机、从机或主从机，主机和从机之间的数据传输是双向的。它可识别多达 4 个不同的从机地址，可用于测试和诊断，可编程时钟允许调整 I²C 传输速率，支持快速模式 Plus。快速模式 Plus 支持以 1 Mbit/s 的传输速率与 NXP 公司所提供的 I²C 产品通信。

12.3 I²C 总线引脚

NXP LPC1100 系列的 I²C 总线是两线式串行总线，所以有两个相关引脚，如表 12.1 所列。

表 12.1 I²C 总线引脚描述

引脚名称	方 向	功 能
SDA (PIO0_5)	输入/输出	I²C 串行数据引脚
SCL (PIO0_4)	输入/输出	I²C 串行时钟引脚

I²C 总线引脚是通过 IOCON_PIO0_4 和 IOCON_PIO0_5 寄存器配置，可用于标准/快速模式或快速模式 Plus。在这些模式下，I²C 总线引脚为开漏输出并且完全兼容 I²C 总线规范。

12.4 I²C 相关寄存器

NXP LPC1100 系列 I²C 接口包含 16 个寄存器。下面分别介绍各寄存器的作用。

1. I²C 控制设置寄存器(I2C0CONSET - 0x4000 0000)

I2C0CONSET 寄存器控制 I²C 接口的操作。向该寄存器的位写 1，会使 I²C 控制寄存器中的相应位置位，写 0 没有影响，如表 12.2 所列。

表 12.2 I2C0CONSET 寄存器的位定义

位	符 号	描 述	复位值
1:0	—	保留位，必须写入 0	NA
2	AA	应答标志位	—
3	SI	中断标志位	0
4	STO	停止标志位	0
5	STA	起始标志位	0
6	I2EN	I²C 接口使能控制位	0
31:7	—	保留位，未定义	—

(1) AA:应答标志位

当 AA 置 1,SCL 线上的应答时钟脉冲出现下面的任意情况时,都将返回一个应答信号(SDA 为低电平):

① 接收到从地址寄存器中的地址;

② 当 I2C0ADR 中的广播位(GC)置位时,接收到广播地址;

③ 当 I^2C 接口处于主接收模式时,接收到一个数据字节;

④ 当 I^2C 接口处于可寻址的从接收模式时,接收到一个数据字节。

可通过向 I2C0CONCLR 寄存器中的 AAC 位写 1 来清零 AA 位。当 AA 位为 0 时,出现下列情况之一,SCL 线上的应答时钟脉冲将返回一个非应答信号(SDA 为高电平):

① 当 I^2C 处于主接收模式时,接收到一个数据字节;

② 当 I^2C 处于可寻址的从接收模式时,接收到一个数据字节。

(2) SI:I^2C 中断标志位

当 I^2C 状态改变时,SI 置位。但是,进入状态 F8,不会使 SI 置位,因为在那种情况下,中断服务程序不起作用。

当 SI 置位时,SCL 上的串行时钟低电平时间被延长,串行传输被中止。当 SCL 为高电平时,它不受 SI 标志状态的影响。SI 通过向 I2C0CONCLR 寄存器的 SIC 位写入 1 来实现复位。

(3) STO:停止标志位

该位置位将导致 I^2C 接口在主模式时传输一个停止条件,如果在从模式,则从错误条件中恢复。在主模式下,当 STO 为 1 时,在 I^2C 总线上传输一个停止条件。当总线检测到停止条件时,STO 将被自动清零。

在从模式下,置位 STO 位可从错误状态中恢复。这种情况下不向总线发送停止条件。硬件的行为就好像是接收到一个停止条件并切换到不可寻址的从接收模式。STO 标志由硬件自动清零。

(4) STA:起始标志位

当 STA＝1 时,I^2C 接口将进入主模式并发送一个起始条件,如果已经处于主模式,则发送一个重复起始条件。

当 STA 为 1 且 I^2C 接口还不是处于主模式时,将进入主模式,然后检查总线。如果总线空闲,则产生一个起始条件;如果总线忙,则等待一个停止条件(它将释放总线,使总线空闲)并在内部时钟器延迟半个时钟周期后发送一个起始条件。当 I^2C 接口已经处于主模式且已发送或接收了数据时,I^2C 接口会发送一个重复起始条件。STA 可在任意时间置位,包括 I^2C 接口处于可寻址的从模式时,STA 也可以置位。

可通过向 I2C0CONCLR 寄存器中的 STAC 位写 1 来清零 STA。当 STA 为 0 时,不会产生起始条件或重复起始条件。

在 STA 和 STO 都被置 1 时,如果接口在主模式,则在 I^2C 总线上传输一个

STOP 条件,然后传输一个 START 条件;如果 I^2C 接口在从模式,则会产生一个内部 STOP 条件,但不会在总线上传输。

(5) I2EN:I^2C 接口使能位

当 I2EN 置位时,I^2C 接口使能。可通过向 I2C0CONCLR 寄存器中的 I2ENC 位写 1 来清零 I2EN 位。当 I2EN 为 0 时,I^2C 接口禁用。当 I2EN 为 0 时,SDA 和 SCL 输入信号被忽略,I^2C 模块处于不可寻址的从状态,STO 位强制为 0。

I2EN 不应用于暂时释放 I^2C 总线,因为当 I2EN 复位时,I^2C 总线状态丢失,应使用 AA 标志位来代替。

2. I^2C 控制清零寄存器(I2C0CONCLR－0x4000 0018)

I2C0CONCLR 寄存器控制对 I2C0CONSET 寄存器中的位清零,写入 1 到这个寄存器的某位,将导致 I2C0CONSET 寄存器中相应位被清零,写入 0 无效。该寄存器的位定义如表 12.3 所列。

表 12.3 I^2C 控制清零寄存器的位定义

位	符 号	描 述	复位值
1:0	—	保留,用户软件不应向保留位写 1	NA
2	AAC	应答清零位。 向该位写 1 可清零 I2C0CONSET 寄存器中的 AA 位。写 0 无效	—
3	SIC	I^2C 中断清零位。 向该位写 1 可清零 I2C0CONSET 寄存器中的 SI 位。写 0 无效	0
4	—	保留,用户软件不应向保留位写 1	NA
5	STAC	起始标志清零位。 向该位写 1 可清零 I2C0CONSET 寄存器中的 STA 位。写 0 无效	0
6	I2ENC	I^2C 接口禁用位 向该位写 1 可清零 I2C0CONSET 寄存器中的 I2EN 位。写 0 无效	0
7	—	保留位,用户软件不应向保留位写 1	NA
31:8	—	保留位,未定义	—

3. I^2C 状态寄存器(I2C0STAT－0x4000 0004)

该寄存器给出了 I^2C 接口的状态信息,I^2C 状态寄存器为只读。寄存器的位定义如表 12.4 所列。

这个状态寄存器的内容表示一个状态码,一共有 26 种可能存在的状态码。当状态码为 0xF8 时,没有相关信息可用,且 SI 位不会置位。所有其他 25 种状态代码都对应一个已定义的 I^2C 状态。当进入这些状态中的任一状态时,SI 位将置位。

表 12.4 I²C 状态寄存器的位定义

位	符 号	描 述	复位值
2:0	—	这些位未使用且一直为 0	NA
7:3	states	这些位提供关于 I²C 接口的实际状态信息	0x1F
31:8	—	保留位,未定义	—

4. I²C 数据寄存器(I2C0DAT-0x4000 0008)

该寄存器保存要发送的数据或已接收的数据。SI 位置位时,只有在该寄存器没有进行字节移位时,CPU 才可以对其进行读/写操作。只要 SI 位置位,I2C0DAT 中的数据就保持不变。I2C0DAT 中的数据总是从右向左移位:要发送和接收的第一位都是 MSB(位 7)。该寄存器的位定义如表 12.5 所列。

表 12.5 I²C 数据寄存器的位定义

位	符 号	描 述	复位值
7:0	data	该寄存器保存要发送的数据或已接收的数据	0
31:8	—	保留位,未定义	—

5. I²C 从地址寄存器(I2C0ADR[0,1,2,3]-0x4000 00[0C,20,24,28])

这 4 个地址寄存器可读可写,只有在 I²C 接口设置为从模式时才可用。在主模式下,该寄存器无效。I2C0ADR 的 LSB 为广播位。当该位置位时,广播地址(0x00)就会被识别。

其中包含位 00x 的寄存器将被禁止,且不与总线上的任意地址匹配。复位时 4 个寄存器都要被清零,处于禁用状态。该寄存器的位定义如表 12.6 所列。

表 12.6 I²C 从地址寄存器的位定义

位	符 号	描 述	复位值
0	GC	广播使能位	0
7:1	Address	I²C 从模式设备的地址	0x00
31:8	—	保留位,未定义	0

6. I²C 监控模式控制寄存器(I2C0MMCTRL-0x4000 001C)

该寄存器控制监控模式的使能,它可以使 I²C 模块监控 I²C 总线的通信,并且不需要实际参与通信或干扰 I²C 总线。该寄存器的位定义如表 12.7 所列。

注意:如果位 MM_ENA 为 0,则位 ENA_SCL 和位 MATCH_ALL 所有设置均无效。

表 12.7 I^2C 监控模式控制寄存器的位定义

位	符 号	描 述	复位值
0	MM_ENA	监控模式使能位。 0:监控模式禁用。 1:I^2C 模块将进入监控模式。在该模式下,SDA 输出将被强制为高电平。这可阻止 I^2C 模块向 I^2C 数据总线输出任何类型的数据(包括 ACK)。根据 ENA_SCL 位的状态,输出可能被强制为高电平,以阻止模块控制 I^2C 时钟线	0
1	ENA_SCL	SCL 输出使能。 0:当模块处于监控模式下时,SCL 输出将被强制为高电平。这可阻止模块控制 I^2C 时钟线。 1:I^2C 模块将以与正常操作中相同的方法控制时钟线。这就意味着,作为从机设备,I^2C 模块可扩展时钟线(保持低电平),直到它有时间响应 I^2C 中断	0
2	MATCH_ALL	选择中断寄存器匹配。 0:只有当一个地址与上述 4 个地址寄存器之一匹配时,才会产生中断。也就是说,只要识别地址是相关的,模块将作为一个正常的从模式响应。 1:当 I^2C 处于监控模式时,接收到任何一个地址都会产生中断。这将使模块监控总线上的所有通信	0
31:3	—	保留位,未定义	

7. I^2C 数据缓冲寄存器(I2C0DATA_BUFFER - 0x4000 002C)

在监控模式下,如果 ENA_SCL 位为 0,则 I^2C 模块就没有扩展时钟(停止总线)的能力。这意味着处理器将必须在一个有限的时间内去读取总线上接收到的数据。如果处理器读 I2C0DAT 移位寄存器,则在接收数据被新数据覆盖前,通常只有一个位时间来响应中断。

为了使处理器有更多时间响应,增加一个新的 8 位只读寄存器 DATA_BUFFER。每次从总线上接收到 9 位数据(8 位数据加上 1 位 ACK 或 NACK)后,I2C0DAT 移位寄存器高 8 位的内容将自动传输到 DATA_BUFFER。这意味着处理器在数据被覆盖前,将有 9 位传输时间响应中断并读取数据。

处理器仍可直接读 I2C0DAT 寄存器,该寄存器不会有任何改变。

虽然 DATA_BUFFER 寄存器主要在监测模式和 ENA_SCL 位为 0 时使用,但是它在任何时间、任何运行模式下都可以被读取。该寄存器的位定义如表 12.8 所列。

8. I^2C 屏蔽寄存器(I2C0MASK[0,1,2,3]- 0x4000 00[30,34,38,3C])

4 个屏蔽寄存器各包含 7 个有效位(7:1)。这些寄存器中的任何一位置 1,当接收到的地址和 I2C0ADRn 寄存器比较时，都会使接收地址的相应位和那个屏蔽寄存器做自动比较。换句话说，在 I2C0ADRn 寄存器中被屏蔽的位将不会参与决定地址匹配。该寄存器的位定义如表 12.9 所列。

表 12.8　I²C 数据缓冲寄存器的位定义

位	符　号	描　述	复位值
7:0	Data	该寄存器包含 I2C0DAT 移位寄存器中高 8 位的内容	0
31:8	—	保留位，未定义	0

表 12.9　I²C 屏蔽寄存器的位定义

位	符　号	描　述	复位值
0	—	保留位，用户软件不应向保留位写 1，总为 0	0
7:1	MASK	屏蔽位	0x00
31:8	—	保留位，未定义	0

复位时所有屏蔽寄存器中的位清零。屏蔽寄存器对比较广播地址(0000000)没有影响。

当地址匹配中断发生时，处理器将读取数据寄存器，以确定实际上是哪个地址导致了地址匹配。

9. I²C SCL 高电平、低电平占空比寄存器(I2C0SCLH－0x4000 0010，I2C0SCLL－0x4000 0014)

I²C SCL 有高电平占空比寄存器(I2C0SCLH)和低电平占空比寄存器(I2C0SCLL)。具体位定义如表 12.10、表 12.11 所列。

表 12.10　高电平占空比寄存器的位定义

位	符　号	描　述	复位值
15:0	SCLH	SCL 高电平时间计数值	0x0004
31:16	—	保留位，未定义	—

表 12.11　低电平占空比寄存器的位定义

位	符　号	描　述	复位值
15:0	SCLL	SCL 低电平时间计数值	0x0004
31:16	—	保留位，未定义	—

必须由软件设定寄存器 I2C0SCLH 和 I2C0SCLL 的值以选择适当的数据速率和占空比。I2C0SCLH 定义了 SCL 高电平期间 I2C_PCLK 的周期数，I2C0SCLL 定

义了 SCL 低电平期间 I2C_PCLK 的周期数。频率由下面的公式得出(I2C_PCLK 是 I²C 时钟频率):

$$I^2C_{bitfreq} = I2C\_PCLK / (SCLH + SCLL)$$

选用的 SCLH 和 SCLL 值必须确保得出的传输速率在 I²C 总线速率的范围之内。各寄存器的值必须大于或等于 4。表 12.12 给出了根据 I2C_PCLK 频率和 SCLL 及 SCLH 值计算出来的 I²C 总线速率。

表 12.12 用于选择 I²C 时钟值的 SCLH+SCLL 值

I²C 模式	I²C bit frequecy	I2C_PCLK/MHz								
		6	8	10	12	16	20	30	40	50
		SCLH+SCLL								
标准模式	100 kHz	60	80	100	120	160	200	300	400	500
快速模式	400 kHz	15	20	25	30	40	50	75	100	125
增强快速模式	1 MHz	—	8	10	12	16	20	30	40	50

注意:SCLL 和 SCLH 的值可以不相同,可通过软件设置 I2C0SCLH 和 I2C0SCLL 这两个寄存器来设置不同的 SCL 占空比。

10. 外设复位控制寄存器(PRESETCTRL)

外设复位控制寄存器允许通过软件复位 SPI 和 I²C 外设。寄存器的位定义如表 12.13 所列。

表 12.13 外设复位控制寄存器的位定义

位	符 号	描 述	复位值
0	SSP0_RST_N	SPI0 复位控制位。0:SPI0 复位;1:禁止 SPI0 复位	0
1	I2C_RST_N	I²C 复位控制位。0:I²C 复位;1:禁止 I²C 复位	0
2	SSP1_RST_N	SPI1 复位控制位。0:SPI1 复位;1:禁止 SPI1 复位	0
3	CAN_RST_N	CAN 复位控制位。0:CAN 复位;1:禁止 CAN 复位	0
31:4	—	保留位,未定义	0

12.5 I²C 操作模式及配置

在一个给定的应用程序中,NXP LPC1100 系列的 I²C 模块可作为一个主设备、一个从设备,或两者兼有。在从模式时,I²C 硬件将监听总线是否有四个从设备地址之一和广播地址,如果找到其中的任何一个,就会发出中断请求。如果处理器希望成为总线主机,则在进入主模式之前必须等待直到总线空闲,这样可以保证一个可能正在进行的从操作不会被中断。如果在主模式时总线仲裁丢失，则 I^2C 模块会立即切换到从模式，并可以在同一个串行传输中检测到其自己的从设备地址。

I^2C 操作模式包括 I^2C 主模式和 I^2C 从模式。I^2C 主模式又包括主发送模式和主接收模式。I^2C 从模式包括从发送模式和从接收模式。

1. I^2C 主模式

在该模式中，LPC1100 系列作为主机，向从机发送数据（即主发送模式）及接收从机的数据（即主接收模式）。在进入主模式 I^2C 后，$I^2C0CONSET$ 必须按照表 12.14 进行初始化。

I^2EN 必须置 1 以使能 I^2C 功能。如果 AA 位为 0，则当另一个器件为总线上的主机时，I^2C 接口不会对任何地址作出应答，因此不能进入从模式。STA、STO 和 SI 位必须为 0。可以通过向 $I^2C0CONCLR$ 寄存器中的 SIC 位写 1 来清零 SI 位。写从地址后应清零 STA 位。

表 12.14　主模式 $I^2C0CONSET$ 寄存器配置

位	7	6	5	4	3	2	1	0
符　号	—	I^2EN	STA	STO	SI	AA	—	—
值	—	1	0	0	0	0	—	—

(1) 主发送模式

当软件置位 STA 位时，LPC1100 I^2C 接口将进入主发送模式。在此模式下，数据方向位（读/写）应该是 0，这意味着写入。传送的第一个字节包含接收设备的从地址和数据写入位。每次传输 8 位数据，在每个字节传输完成后会接收到一个应答位。START 条件和 STOP 条件的输出表明一个串行传输的开始和结束。

1）发送数据格式

- 主机发送起始信号；
- 主机对从机进行寻址，同时 R/W=0；
- 从机发送应答信号；
- 主机发送第 1 个字节数据；
- 从机发送应答信号；
- 主机发送下一个 1 字节数据；
- 等待所有数据发送完毕，主机发送停止信号，数据通信结束。

主发送正确传输模式如图 12.6 所示。

2）I^2C 主发送模式操作步骤

① 写 0x20 到 I2C0CONSET 以设置 STA 位进入 I^2C 主发送模式，I^2C 逻辑在总线空闲后立即发送一个起始条件；

② 当发送完起始条件后，SI 位会置位，此时 I2C0STAT 中的状态代码为 08H。

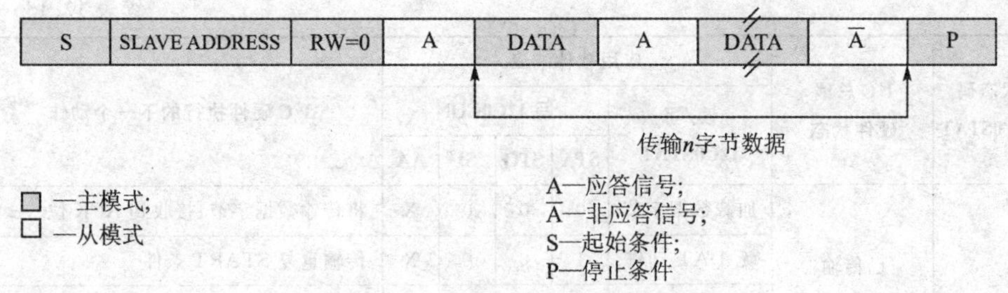

图 12.6 主发送正确传输模式

该状态代码用于中断服务程序的处理；

③ 把从地址和读/写操作位装入 I2C0DAT，然后清零 SI 位，开始发送从地址和 W 位；

④ 当从地址和 W 位发送完毕后，SI 位再次置位，可能的状态代码为 18H、20H 或 38H；

⑤ 若状态码为 18H，表明从机已应答，则可以将数据装入 I2C0DAT，然后清零 SI 位，开始发送数据；

⑥ 当数据发送正确时，SI 位再次置位，可能的状态代码为 28H 或 30H 时，可以再次发送数据，或者置位 STO 结束。

表 12.15 描述了 I²C 主发送模式的操作状态，在表中用到的字母缩写解释如下：

S——START 条件；

SLA——7 位地址；

R——读位(SDA 上的高电平)；

W——写位(SDA 上的低电平)；

A——应答位；

Data——8 位数据字节；

P——STOP 条件。

表 12.15 主发送模式状态

状态码 I2C0STAT	I²C 总线硬件状态	应用软件响应					I²C 硬件执行的下一个动作
		读/写 I2C0STAT	写 I2C0CON				
			STA	STO	SI	AA	
0x08	已发送 START 条件	加载 SLA+W；清除 STA	X	0	0	X	将传输 SLA+W，将会收到 ACK 位
0x10	已发重复 START 条件	加载 SLA+W	X	0	0	X	将传输 SLA+W，将会收到 ACK 位
		加载 SLA+R；清除 STA	X	0	0	X	将传输 SLA+R，I²C 模块转换到 MST/REC 模式

续表 12.15

状态码 I2C0STAT	I²C 总线硬件状态	应用软件响应					I²C 硬件执行的下一个动作
		读/写 I2C0STAT	写 I2C0CON				
			STA	STO	SI	AA	
0x18	已传输 SLA+W；已收到 ACK	加载数据字节	0	0	0	X	将传输数据字节；接收到 ACK 位
		无 DAT 动作	1	0	0	X	传输重复 START 条件
		无 DAT 动作	0	1	0	X	传输 STOP 条件；STO 标志将复位
		无 DAT 动作	1	1	0	X	将传输 STOP 条件，之后传输一个 START 条件；STO 标志将复位
0x20	已传输 SLA+W；已收到非 ACK	加载数据字节	0	0	0	X	将传输数据字节；接收到 ACK 位
		无 DAT 动作	1	0	0	X	传输重复 START 条件
		无 DAT 动作	0	1	0	X	传输 STOP 条件；STO 标志将复位
		无 DAT 动作	1	1	0	X	将传输 STOP 条件，之后传输一个 START 条件；STO 标志将复位
0x28	I2C0DAT 中的数据字节已传输；已收到 ACK	加载数据字节	0	0	0	X	将传输数据字节；接收到 ACK 位
		无 DAT 动作	1	0	0	X	传输重复 START 条件
		无 DAT 动作	0	1	0	X	传输 STOP 条件；STO 标志将复位
		无 DAT 动作	1	1	0	X	将传输 STOP 条件，之后传输一个 START 条件；STO 标志将复位
0x30	I2C0DAT 中的数据字节已传输；已收到非 ACK	加载数据字节	0	0	0	X	将传输数据字节；接收到 ACK 位
		无 DAT 动作	1	0	0	X	传输重复 START 条件
		无 DAT 动作	0	1	0	X	传输 STOP 条件；STO 标志将复位
		无 DAT 动作	1	1	0	X	将传输 STOP 条件，之后传输一个 START 条件；STO 标志将复位
0x38	在数据字节或 SLA+R/W 传输阶段，仲裁丢失了	无 DAT 动作	0	0	0	X	将释放 I²C 总线，将进入不可寻址从模式
		无 DAT 动作	1	0	0	X	当总线空闲时，将发生 START 条件

(2) 主接收模式

在主接收模式，从一个从发送器接收数据。当 START 条件已经传送后，中断服务程序必须加载从地址和数据方向位到 I²C 数据寄存器(I2DAT)中，然后清除 SI 位。在这种情况下，数据方向位(读/写)应为 1，表示读。主接收模式数据格式如图 12.7 所示。

1）数据接收格式

- 主机发送起始信号，开始数据通信；
- 主机对从机进行寻址，同时 R/W＝1；
- 从机发送应答信号，发送第 1 个字节数据；
- 主机发送应答信号；
- 从机发送下一个 1 字节数据；
- 主机发送应答信号；
- 从机发送最后一个字节后，主机发送非应答信号；
- 主机发送停止信号，结束数据通信。

主接收正确传输模式如图 12.7 所示。

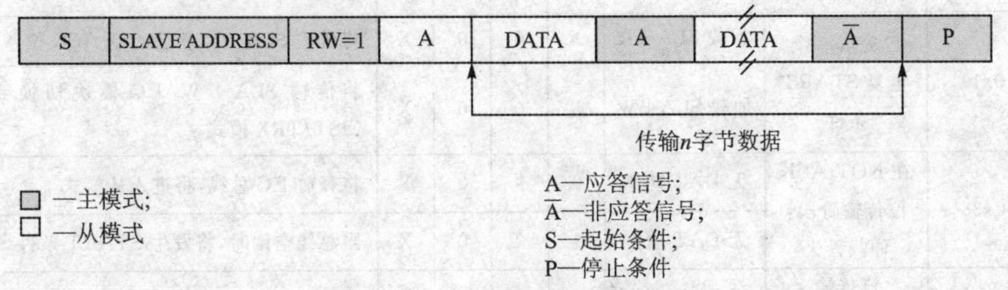

图 12.7　主接收正确传输模式

2）I²C 主接收模式操作步骤

① 写 0x20 到 I2C0CONSET，以设置 STA 位进入 I²C 主接收模式，I²C 逻辑在总线空闲后立即发送一个起始条件。

② 当发送完起始条件后，SI 会置位，此时 I2C0STAT 中的状态代码为 08H。该状态代码用于中断服务程序的处理。

③ 把从地址和读/写操作位装入 I2C0DAT 数据寄存器，然后清零 SI 位，开始发送从地址和 R 位.

④ 当从地址和 R 位发送完毕时，SI 再次置位，可能的状态代码为 38H、40H 或 48H。

⑤ 若状态码为 40H，则表明从机已应答。设置 AA 位，用来控制接收到数据后主机是产生应答信号，还是产生非应答信号，然后清零 SI 位，开始接收数据。

⑥ 当正确接收到一字节数据后，SI 位再次置位，可能的状态代码为 50H 或 58H。此时可以再次接收数据，或者置位 STO 结束。

主接收模式如表 12.16 所列。

2. I²C 从模式

当 LPC1100 系列配置为 I²C 从机时，I²C 主机可以对它进行读/写操作，此时从机处于从发送/接收模式。要初始化从接收模式，用户必须将从地址写入从地址寄存器(I2C0ADR),并按照表 12.17 配置 I^2C 控制置位寄存器(I2C0CONSET)。位 I2EN 必须设置为 1,以允许 I^2C 的功能。位 AA 设置为 1,用于识别从地址。STA、STO 和 SI 位均要设置为 0,当总线产生了一个停止条件时,STO 位由硬件自动置 0。从模式寄存器的位定义如表 12.17 所列。

表 12.16 主接收模式状态

<table>
<tr><th rowspan="3">状态码
I2C0STAT</th><th rowspan="3">I²C 总线
硬件状态</th><th colspan="5">应用软件响应</th><th rowspan="3">I²C 硬件执行的下一个动作</th></tr>
<tr><th rowspan="2">读/写
I2C0STAT</th><th colspan="4">写 I2C0CON</th></tr>
<tr><th>STA</th><th>STO</th><th>SI</th><th>AA</th></tr>
<tr><td>0x08</td><td>已发送
START 条件</td><td>加载 SLA+R</td><td>X</td><td>0</td><td>0</td><td>X</td><td>将传输 SLA+R,将会收到 ACK 位</td></tr>
<tr><td rowspan="2">0x10</td><td rowspan="2">已完成一个
重复 START
条件</td><td>加载 SLA+R</td><td>X</td><td>0</td><td>0</td><td>X</td><td>将传输 SLA+R,将会收到 ACK 位</td></tr>
<tr><td>加载 SLA+W</td><td>X</td><td>0</td><td>0</td><td>X</td><td>将传输 SLA+W,I²C 模块切换到 MST/TRX 模式</td></tr>
<tr><td rowspan="2">0x38</td><td rowspan="2">在 NOT ACK
位传输阶段,
仲裁丢失</td><td>无 DAT 动作</td><td>0</td><td>0</td><td>0</td><td>X</td><td>将释放 I²C 总线,将进入从模式</td></tr>
<tr><td>无 DAT 动作</td><td>1</td><td>0</td><td>0</td><td>X</td><td>当总线空闲时,将发生 START 条件</td></tr>
<tr><td rowspan="2">0x40</td><td rowspan="2">已传输
SLA+R;
已收到 ACK</td><td>无 DAT 动作</td><td>0</td><td>0</td><td>0</td><td>0</td><td>将收到数据字节,将返回 NOT ACK</td></tr>
<tr><td>无 DAT 动作</td><td>0</td><td>0</td><td>0</td><td>1</td><td>将收到数据字节,将返回 ACK</td></tr>
<tr><td rowspan="3">0x48</td><td rowspan="3">已传输
SLA+R;
已收到 NOT
ACK</td><td>无 DAT 动作</td><td>1</td><td>0</td><td>0</td><td>X</td><td>将发送 START 条件</td></tr>
<tr><td>无 DAT 动作</td><td>0</td><td>1</td><td>0</td><td>X</td><td>将发送 STOP 条件;STO 标志将复位</td></tr>
<tr><td>无 DAT 动作</td><td>1</td><td>1</td><td>0</td><td>X</td><td>将发送 STOP 条件,之后传输一个 START 条件;STO 标志将复位</td></tr>
<tr><td rowspan="2">0x50</td><td rowspan="2">数据字节
已收到;
已返回 ACK</td><td>读数据字节</td><td>0</td><td>0</td><td>0</td><td>0</td><td>将收到数据字节,将返回 NOT ACK</td></tr>
<tr><td>读数据字节</td><td>0</td><td>0</td><td>0</td><td>1</td><td>将收到数据字节,将返回 ACK</td></tr>
<tr><td rowspan="3">0x58</td><td rowspan="3">数据字节已
收到;已返
回 NOT ACK</td><td>读数据字节</td><td>1</td><td>0</td><td>0</td><td>X</td><td>将发送重复 START 条件</td></tr>
<tr><td>读数据字节</td><td>0</td><td>1</td><td>0</td><td>X</td><td>将发生 STOP 条件;STO 标志将复位</td></tr>
<tr><td>读数据字节</td><td>1</td><td>1</td><td>0</td><td>X</td><td>将发送 STOP 条件,之后传输一个 START 条件;STO 标志将复位</td></tr>
</table>

表 12.17 从模式寄存器 I2C0CONSET 配置

位	7	6	5	4	3	2	1	0
符　号	—	I2EN	STA	STO	SI	AA	—	—
值	—	1	0	0	0	1	—	—

(1) 从接收模式

当主机访问从机时，若读/写操作位为 0(W=0)，则从机进入从接收模式，接收主机发送过来的数据，并产生应答信号。从接收模式中，总线时钟、起始条件、从机地址、停止条件仍由主机产生。从接收模式数据格式如图 12.8 所示。

1) 接收数据格式

- 主机发送起始信号；
- 主机对从机进行寻址，同时 R/W=0；
- 从机发送应答信号；
- 主机发送第 1 个字节数据；
- 从机发送应答信号；
- 主机发送下一个 1 字节数据；
- 一直到所有数据发送完毕，主机发送停止信号，数据通信结束。

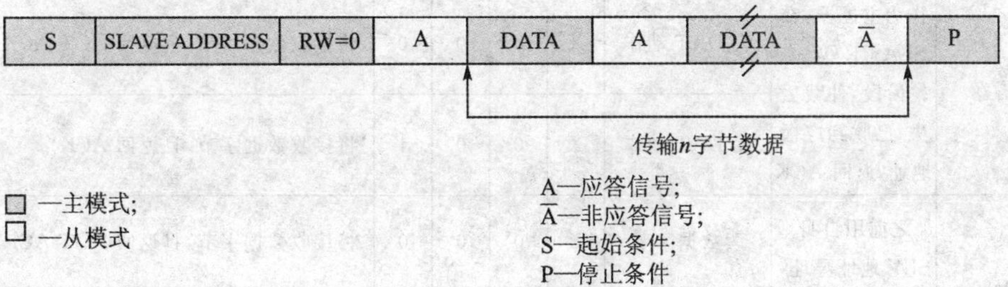

图 12.8 从接收模式数据格式

2) I²C 从接收模式操作步骤

① 当自身从地址和 W 位接收完毕后，SI 置位，I2C0STAT 可能的状态码为 60H 或 68H。

② 若状态码为 60H，则表明从机已应答。然后清零 SI 位，开始接收数据。

③ 当正确接收到一字节数据后，SI 位再次置位，可能的状态代码为 80H、88H、90H 或 98H，此时可以再次接收数据，或者置位 STO 结束。从接收模式的状态如表 12.18 所列。

表 12.18 从接收模式状态

状态码 I2C0STAT	I²C 总线硬件状态	应用软件响应					I²C 硬件执行的下一个动作
		读/写 I2C0STAT	写 I2C0CON				
			STA	STO	SI	AA	
0x60	已收到自身 SLA+W；已返回 ACK	无 DAT 动作	X	0	0	0	将接收数据字节，且返回 NOT ACK
		无 DAT 动作	X	0	0	1	将接收数据字节，且返回 ACK

续表 12.18

状态码 I2C0STAT	I^2C 总线硬件状态	应用软件响应					I^2C 硬件执行的下一个动作
		读/写 I2C0STAT	写 I2C0CON				
			STA	STO	SI	AA	
0x68	作为主控器,在 SLA+R/W 传输阶段,仲裁丢失;已收到自身 SLA+W,返回 ACK	无 DAT 动作	X	0	0	0	将接收数据字节,且返回 NOT ACK
		无 DAT 动作	X	0	0	1	将接收数据字节,且返回 ACK
0x70	已收到广播地址;已返回 ACK	无 DAT 动作	X	0	0	0	将接收数据字节,且返回 NOT ACK
		无 DAT 动作	X	0	0	1	将接收数据字节,且返回 ACK
0x78	作为主控器,在 SLA+R/W 传输阶段,仲裁丢失;已收到广播地址,返回 ACK	无 DAT 动作	X	0	0	0	将接收数据字节,且返回 NOT ACK
		无 DAT 动作	X	0	0	1	将接收数据字节,且返回 ACK
0x80	之前用自身 SLV 地址寻址,已收到 DATA;已返回 ACK	读数据字节	X	0	0	0	将接收数据字节,且返回 NOT ACK
		读数据字节	X	0	0	1	将接收数据字节,且返回 ACK
0x88	之前用自身 SLV 地址寻址;已收到 DATA;已返回 NOT ACK	读数据字节	0	0	0	0	转换到不能寻址 SLV 模式,不能识别自身 SLA 地址或广播地址
		读数据字节	0	0	0	1	转换到不可寻址 SLV 模式,将识别自身 SLV 地址,若 I2C0ADR[0]=1,则识别广播地址
		读数据字节	1	0	0	0	转换到不可寻址 SLV 模式,不能识别自身 SLV 地址。当总线空闲时,将发送一个 START 条件
		读数据字节	1	0	0	1	转换到不可寻址 SLV 模式,将识别自身 SLV 地址;若 I2C0ADR[0]=1,则识别广播地址。当总线空闲时,将发送一个 START 条件
0x90	之前用广播寻址,已收到 DATA;已返回 ACK	读数据字节	X	0	0	0	将接收数据字节,且返回 ACK
		读数据字节	X	0	0	1	将接收数据字节,且返回 NOT ACK

续表 12.18

状态码 I2C0STAT	I^2C 总线硬件状态	应用软件响应					I^2C 硬件执行的下一个动作
		读/写 I2C0STAT	写 I2C0CON				
			STA	STO	SI	AA	
0x98	之前用广播地址寻址，已收到 DATA；已返回 NOT ACK	读数据字节	0	0	0	0	转换到不能寻址 SLV 模式，不能识别自身 SLA 地址或广播地址
		读数据字节	0	0	0	1	转换到不可寻址 SLV 模式，将识别自身 SLV 地址；若 I2C0ADR[0]＝1，则识别广播地址
		读数据字节	1	0	0	0	转换到不可寻址 SLV 模式，不能识别自身 SLV 地址。当总线空闲时，将发送一个 START 条件
		读数据字节	1	0	0	1	转换到不可寻址 SLV 模式，将识别自身 SLV 地址；若 I2C0ADR[0]＝1，则识别广播地址。当总线空闲时，将发送一个 START 条件
0xA0	当作为 SLV/REC 或 SLV/TRX 寻址时，已收到 STOP 条件或重复 START 条件	无 DAT 动作	0	0	0	0	转换到不能寻址 SLV 模式，不能识别自身 SLA 地址或广播地址
		无 DAT 动作	0	0	0	1	转换到不可寻址 SLV 模式，将识别自身 SLV 地址；若 I2C0ADR[0]＝1，则识别广播地址
		无 DAT 动作	1	0	0	0	转换到不可寻址 SLV 模式，不能识别自身 SLV 地址。当总线空闲时，将发送一个 START 条件
		无 DAT 动作	1	0	0	1	转换到不可寻址 SLV 模式，将识别自身 SLV 地址；若 I2C0ADR[0]＝1，则识别广播地址。当总线空闲时，将发送一个 START 条件

(2) 从发送模式

当主机访问从机时，若读/写操作位为 1(R＝1)，则从机进入从发送模式，向主机发送数据，并等待主机的应答信号。从发送模式中，总线时钟、起始条件、从机地址、停止条件仍由主机产生。

第一个字节的接收和处理与从接收模式一样，但该模式下读/写操作位为 1，表示读操作。串行数据通过 SDA 传输，串行时钟由 SCL 输入。

1) 数据发送格式

- 主机发送起始信号，开始数据通信；

● 主机对从机进行寻址，同时 R/W=1；
● 从机发送应答信号，发送 1 字节数据；
● 主机发送应答信号；
● 从机发送下一个字节数据；
● 主机发送应答信号；
● 一直到数据发送完毕后，主机发送非应答信号；
● 主机发送停止信号，结束数据通信。

从发送正确传输模式如图 12.9 所示。使用从模式 I²C 时，用户程序只需要在 I²C 中断服务程序完成各种数据操作，即是根据各种状态码作出相应的操作。

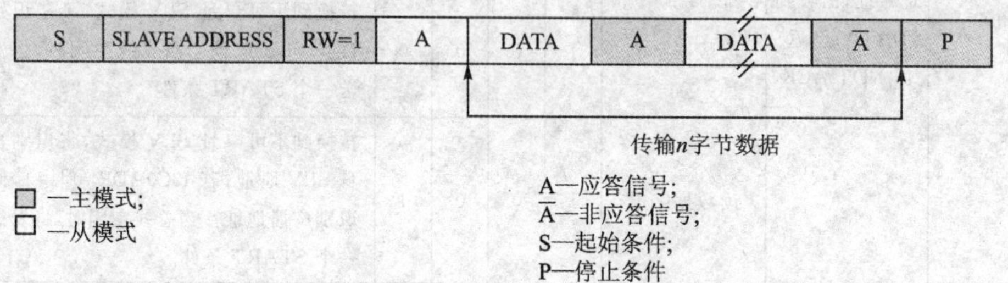

图 12.9 从发送模式数据格式

2) I²C 从发送模式操作步骤

① 当自身从地址和 R 位接收完毕后，SI 位置位，I2C0STAT 可能的状态代码为 A8H 或 B0H。

② 若状态码为 A8H，表明从机已应答，则可以将数据装入 I2C0DAT，然后清零 SI 位，开始发送数据。

③ 当数据发送正确，SI 位再次置位后，可能的状态代码为 B8H、C0H 或 C8H，此时可以再次发送数据，或者置位 STO 结束。从发送模式状态如表 12.19 所列。

表 12.19 从发送模式状态

状态码 I2C0STAT	I²C 总线硬件状态	应用软件响应					I²C 硬件执行的下一个动作
		读/写 I2C0STAT	写 I2C0CON				
			STA	STO	SI	AA	
0xA8	已收到自身 SLA+R；已返回 ACK	加载数据字节	X	0	0	0	将传输最后一个数据字节，将收到 ACK
		加载数据字节	X	0	0	1	将传输数据字节，将收到 ACK

续表 12.19

状态码 I2C0STAT	I²C 总线硬件状态	应用软件响应					I²C 硬件执行的下一个动作
		读/写 I2C0STAT	写 I2C0CON				
			STA	STO	SI	AA	
0xB0	作为主控器，在 SLA+R/W 传输阶段，仲裁丢失，已收到自身 SLA+R，返回 ACK	加载数据字节	X	0	0	0	将传输最后一个数据字节，将收到 ACK
		加载数据字节	X	0	0	1	将传输数据字节，将收到 ACK
0xB8	I2C0DAT 中的数据已发送；已接收到 ACK	加载数据字节	X	0	0	0	将传输最后一个数据字节，将收到 ACK
		加载数据字节	X	0	0	1	将传输数据字节，将收到 ACK
0xC0	I2C0DAT 中的数据字节已发送；已接收到 NOT ACK	无 DAT 动作	0	0	0	0	转换到不能寻址 SLV 模式，不能识别自身 SLA 地址或广播地址
		无 DAT 动作	0	0	0	1	转换到不可寻址 SLV 模式，将识别自身 SLV 地址；若 I2C0ADR[0]=1，则识别广播地址
		无 DAT 动作	1	0	0	0	转换到不可寻址 SLV 模式，不能识别自身 SLV 地址。当总线空闲时，将发送一个 START 条件
		无 DAT 动作	1	0	0	1	转换到不可寻址 SLV 模式，将识别自身 SLV 地址；若 I2C0ADR[0]=1，则识别广播地址。当总线空闲时，将发送一个 START 条件
0xC8	I2C0DAT 中的数据字节已发送(AA=0)；已接收到 ACK	无 DAT 动作	0	0	0	0	转换到不能寻址 SLV 模式，不能识别自身 SLA 地址或广播地址
		无 DAT 动作	0	0	0	1	转换到不可寻址 SLV 模式，将识别自身 SLV 地址；若 I2C0ADR[0]=1，则识别广播地址
		无 DAT 动作	1	0	0	0	转换到不可寻址 SLV 模式，不能识别自身 SLV 地址。当总线空闲时，将发送一个 START 条件
		无 DAT 动作	1	0	0	1	转换到不可寻址 SLV 模式，将识别自身 SLV 地址；若 I2C0ADR[0]=1，则识别广播地址。当总线空闲时，将发送一个 START 条件

12.6 I²C 应用程序设计

1. 任务描述

通过 LPC1114 的 I²C 接口与一个具有 I²C 接口的 E²PROM M24C64 进行数据传输，LPC1114 对 E²PROM 写入 4 个字节数据 0x12、0x34、0x56、0x78。然后读出验证，若校验通过，则 LED 闪烁一次，否则不停地闪烁。

硬件连接电路如图 12.10 所示。

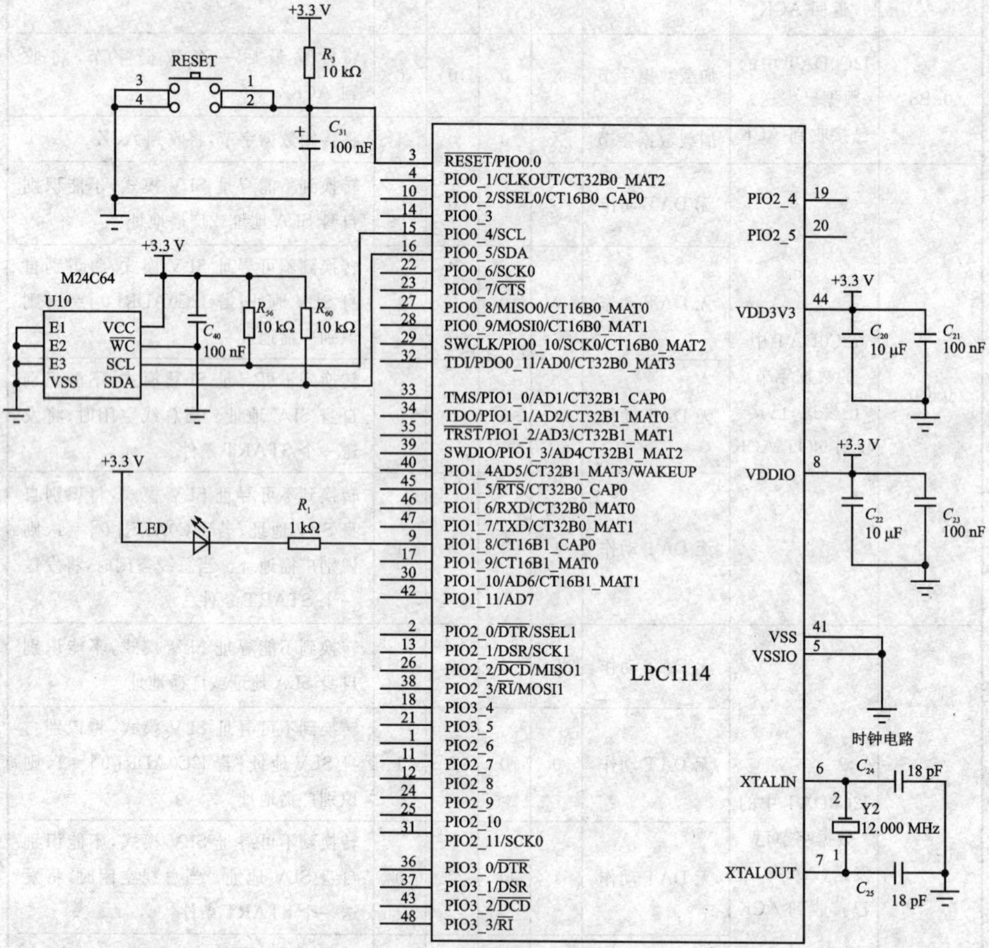

图 12.10 I²C 通信连接电路图

2. 任务分析

本任务是 LPC1114 与 M24C64 E²PROM 之间通过 I²C 进行数据传输。下面简要介绍 M24C64 芯片的相关知识。

M24C64 是带有串行 I²C 总线的 E²PROM 芯片，具有 8 个引脚，引脚名称和功能描述如下：

E1、E2、E3——片选，决定 M24C64 的地址；

SCL——时钟线；

SDA——数据线；

WC——写保护；

VCC——电源（1.8～5.5 V）；

VSS——地。

图 12.11、图 12.12 是 M24C64 读和写操作的时序图。

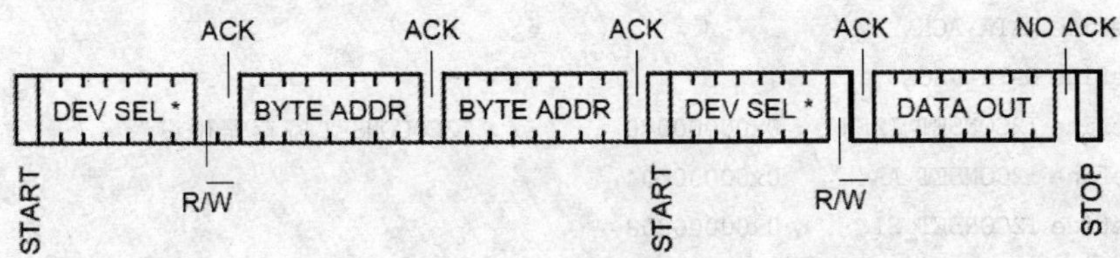

图 12.11　M24C64 读时序图

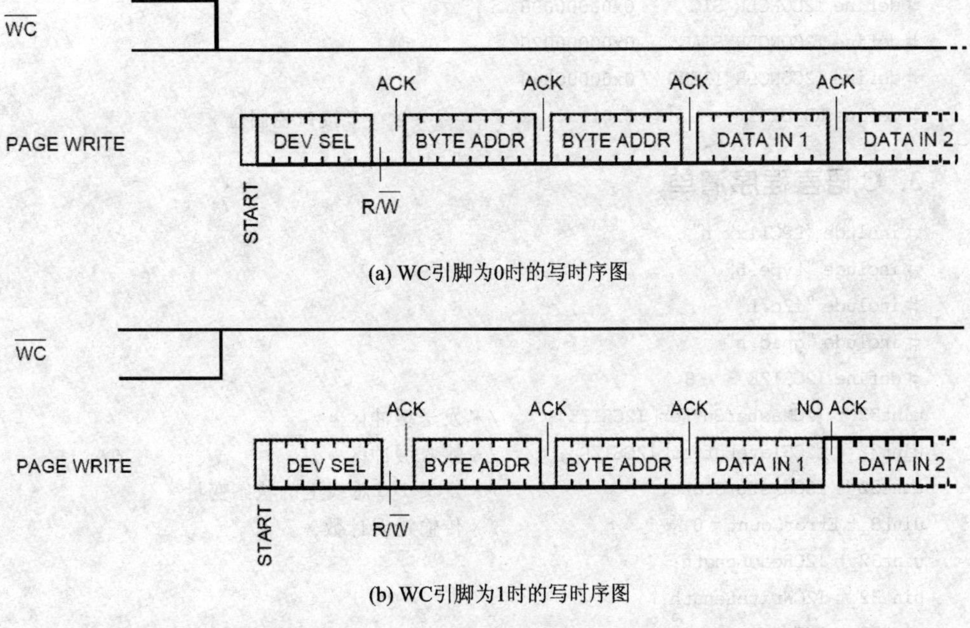

图 12.12　M24C64 写时序图

当 WC 引脚为低电平时，写入允许；若为高电平，则选择设备和地址可以写入，但数据不能写入。

软件是采用 I²C 通信方式对 E²PROM 写入 4 个字节，并把这 4 个字节保存到一个发送数据缓冲区数组中，然后再读 E²PROM 写入数据地址中的 4 个字节，保存到接收缓冲区数组中，并进行验证；把两个缓冲区的数据作比较，若相等，则 LED 闪一下，否则不断闪烁。

在下面程序中用到的常量在 i2c.h 头文件中有定义，如下所示：

```
#define I2SCLH_SCLH   0x00000180              /*定义 I²C 占空比，以设置 I²C 传输速率*/
#define I2SCLL_SCLL   0x00000180
#define I2C_IDLE             0                /*I²C 传输状态标志位的设置*/
#define I2C_STARTED          1
#define I2C_RESTARTED        2
#define I2C_REPEATED_START   3
#define DATA_ACK             4
#define DATA_NACK            5
#define I2CONSET_I2EN     0x00000040          /*I2C0CONSET 寄存器位设置*/
#define I2CONSET_AA       0x00000004
#define I2CONSET_SI       0x00000008
#define I2CONSET_STO      0x00000010
#define I2CONSET_STA      0x00000020
#define I2CONCLR_AAC      0x00000004          /*I2C0CONCLR 寄存器位设置*/
#define I2CONCLR_SIC      0x00000008
#define I2CONCLR_STAC     0x00000020
#define I2CONCLR_I2ENC    0x00000040
#define RD_BIT            0x01                /*读 I²C 接口控制位* /
```

3. C 语言程序清单

```
#include "LPC11xx.h"
#include "type.h"
#include "i2c.h"
#include "gpio.h"
#define I2CSIZE     8
uint32_t I2CMasterBuffer[I2CSIZE];        /*发送缓冲区*/
uint32_t I2CSlaveBuffer[I2CSIZE];         /*接收缓冲区*/
uint32_t I2CMasterState;                  /*定义 I²C 总线上的状态变量*/
uint8_t ErrorCount = 0;                   /*传输错误计数*/
uint32_t I2CReadLength;
uint32_t I2CWriteLength;
uint32_t RdIndex = 0;
uint32_t WrIndex = 0;
uint32_t I2CCount;                        /*数据长度*/
#define M24C64_ADDR   0x0A0               /*E²PROM 地址*/
```

```
/*****************************************************
** 函数名：DelayNs()
** 描述：  延时程序
** 参数：  延时参数，值越大，延时越长
** 返回值：无
*****************************************************/
void DelayNs(uint32_t dly)
{
    uint32_t i;
    for(;dly>0;dly--)
        for(i=0;i < 50000;i++);
}
/*****************************************************
** 函数名：I2CInit
** 描述：  初始化 I²C 控制器
** 参数：  无
** 返回值：无
*****************************************************/
uint32_t I2CInit(void)
{
    LPC_SYSCON->PRESETCTRL |= (0x01 << 1);      /*禁止 I²C 软件复位*/
    LPC_SYSCON->SYSAHBCLKCTRL |= (1 << 5);      /*允许使用 I²C 时钟*/
    LPC_IOCON->PIO0_4 &= ~0x3F;                 /*设置 I/O 引脚为 I²C 的 SCL 引脚*/
    LPC_IOCON->PIO0_4 |= 0x01;
    LPC_IOCON->PIO0_5 &= ~0x3F;                 /*设置引脚为 I²C SDA*/
    LPC_IOCON->PIO0_5 |= 0x01;
    LPC_I2C->CONCLR = I2CONCLR_AAC| I2CONCLR_SIC | I2CONCLR_STAC
                    | I2CONCLR_I2ENC;           /*清除所有标志位*/
    LPC_I2C->SCLL   = I2SCLL_SCLL;
    LPC_I2C->SCLH   = I2SCLH_SCLH;
    NVIC_EnableIRQ(I2C_IRQn);                   /*使能 I²C 中断*/
    LPC_I2C->CONSET = I2CONSET_I2EN;            /*允许 I²C 通信*/
    return(TRUE);
}
/*****************************************************
** 函数名：I2CStart
** 描述：  创建 I²C 开始条件，如果 I²C 一直没有开始，则会设置一个超时值，
**         这是一个致命错误
** 参数：  无
** 返回值：真或假，如果超时返回假
*****************************************************/
uint32_t I2CStart(void)
```

```
{
    uint32_t timeout = 0;
    uint32_t retVal = FALSE;
    LPC_I2C->CONSET = I2CONSET_STA;            /* 发送一个起始条件 */
    while(1)
    {
        if (I2CMasterState == I2C_STARTED)     /* 若检测到起始条件,则返回 TRUE */
        {
            retVal = TRUE;
            break;
        }
        if (timeout >= MAX_TIMEOUT)            /* 若超时,则返回 FALSE */
        {
            retVal = FALSE;
            break;
        }
        timeout++;
    }
    return(retVal);
}
/*****************************************************************
** 函数名:I2CStop
** 描述:   设置 I²C 结束条件,如果没有正常退出,则这是一个致命总线错误
** 参数:   无
** 返回值:真或永远不返回
*****************************************************************/
uint32_t I2CStop(void)
{
    LPC_I2C->CONSET = I2CONSET_STO;            /* 输出一个 STOP 条件 */
    LPC_I2C->CONCLR = I2CONCLR_SIC;            /* 清除 SI 标志位 */
    while(LPC_I2C->CONSET & I2CONSET_STO); /* 等待检测到停止条件,STO 会自动清零 */
    return TRUE;                               /* 检测到停止条件后返回 TRUE */
}
/*****************************************************************
** 函数名:I2CEngine
** 描述:   完成数据的传输,所有的具体步骤都是在中断中完成的
** 参数:   无
** 返回值:TRUE 或 FALSE
*****************************************************************/
uint32_t I2CEngine(void)
{
    I2CMasterState = I2C_IDLE;                 /* 设置为空闲状态 */
```

```
    RdIndex = 0;
    WrIndex = 0;
    if (I2CStart() != TRUE)                     /* 判断发送起始条件是否成功 */
    {
        I2CStop();                            /* 若失败,则发送结束条件,并返回 FALSE */
        return (FALSE);
    }
    while (1)
    {
        if (I2CMasterState == DATA_NACK) /* 若当前接收的是 NACK,发送/接收完毕 */
        {
            I2CStop();                  /* 发送结束条件 */
            break;
        }
    }
    return (TRUE);                              /* 否则返回 TRUE */
}
/*****************************************************************
** 函数名:I2C_IRQHandler
** 描述:  I²C 中断处理程序,只在主模式
** 参数:  无
** 返回值:无
*****************************************************************/
void I2C_IRQHandler(void)
{
    uint8_t StatValue;
    StatValue = LPC_I2C->STAT;                  /* 读 I²C 的状态 */
    switch (StatValue)
    {
      case 0x08:                                /* 已发送一个起始条件 */
        WrIndex = 0;                            /* 指针指向数组 I2CMasterBuffer[0] */
        LPC_I2C->DAT = I2CMasterBuffer[WrIndex++]; /* 加载 SLA + W 字节 */
        LPC_I2C->CONCLR = (I2CONCLR_SIC | I2CONCLR_STAC); /* 清除标志位 STA,SI */
        I2CMasterState = I2C_STARTED;           /* I²C 总线上已经发送了起始条件 */
        break;
      case 0x10:                                /* 已发送一个重复起始条件 */
        RdIndex = 0;
        LPC_I2C->DAT = I2CMasterBuffer[WrIndex++]; /* 加载 SLA + R 字节 */
        LPC_I2C->CONCLR = (I2CONCLR_SIC | I2CONCLR_STAC); /* 清除标志位 STA,SI */
        I2CMasterState = I2C_RESTARTED;         /* 已发送一个重复起始条件 */
        break;
      case 0x18:                                /* 已发送 SLA + W 字节,已收到 ACK */
```

```
        if (I2CMasterState == I2C_STARTED)      /* 如果已发送起始条件 */
        {
            LPC_I2C->DAT = I2CMasterBuffer[WrIndex++]; /* 加载数据字节 */
            I2CMasterState = DATA_ACK;          /* 返回 ACK */
        }
        LPC_I2C->CONCLR = I2CONCLR_SIC;         /* 清除标志位 SI */
        break;
    case 0x28:                                  /* 已发送数据字节,已收到 ACK */
    case 0x30:                                  /* 已发送数据字节,已收到 NACK */
        if (WrIndex < I2CWriteLength)           /* 若小于写字节长度,数据未传输完 */
        {
            LPC_I2C->DAT = I2CMasterBuffer[WrIndex++]; /* 加载数据字节 */
            I2CMasterState = DATA_ACK;          /* 返回 ACK */
        }
        else                                    /* 否则,数据发送完毕 */
        {
            if (I2CReadLength != 0)             /* 若读字节长度不为零,则要进入接收
                                                   数据状态 */
            {
                LPC_I2C->CONSET = I2CONSET_STA;
                I2CMasterState = I2C_REPEATED_START; /* 已经发送一个重复起始条件 */
            }
            else                                /* 否则,不是接收数据状态 */
            {
                I2CMasterState = DATA_NACK;     /* 数据发送完,返回 NACK 位 */
                LPC_I2C->CONSET = I2CONSET_STO; /* 发送一个结束条件 */
            }
        }
        LPC_I2C->CONCLR = I2CONCLR_SIC;         /* 清除 SI 标志位 */
        break;
    case 0x40:                                  /* 进入主接收状态,SLA+R 已经发送 */
        LPC_I2C->CONSET = I2CONSET_AA;          /* 已经接收到应答信号,数据接收到 */
        LPC_I2C->CONCLR = I2CONCLR_SIC;         /* 清除 SI 标志位 */
        break;
    case 0x50:
        I2CSlaveBuffer[RdIndex++] = LPC_I2C->DAT;      /* 接收数据字节 */
        if (RdIndex < I2CReadLength)
        {
            I2CMasterState = DATA_ACK;          /* 若小于读字节长度,则返回 ACK,继续
                                                   接收数据 */
        }
        else
```

```
        {
            I2CMasterState = DATA_NACK;          /* 否则,数据接收完毕,返回 NACK */
        }
        LPC_I2C->CONSET = I2CONSET_AA;           /* 已经接收到应答信号,数据接收到 */
        LPC_I2C->CONCLR = I2CONCLR_SIC;          /* 清除 SI 标志位 */
        break;
      case 0x58:                                 /* 已收到数据,已收到 NACK */
        I2CSlaveBuffer[RdIndex++] = LPC_I2C->DAT;    /* 接收数据字节 */
        I2CMasterState = DATA_NACK;              /* 返回 NACK */
        LPC_I2C->CONSET = I2CONSET_STO;          /* 发送一个结束标志位 */
        LPC_I2C->CONCLR = I2CONCLR_SIC;          /* 清除中断标志位 SI */
        break;
      case 0x20:
      case 0x48:                                 /* SLA + R 已传输,已收到 NACK */
        LPC_I2C->CONCLR = I2CONCLR_SIC;          /* 清除中断标志位 SI */
        I2CMasterState = DATA_NACK;              /* 返回 NACK */
        break;
      case 0x38:                                 /* 仲裁丢失 */
      default:
        LPC_I2C->CONCLR = I2CONCLR_SIC;
        break;
    }
}
/*************************************************************
** 函数名:   LEDError ()
** 描述:     读 EEPROM 错误灯报警
** 入口参数:无
** 返回值:   无
*************************************************************/
void LEDError(void)
{
  while(1)
  {
      GPIOSetValue(1,8,0);                       /* 点亮 LED */
      DelayNs(2);
      GPIOSetValue(1,8,1);                       /* LED 熄灭 */
      DelayNs(2);
  }
}
/*************************************************************
** 函数名:    main
** 描述:      主程序
```

```
** 入口参数：无
** 返回值：  无
*****************************************************************/
int main(void)
{
    uint32_t  i;
    SystemInit();
    GPIOInit();                        /* 初始化 GPIO */
    GPIOSetDir(1,8,1);                 /* 配置 PIO1_8 为输出 */
    I2CInit();
    I2CWriteLength = 7;
    I2CReadLength = 0;
    I2CMasterBuffer[0] = M24C64_ADDR;  /* E²PROM 地址写入发送缓冲区数组 */
    I2CMasterBuffer[1] = 0x00;         /* E²PROM 内部存储器地址写入发送缓冲区数组 */
    I2CMasterBuffer[2] = 0x00;
    I2CMasterBuffer[3] = 0x12;         /* 要传送的第一个数保存到发送缓冲区数组 */
    I2CMasterBuffer[4] = 0x34;         /* 要传送的第二个数保存到发送缓冲区数组 */
    I2CMasterBuffer[5] = 0x56;         /* 要传送的第三个数保存到发送缓冲区数组 */
    I2CMasterBuffer[6] = 0x78;         /* 要传送的第四个数保存到发送缓冲区数组 */
    I2CEngine();                       /* 通过 I²C 发送数据到 E²PROM */
    for(i = 0;i < 0x30000;i++);        /* 延时 */
    for(i = 0;i < I2CSIZE;i++)
{
        I2CSlaveBuffer[i] = 0x00;      /* 清零接收缓冲区 */
}
        I2CWriteLength = 4;            /* 写数据长度 4 个字节 */
        I2CReadLength = 4;             /* 读数据长度 4 个字节 */
        I2CMasterBuffer[0] = M24C64_ADDR;    /* E²PROM 地址写入发送缓冲区数组 */
        I2CMasterBuffer[1] = 0x00;     /* E²PROM 内部存储器地址写入发送缓冲区数组 */
        I2CMasterBuffer[2] = 0x00;
        I2CMasterBuffer[3] = M24C64_ADDR|RD_BIT;
        I2CEngine();                   /* 接收 E²PROM 存储单元的数据 */
        for(i = 0;i < 4;i++)       /* 比较发送的 4 个数据和接收的 4 个数据是否相等 */
{
        if(I2CSlaveBuffer[i] != I2CMasterBuffer[i + 3])
            ErrorCount++;              /* 若不相等,错误次数加 1 */
}
if(ErrorCount == 0)
{
    GPIOSetValue(1, 8, 0);             /* 如果传输正确,LED 闪烁一次 */
    DelayNs(2);
    GPIOSetValue(1, 8, 1);
```

```
}
else
{
    LEDError();                                 /*若传输错误,则报警*/
}
while(1);
}
```

备注:在程序中用到的以下变量在 LPC11xx.h 中定义的寄存器别名如下:

LPC_I2C－＞DAT—— I2C0STAT 寄存器;

LPC_I2C－＞CONCLR——I2C0CONCLR 寄存器;

LPC_I2C－＞CONSET——I2C0CONSET 寄存器。

4. 操作步骤

① 在 Keil 软件中建立新工程,选择芯片,新建程序文件,把程序文件加载到工程。

② 把计算机和目标板通过 USB 接口线连接起来。

③ 编译链接,编译成功后,可以在线调试,单步运行;或者下载.HEX 到目标板。

④ 观察 LED。

12.7 思考与练习

1. 简述 I²C 相关引脚的名称和功能。
2. I²C 有哪些相关寄存器,各个寄存器的功能是什么?
3. 简述 I²C 控制置位寄存器的每位含义。
4. 简述 I²C 主发送模式操作步骤。
5. 简述 I²C 主接收模式的数据接收格式。

第 13 章 NXP LPC1100 系列 SSP 同步串口应用

学习目标：会运用 NXP LPC1100 芯片的 SSP 总线进行编程操作。

学习内容：1. SSP 总线特性；

2. SSP 总线引脚；

3. SSP 总线相关寄存器；

4. SSP 总线应用。

13.1 SSP 总线概述

1. 什么是 SSP 总线

SSP 是同步串行端口控制器，可控制 SPI、SSI 和 Microwire 总线。它可以与总线上的多个主机和从机相互作用。在数据传输过程中，总线上只能有一个主机与一个从机进行通信。原则上数据传输是全双工的，4～16 位帧的数据由主机发送到从机或由从机发送到主机。但实际上，大多数情况下只有一个方向上的数据流包含有意义的数据。

SPI（Serial Peripheral Interface）顾名思义就是串行外围设备接口，是 Motorola 首先在其 MC68HCXX 系列处理器上定义的。SPI 是一种标准的四线同步双向串行总线，并且在芯片的引脚上只占用 4 根线，节约了芯片的引脚，同时为 PCB 的布局节省空间提供方便。正是出于这种简单易用的特性，现在在多个从设备的系统中越来越多的芯片集成了这种通信协议，但是每个从设备需要独立的使能信号，硬件上比 I^2C 系统要稍微复杂一些。SPI 接口主要应用在 E^2PROM、Flash、实时时钟、A/D 转换器，以及数字信号处理器和数字信号解码器之间。

SSI（Synchronous Serial Interface）同步串行接口是各类 DSP 处理器中的常见接口。工作在网络模式下的 SSI 端口在某些应用场合非常重要。SSI 接口通信协议是一种带有帧同步信号的串行数据协议，全双工的串行接口，允许芯片与多种串行设备通信，是高精度绝对值角度编码器中较常用的接口方式。SSI 采用主机主动式读出方式，即在主控者发出的时钟脉冲的控制下，从最高有效位（MSB）开始同步传输。

Microwire 是美国国家半导体公司 NS 推出的同步串行总线，串行接口是 SPI 的精简接口,能满足通常外设的需求。Microwire 串行接口是一种简单的四线串行接口,由串行数据输入(SI)、串行数据输出(SO)、串行移位时钟(SK)、芯片选择(CS)组成,可实现高速的串行数据通信。它允许连接多片单片机和外围器件,因此,总线具有更大的灵活性和可变性,非常适用于分布式、多处理器的单片机测控系统。要改变一个系统,只需改变连接到总线上的单片机及外围器件的数量和型号即可。

2. 什么是同步串行通信

基本的通信方式有两种:并行通信和串行通信。串行通信有两种基本工作方式:异步方式和同步方式。通信的基本知识第 11 章已经介绍过,不再赘述。

同步(synchronous)方式是指当没有数据发送时,传输线处于空闲状态。为了表示数据传输的开始,发送方先发送一个或两个特殊字符,称该字符为同步字符。当发送方和接收方达到同步后,就可以连续地发送数据,不需要起始位和停止位了,可以显著地提高数据的传输速率。采用同步方式传送的发送过程中,收发双方须由同一个时钟来协调,用来确定串行传输每一位的位置。在接收数据时,接收方可利用同步字符将内部时钟与发送方保持同步,然后将同步字符后面的数据逐位移入,并转换成并行格式,直至收到结束符为止。

3. LPC1100 系列 SSP 同步串行通信模块

LPC1100 系列有两个 SSP 模块(SSP0,SSP1),第二个 SSP 模块(SSP1)只存在 LQFP48 和 PLCC44 封装,而 HVQFN33 封装没有 SSP1 模块。LPC1100 系列 SSP 模块支持主机和从机操作,收发均有 8 帧 FIFO,每帧有 4~16 位数据。

13.2 SSP 相关引脚

LPC1100 系列芯片 SSP 相关的引脚有 4 个,具体说明如表 13.1 所列。

表 13.1 SSP 引脚名称及说明

SSP 引脚名称	类 型	描 述
SCK0/1	I/O	串行时钟。 用来同步数据传输的时钟信号,它由主机来驱动。时钟可编程为高电平或低电平有效,默认高电平有效。SCK 电平只可以在数据传输过程中改变,其余时间它是无效的状态,处于高阻态
SSEL0/1	I/O	帧同步/从机选择。 当 SSP 作为主机时,在传输数据之前驱动它为有效状态,在数据传输完毕之后设置为无效状态。该信号为高电平有效还是低电平有效,取决于所选择的总线模式。当 SSP 作为从机时,该信号根据使用的协议决定从主机发出的数据。 当只有一个主机和一个从机时,主机的信号与从机相应的信号相连;当有多个从机时,要注意设置好从机的选择输入,避免出现一次传输多个从机响应的情况

续表 13.1

SPI 引脚名称	类 型	描 述
MISO0/1	I/O	主机输入，从机输出。 当 SSP 是从机时，从该引脚输出串行数据到主机。当 SSP 为主机时，该引脚接收串行数据。当 SSP 为从机，且不被 FS/SSEL 选择时，它不驱动该信号(使其处于高阻态)
MOSI0/1	I/O	主机输出从机输入。 当 SSP 为主机时，从该引脚输出串行数据到从机。当 SSP 为从机时，该引脚接收串行数据

表 13.1 中的 SCK0 是 SSP0 的引脚，SCK1 是 SSP1 的引脚。SSEL0/1、MISO0/1、MOSI0/1 同理。SSP 典型应用电路连接图如图 13.1 所示。

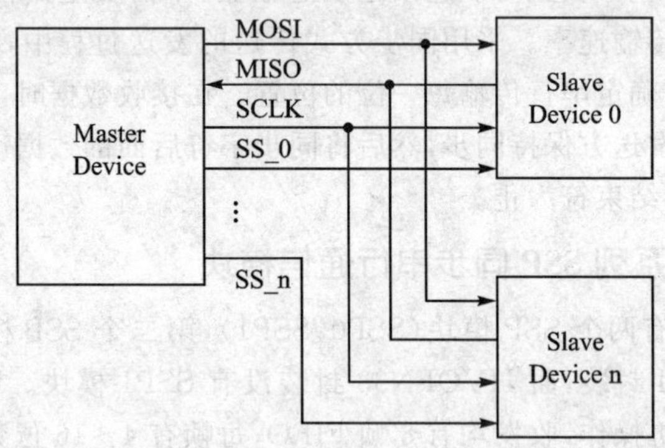

图 13.1 SSP 典型应用电路连接图

13.3 SSP 总线帧传输格式

SSP 接口是一个 4 线接口，它的 SSEL 信号用做从机选择。SSP 格式的主要特性是 SCK 信号的无效状态和相位可通过 SSPCR0 控制寄存器的 CPOL 位和 CPHA 位来编程设定。

若 SSP 总线空闲，则当 CPOL 为 0 时，SCK 引脚产生一个稳定的低电平；当 CPOL 为 1 时，SCK 引脚产生一个稳定的高电平。CPHA 控制位用来选择捕获数据的时钟沿。它将对通信时传输的第一个位产生重要影响。当 CPHA 为 0 时，数据在第 1 个时钟沿(SSEL 引脚由无效变为有效以后的第一个 SCK 跳变)被捕获。当 CPHA 为 1 时，数据在第 2 个时钟沿被捕获。

(1) CPOL=0，CPHA=0 时的 SSP 帧格式

当 CPOL=0，CPHA=0 时，SSP 格式的单帧传输和连续帧传输信号时序如图 13.2 所示。

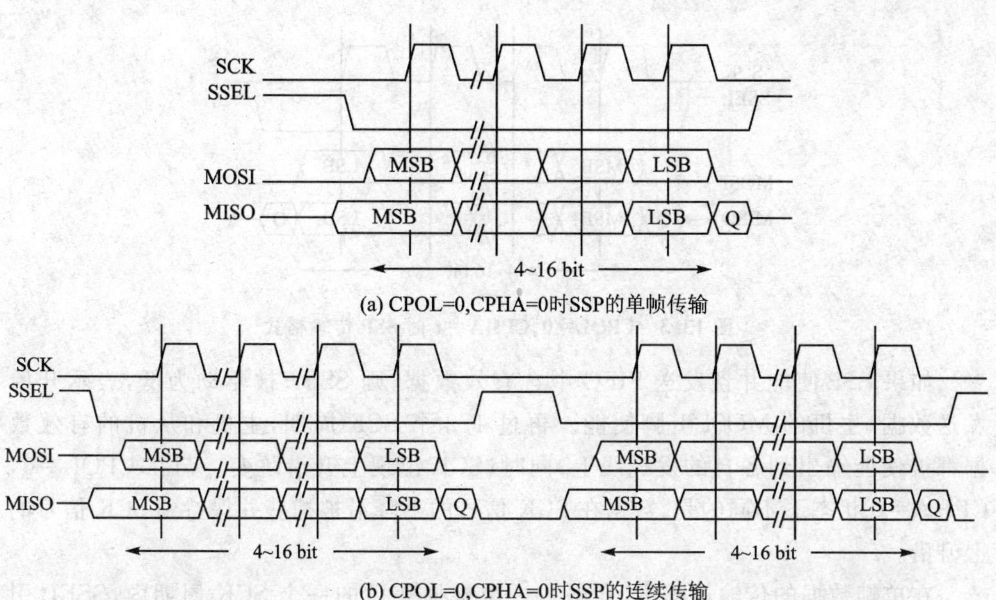

(a) CPOL=0,CPHA=0时SSP的单帧传输

(b) CPOL=0,CPHA=0时SSP的连续传输

图 13.2 信号时序

从图 13.2 中可以看出,当 CPOL=0,CPHA=0 时,总线在空闲期间,SCK 信号强制为低,SSEL 强制为高,MOSI/MISO 引脚处于高阻态。

如果 SSP 使能并且发送 FIFO 中装载了有效数据,则 SSEL 信号驱动为低,指示数据发送开始。这就使得主机的 MOSI 引脚被使能,从机的数据也出现在 MISO 引脚上。1/2 个 SCK 周期后,主机发送的数据传输到 MOSI 引脚,从机发送的数据传输到 MISO 引脚。由于主机和从机数据都被设置,故再过 1/2 个 SCK 周期,SCK 引脚发生上升沿跳变。此时,数据在 SCK 信号的上升沿被捕获,并保持到 SCK 的下降沿。

在单帧数据发送时,在最后一个数据位被捕获的一个 SCK 周期后,SSEL 返回至高电平状态。

在连续帧发送过程中,每个数据帧之间 SSEL 信号必须为高电平。这是因为当 CPHA 位为 0 时,从机选择引脚冻结了串行外围寄存器中的数据,不允许改变。因此,在每次数据帧传输之间,主器件必须拉高从器件的 SSEL 引脚,来使能串行外设数据的写操作。当连续帧传输结束,最后一位被捕获的一个 SCK 周期结束后,SSEL 返回到高电平状态。

(2) CPOL=0,CPHA=1 时的 SSP 帧格式

当 CPOL=0,CPHA=1 时,SSP 格式的传输信号时序如图 13.3 所示,它包括单帧传输和连续传输两种方式。

从图中可以看出,当 CPOL=0,CPHA=1 时,总线在空闲期间,SCK 信号强制为低,SSEL 强制为高,MOSI/MISO 引脚处于高阻态。

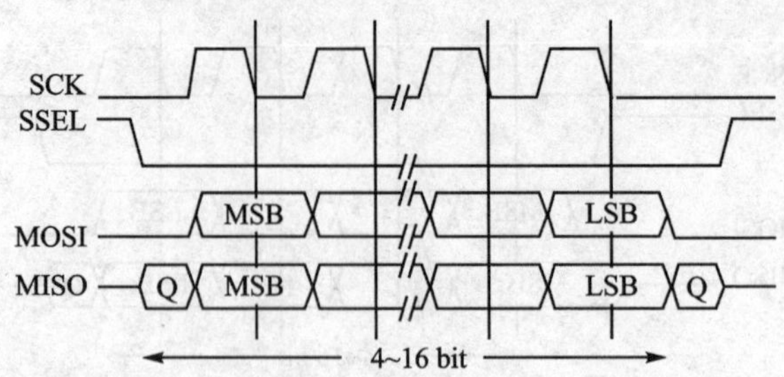

图 13.3 CPOL=0,CPHA=1 时 SSP 传输格式

如果 SSP 使能并且发送 FIFO 中含有效数据,则 SSEL 被驱动为低,表示开始发送数据,主机的 MOSI 引脚使能。再过 1/2 个 SCK 周期,主机和从机的有效数据都被使能输出到各自的发送线上;同时,SCK 出现上升沿跳变。与在 CPOL=0, CPHA=0 状态下不同的是,数据在 SCK 信号的下降沿被捕获并保持到 SCK 信号的上升沿。

在单帧数据的传输过程中,在最后一位被捕获后的一个 SCK 周期内,SSEL 引脚返回到高电平状态。

对于连续帧的数据传输,与在 CPOL=0,CPHA=0 状态下不同的是,SSEL 在两个连续的帧数据之间保持低电平。当连续帧传输结束,在捕获最后一位的一个 SCK 周期后,SSEL 返回到高电平状态。

(3) CPOL=1,CPHA=0 时的 SSP 格式

当 CPOL=1,CPHA=0 时,SSP 格式包括单帧和连续帧传输两种形式,时序如图 13.4 所示。

如图 13.4 所示,在空闲期间,SCK 信号强制为高,SSEL 强制为高,发送 MOSI/MISO 引脚为高阻态。

如果 SSP 使能且在发送 FIFO 中存在有效数据,那么 SSEL 就会被驱动为低电平,表示开始发送数据。这就使从机数据立即传输到主机的 MISO 线上。主机的 MOSI 引脚使能,1/2 个 SCK 周期后,有效的主机数据被传送到 MOSI 线。由于主机和从机数据都已设定,因此再过 1/2 个 SCK 周期后,SCK 主时钟引脚变为低电平。这意味着在 SCK 信号的下降沿捕获数据并保持到 SCK 上升沿为止。

发送单帧数据时,在捕获最后一位的一个 SCK 周期后,SSEL 返回到高电平状态。

在连续的帧数据传输的情况下,各帧数据之间的 SSEL 信号也必须为高电平。因为从机选择引脚在 CHPA 位为 0 时会冻结串行外围寄存器中的数据,不允许改变,因此,在每帧数据之间,主器件必须拉高从器件的 SSEL 脚来使能对串行外设数据的写操作。当连续帧传输结束,最后一位被捕获的一个 SCK 周期后,SSEL 返回到高电平状态。

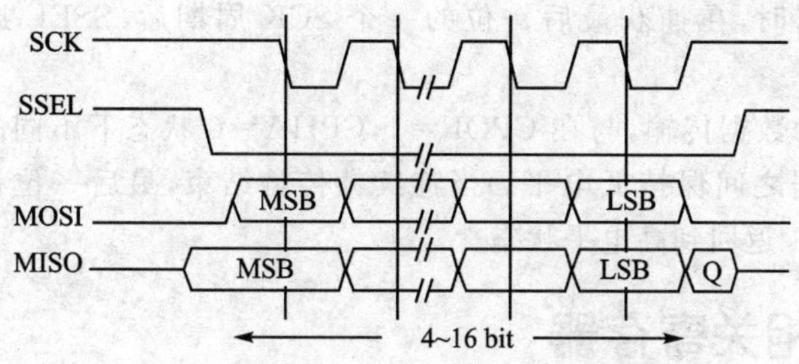

(a) CPOL=1,CPHA=0时的单帧传输

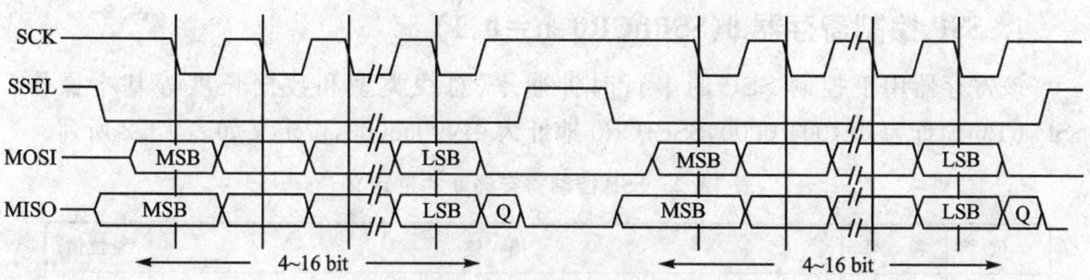

(b) CPOL=1,CPHA=0时的连续帧传输

图 13.4 两种形式的时序

(4) CPOL＝1,CPHA＝1 时的 SSP 格式

在这种配置中,SSP 格式的传输包含单帧和连续帧传输两种形式,SSP 格式的传输信号时序如图 13.5 所示。

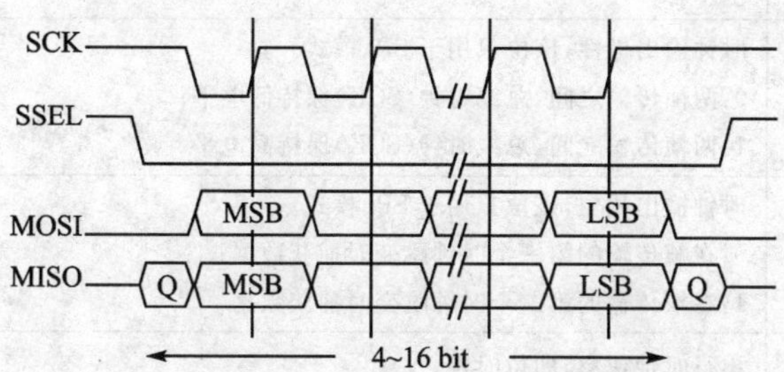

图 13.5 CPOL＝1,CPHA＝1 时 SSP 的格式传输

如图 13.5 所示,在空闲期间,SCK 信号强制为高,SSEL 强制为高,发送 MOSI/MISO 引脚为高阻态。

如果 SSP 使能且发送 FIFO 中包含有效数据,则 SSEL 主机信号驱动为低电平,表示数据发送开始。

主机的 MOSI 引脚使能,再过 1/2 个 SCK 周期后,主机和从机数据都被使能输出到它们各自的传输线上。同时,SCK 在下降沿跳变时使能。然后在 SCK 信号的上升沿捕获数据,保持到 SCK 信号的下降沿。

发送单帧数据时，在捕获最后一位的一个 SCK 周期后，SSEL 返回到高电平状态。

对于连续帧的数据传输，与在 CPOL=1，CPHA=0 状态下不同的是，SSEL 在两个连续的帧数据之间保持低电平。当连续帧传输结束，最后一位被捕获的一个 SCK 周期后，SSEL 返回到高电平状态。

13.4 SSP 相关寄存器

1. SSP 控制寄存器 0(SSPnCR0，n=0，1)

该寄存器用于控制 SSP 的串行时钟速率、总线类型和数据长度等基本操作，SSP0CR0 地址为 0x4004 0000，SSP1CR0 地址为 0x40058000，位定义如表 13.2 所列。

表 13.2 SSP 控制寄存器 0 的位定义

位	符 号	描 述	复位值
3:0	DSS	数据长度选择。 0011:4 位传输；0100:5 位传输；0101:6 位传输；0110:7 位传输； 0111:8 位传输；1000:9 位传输；1001:10 位传输；1010:11 位传输； 1011:12 位传输；1100:13 位传输；1101:14 位传输；1110:15 位传输； 1111:16 位传输	0000
5:4	FRF	帧格式。 00:SPI；01:TI；10:Microwire；11:不支持，未使用	00
6	CPOL	时钟输出极性，该位只用于 SPI 模式。 0:两帧传输之间，总线时钟(SCK)保持低电平； 1:两帧传输之间，总线时钟(SCK)保持高电平	0
7	CPHA	时钟输出相位，该位只用于 SPI 模式。 0:在帧传输的第一个时钟跳变时捕获数据； 1:在帧传输的第二个时钟跳变时捕获数据	0
15:8	SCR	串行时钟速率，即位时钟。 SSP 预分频时钟经过 SCR+1 分频后得到总线上每一位数据传输所需时间，简称位时钟。 假设 CPSDVSR 为预分频器时钟的分频值，SSP_PCLK 是 SSP 外设时钟，则 SSP 预分频时钟为 SSP_PCLK/CPSDVSR，位时钟为 SSP_PCLK/(CPSDVSR×[SCR+1])	0x00
31:16	—	保留位	NA

```
SSP0CR0=(0x07 << 0) |   /* 每帧数据长度为 8 位 */
        (0x00 << 4) |   /* 设置帧格式为 ISP */
        (0x00 << 6) |   /* 两帧传输之间，总线时钟(SCK)保持为低电平 */
```

```
(0x01 << 7) |  /* 数据在 SCK 的第二个时钟沿跳变时捕获数据 */
(0x00 << 8);   /* 设置 SSP 时钟速率 */
```

2. SSP 控制寄存器 1(SSPnCR1,n=0,1)

该寄存器用于控制选择主/从机及其他模式,SSP0CR1 地址为 0x40040004,SSP1CR1 地址为 0x40058004,该寄存器的位定义如表 13.3 所列。

表 13.3 SSP 控制寄存器 1 的位定义

位	符 号	描 述	复位值
0	LBM	回环模式。 0:正常操作模式。 1:回环模式。串行输入引脚同时也是串行输出引脚(MOSI 或 MISO),不仅仅只作为串行输入引脚	0
1	SSE	SPI 使能。 0:SPI 控制器禁用; 1:SPI 控制器可与串行总线上的其他设备相互通信。在置位之前,软件应向其他 SSP 寄存器和中断控制寄存器写入合适的控制信息	0
2	MS	主/从模式。只有在 SSE 位为 0 时才能对该位进行写操作。 0:SPI 控制器作为主机,驱动 SCLK、MOSI 和 SSEL 线并接收 MISO 线的数据; 1:SPI 控制器作为从机,驱动 MISO 线并接收 SCLK、MOSI 及 SSEL 线的数据	0
3	SOD	从机输出禁用,该位只对从机有效(MS=1)。 如果置为 1,则禁止从机输出数据	0
31:4	—	保留位,用户软件不能向保留位写入 1	NA

```
SSP0CR1=(0x00) |        /* 正常操作模式 */
        (0x01 << 1) |   /* 设置 SPI0 使能 */
        (0x01 << 2) |   /* SPI0 控制器用作从机 */
        (0x01 << 3);    /* 从机禁止输出 */
```

或者

```
SSP0CR1=0x0E;           /* 与上面实现功能相同。 */
```

对于 32 位寄存器,通常使用第一种方式,这种方式对于写代码和看代码都比较清晰,一目了然。

3. SSP 数据寄存器(SSPnDR,n=0,1)

软件可向该寄存器写入要发送的数据,或从该寄存器读出已接收的数据。SSP0DR 地址为 0x40040008,SSP1DR 地址为 0x40058008。该数据寄存器的位定义如表 13.4 所列。

表 13.4　SSP 数据寄存器的位定义

位	符　号	描　述	复位值
15:0	DATA	读:只要 Rx FIFO 寄存器不空,即状态寄存器中的 RNE 位为 1,就可以读寄存器中的数据。在读该寄存器时,SSP 控制器将返回 Rx FIFO 中最早接收到的帧数据。如果数据长度小于 16 位,那么要使该字段的数据向右对齐,高位补 0。 写:当状态寄存器中的 TNF 位为 1 时,Tx FIFO 中数据没满,软件就可以将要发送的数据写入该寄存器。如果 Tx FIFO 原来为空且总线上的 SSP 控制器空闲,则立即开始发送数据;否则,写入该寄存器的数据就要等待前面所有的数据都已发送(或接收)完毕才能发送。如果数据长度小于 16 位,则软件必须对数据右对齐后再写入该寄存器	0x0000
31:16	—	保留位	—

```
SBUFFER=SSP0DR;  /* 读 SSP0DR 寄存器中的数据保存到 SBUFFER */
SSP0DR=data;     /* 把要发送的数据 data 写入到 SSP0DR 寄存器中 */
```

4. SSP 状态寄存器(SSPnSR,n=0,1)

该寄存器是只读寄存器,反映 SSP 控制器的当前状态。SSP0SR 地址为 0x4004000C,SSP1SR 地址为 0x4005800C。位定义如表 13.5 所列。

表 13.5　SSP 状态寄存器的位定义

位	符　号	描　述	复位值
0	TFE	1:Tx FIFO 空;0:Tx FIFO 不空	1
1	TNF	1:Tx FIFO 不满;0:Tx FIFO 满	1
2	RNE	1:Rx FIFO 不空;0:Rx FIFO 空	0
3	RFF	1:Rx FIFO 满;0:Rx FIFO 不满	0
4	BSY	忙 1:正在发送/接收数据或者 Tx FIFO 不空;0:SSP 控制器空闲	0
31:5	—	保留位	NA

```
while ((SSP0SR & 0x04)==0) ;   /* 等待 RNE 置位,Rx FIFO 不空 */
```

5. SSP 外设时钟分频寄存器(SSPnCLKDIV,n=0,1)

SSP 外设时钟分频寄存器用于配置 SSP 外设时钟 SSPn_PCLK,向该寄存器写“0”将彻底关闭 SSP 的时钟。

注意:在使用 SSP 前必须设置 SSP 的时钟,即必须向 SSP 时钟分频寄存器写一个非“0”值。位定义如表 13.6 所列。

表 13.6 SSP 外设时钟分频寄存器的位定义

位	符 号	描 述	复位值
7:0	DIV	将 AHB 高速总线时钟经 DIV 分频后得到 SSP 外设时钟频率。 0:禁止分频; 1:分频值为 1; ⋮ 255:分频值 255	0x00
31:8	—	保留,用户软件不能向保留位写"1"	0x00

6. SSP 时钟预分频寄存器(SSPnCPSR, n=0,1)

该寄存器对 SSP 外设时钟 SSP_PCLK 进行分频得到的 SSP 预分频时钟。SSP0CPSR 地址为 0x40040010,SSP1CPSR 地址为 0x40058010。位定义如表 13.7 所列。

表 13.7 SSP 时钟预分频寄存器的位定义

位	符 号	描 述	复位值
7:0	CPSDVSR	SSP 预分频时钟的分频值,SSP_PCLK 经 CPSDVSR 分频后得到预分频器输出时钟,位 0 总是为 0。 取值范围:2～254 之间的一个偶数	0x00
31:8	—	保留位	NA

注意:必须给 SSPnCPSR 寄存器初始化一个合适值,否则 SSP 控制器不能正确传输数据。

在主模式下,CPSDVSRmin=2 或更大的值(只能为偶数)。在从模式下,SSP 时钟频率由主机提供。

注意 SSP 中两种时钟的关系:

SSPCLK=SSP_PCLK / CPSDVSR

BITCLK=SSPCLK /(SCR +1)

式中 SSP_PCLK——SSP 外设的时钟,是对 AHB 高速总线时钟分频得到的;

SSPCLK——SSP 经预分频后得到的时钟;

BITCLK——SSP 中传输一位所用时间叫做 SSP 位时钟。

7. SSP 中断使能设置/清除寄存器(SSPnIMSC,n=0,1)

该寄存器控制是否使能 SSP 控制器中的 4 个中断条件,SSP0IMSC 地址为 0x40040014, SSP1IMSC 地址为 0x40058014。位定义如表 13.8 所列。

表 13.8　SSP 中断使能设置/清除寄存器的位定义

位	符　号	描　述	复位值
0	RORIM	该位置位允许接收溢出中断。 当 RxFIFO 满且又完成另一帧数据的接收时，该位置位。ARM 特别指出当发生接收溢出时，新接收的数据会将前面的数据帧覆盖	0
1	RTIM	该位置位允许接收超时中断。 当 Rx FIFO 为不空且在“超时周期”之内没有接收到任何数据时，就会出现接收超时	0
2	RXIM	当 Rx FIFO 至少有一半为满时，软件将该位置位触发中断	0
3	TXIM	当 Tx FIFO 至少有一半为空时，软件将该位置位触发中断	0
31:4	—	保留，用户软件不能向保留位写“1”	NA

```
SSP0IMSC=0x02;                /* 设置 SSP0 使能接收超时中断 */
```

8. SSP 原始中断状态寄存器（SSPnRIS，n=0，1）

当中断条件出现时，该寄存器中的对应位置位，与是否在 SSPnIMSC 中使能无关，SSP0RIS 地址为 0x40040018，SSP1RIS 地址为 0x40058018。位定义描述如表 13.9 所列。

表 13.9　SSP 原始中断状态寄存器的位定义

位	符　号	描　述	复位值
0	RORRIS	当 RxFIFO 满，且又完成另一帧数据的接收时，该位置 1。 ARM 特别指出当发生接收溢出时，新接收的数据会将前面的数据帧覆盖	0
1	RTRIS	当 Rx FIFO 不为空，且在“超时周期”没有被读时，该位置 1	0
2	RXRIS	Rx FIFO 至少有一半为满时，该位置位	0
3	TXRIS	Tx FIFO 至少有一半为空时，该位置位	0
31:4	—	保留，用户软件不能向保留位写“1”	NA

```
if (SSP0RIS & 0x01 !=0)      /* 当发生接收溢出时 */
{
    RcvBuf=SSP0DR;           /* 读取 SSP0 数据寄存器里的值 */
}
```

9. SSP 中断使能状态寄存器（SSPnMIS，n=0，1）

该寄存器是一个只读寄存器，当中断条件出现且相应的中断在 SSPnIMSC 寄存器中使能时，该寄存器中对应的位就会置 1。当出现 SSP 中断时，中断服务程序可通过读该寄存器来判断中断源。SSP0MIS 地址为 0x4004001C，SSP1MIS 地址为

0x4005801C。该寄存器的位定义如表 13.10 所列。

表 13.10　SSP 中断使能状态寄存器的位定义

位	符　号	描　述	复位值
0	RORMIS	当 Rx FIFO 为满又完全接收另一帧数据，且中断使能时，该位置 1	0
1	RTMIS	当 Rx FIFO 不为空，在超时周期没有被读，且中断使能时，该位置 1	0
2	RXMIS	Rx FIFO 至少有一半为满，且中断使能时，该位置位	0
3	TXMIS	Tx FIFO 至少有一半为空，且中断使能时，该位置位	0
31:4	—	保留，用户软件不能向保留位写“1”	NA

```
SSPnIMSC=0x01;                     /*接收溢出中断使能*/
if ((SSP0MIS & 0x01) !=0)          /*当发生接收溢出中断时*/
{
    RcvBuf=SSP0DR;                 /*读取 SSP0 数据寄存器里的新数据*/
……
}
```

10. SSP 中断清零寄存器(SSPnICR,n=0,1)

软件可向该只写寄存器写入 1 个或多个“1”，清除 SSP 控制器中相应的中断，即清除相应的中断标志位。SSP0ICR 地址为 0x40040020，SSP1ICR 地址为 0x40058020。位定义如表 13.11 所列。

表 13.11　SSP 中断清零寄存器的位定义

位	符　号	描　述	复位值
0	RORIC	向该位写“1”，清除“Rx FIFO 满时接收帧”中断	NA
1	RTIC	向该位写“1”，清除“Rx FIFO 非空且在超时周期内没有被读”中断	NA
31:2	—	保留，用户软件不能向保留位写“1”	NA

```
SSP0ICR  |=  0x01;                 /*清除接收溢出中断*/
```

13.5　SSP 中断模式

LPC1100 系列 Cortex-M0 微控制器有 4 种 SSP 中断：接收溢出中断、接收超时中断、接收 FIFO 至少一半为满中断和发送 FIFO 至少一半为空中断。

SSP0 中断通道号为 20，SSP1 中断通道号为 14，中断使能寄存器 ISER 用来控制 NVIC 通道的中断使能。当 ISER 位 20 为 1 时，通道 20 中断使能，即 SSP0 中断使能；当 ISER 位 14 为 1 时，通道 14 中断使能，即 SSP1 中断使能。

当处理器响应中断后，根据中断号从向量表中找出 SSP 中断服务程序的入口地址，然后 PC 指针跳转到该地址处执行中断服务函数。因此用户需要在中断发生前将 SSP 的中断服务函数地址（SSPn_ IRQ_HANDLER）保存到向量表中。下面介绍 4 种中断的基本操作。

(1) 接收溢出中断

LPC1100 系列 Cortex - M0 微控制器 SSP 的接收 FIFO 最多能够存放 8 帧数据，当接收 FIFO 满且又完成另一帧数据的接收时，就会触发接收溢出中断。

SSP 接收数据时，先将数据送入接收 FIFO，如图 13.6 所示。假设现已接收了 8 帧数据，接收 FIFO 已满。此时又接收到一帧数据，就会触发接收溢出中断，新的数据会覆盖旧数据。然后，向中断清除寄存器（SSPnICR）的位 0 写入“1”，即可清除接收溢出中断标志位。

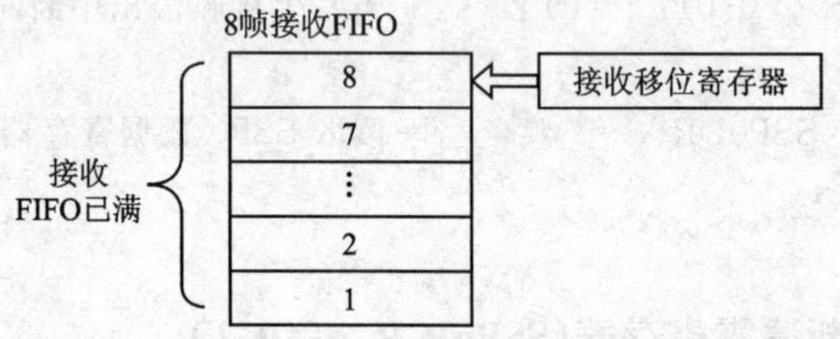

图 13.6　接收溢出中断示意图

(2) 接收超时中断

当接收 FIFO 不为空且在超时周期内既没有接收新的数据又没有从 FIFO 中读出数据时，就会触发接收超时中断。然后向中断清除寄存器（SSPnICR）的位 1 写入“1”，即可清除接收超时中断标志位。

(3) 接收 FIFO 至少一半为满中断

当 8 帧接收 FIFO 中至少含有 4 帧数据时，就会触发接收 FIFO 至少一半为满中断，如图 13.7 所示。当发生这种中断后，读取数据寄存器即可清除中断标志位。设置中断使能设置/清除寄存器（SSPnIMSC）中位 2 可允许或禁止中断。

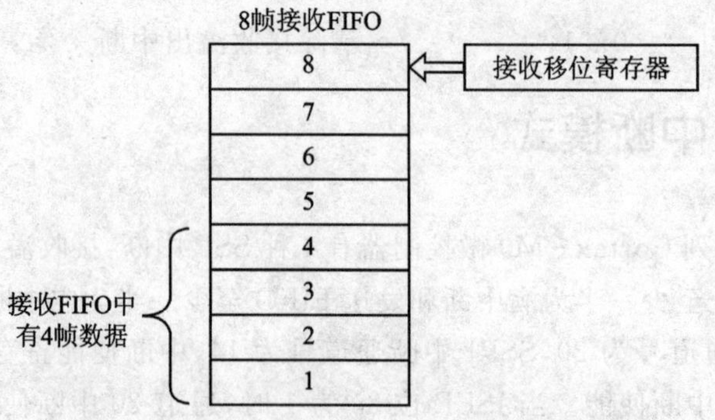

图 13.7　接收 FIFO 至少一半为满中断示意图

(4) 发送 FIFO 至少一半为空中断

当 8 帧的发送 FIFO 中最多含有 4 帧数据时，就会触发发送 FIFO 至少一半为空中断，如图 13.8 所示。发生这种中断后，继续向数据寄存器中写入数据即可清除中断标志位。设置中断使能设置/清除寄存器（SSPnIMSC）中位 3 即可允许或禁止中断。

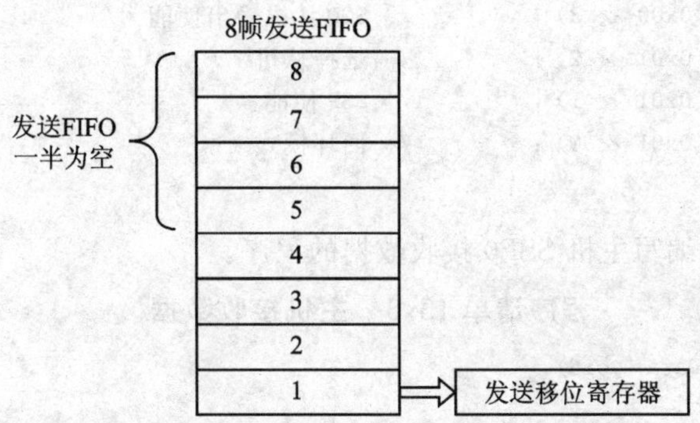

图 13.8　发送 FIFO 至少一半为空中断示意图

13.6　SSP 基本操作例程

【例 13－1】　编写 SSP0 主机初始化程序。

程序清单 13.1　主机初始化

```
void SSP0_MInit (void)
{
    PRESETCTRL |= 0x01;                 /* 禁止 SSP 复位 */
    SYSAHBCLKCTRL |= (1 << 11);         /* 打开 SSP 外设 */
    SSP0CLKDIV = 2;                     /* SSP 外设时钟 */
    SSP0CPSR = 2 ;                      /* PCLK 分频值 */
    SSP0CR0 = (0x07 << 0)    |          /* 数据长度 8 位 */
              (0x01 << 7) |             /* 在帧传输的第二个时钟跳变时捕获数据 */
    SSP0CR1 = (0x00 << 2) |             /* 选择主机 */
              (0x01 << 1) |             /* SSP 使能 */
              (0x01 << 0) ;             /* 回环模式 */
}
```

【例 13－2】　编写 SSP0 从机初始化程序。

程序对 SSP0CR0 和 SSP0CR1 进行初始化设置，控制 SSP 为从机。SSP 时钟脉冲是由主机产生的，所以从机无需初始化 SSP0CPSR 寄存器。

程序清单 13.2　从机初始化

```
void SSP0_SInit(void)
```

```
{
    PRESETCTRL |= 0x01;                 /* 禁止 SSP 复位 */
    SYSAHBCLKCTRL |= (1 << 11);         /* 打开 SSP 外设 */
    SSP0CLKDIV = 0x01;                  /* SSP 时钟分频系数是 1 */
    SSP0CR0 = (0x07 << 0) |             /* 数据长度 8 位 */
              (0x01 << 6)     ;         /* CPOL 时钟在两帧传输数据之间保持高电平 */
    SSP0CR1 = (0x00 << 3) |             /* SOD 从机输出使能 */
              (0x01 << 2) |             /* 选择从机 */
              (0x01 << 1) |             /* SSP 使能 */
              (0x01 << 0) ;             /* 回环模式 */
}
```

【例 13-3】 编写主机 SSP0 接收数据的程序。

程序清单 13.3　主机接收数据

```
void SSP0_MRevData (void)
{
    uint8 data;
    while((SSP0SR & 0x04) != 0x04);/* 回环模式下,当 RNE = 1 时接收完毕 */
    data = SSP0DR;
}
```

【例 13-4】 编写主机 SSP0 发送数据的程序。

程序清单 13.4　主机发送数据

```
void SSP0_MSendData (uint8 data)
{
    SSP0DR = data;
    while ((SSP0SR & 0x10) != 0);  /* 回环模式下,BSY = 0 时发送完毕 */
}
```

【例 13-5】 编写从机 SSP0 接收数据的程序

程序清单 13.5　从机接收数据

```
void SSP_SRevData (void)
{
    uint16 data;
    while (!(SSP0SR & 0x04));          /* RNE = 1 时接收完毕 */
    data = SSP0DR;
}
```

【例 13-6】 编写从机 SSP0 发送数据的程序。

首先把传送的数据送给 SSP0DR 寄存器,等待主机接收。程序清单如下。

程序清单 13.6　从机发送数据

```
void  SSP0_SSendData (uint8 data)
```

```
{
    SSP0DR = data;
    while((SSP0SR & 0x10) != 0);    /* 回环模式下,BSY = 0 时发送完毕 */
}
```

13.7 SSP 应用程序设计

1. 任务描述

利用 LPC1114 通过 SSP0 发送 0～15 这 16 个字节数据到 25LC256 芯片中。电路图如图 13.9 所示。

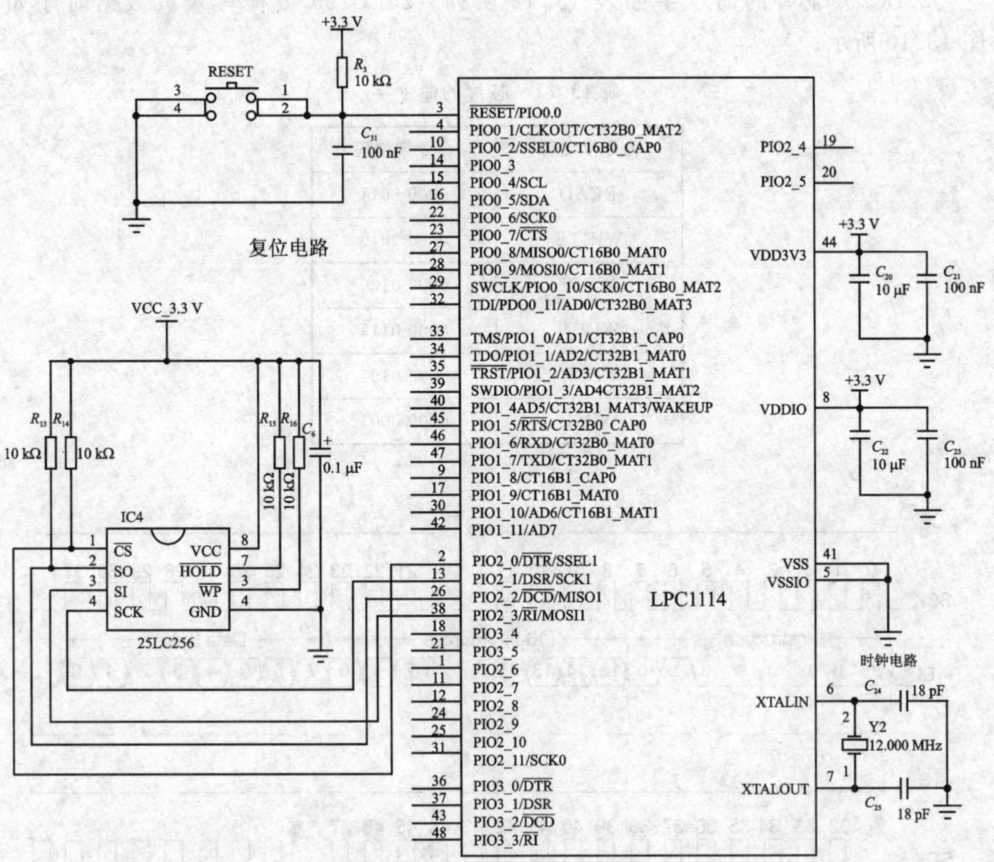

图 13.9 SPI 通信连接电路图

2. 任务分析

设置 LPC1114 芯片为 SSP0 主发送,工作在回环模式下,发送 0～15 到带有 SPI 串口的 E^2PROM 25LC256 中,25LC256 写数据的时序通过软件实现。下面简要介绍 25LC256 芯片。

25LC256 是带有 SPI 串口的 E^2PROM 芯片，引脚定义如下：

CS——片选；

SO——串行数据输出；

WP——写保护；

VSS——地；

SI——串行数据输入；

SCK——时钟输入；

HOLD——输入保持；

VCC——电源(2.5～5.5 V)。

25LC256 芯片的命令字如表 13.12 所列。25LC256 编程写入页数据时序如图 13.10 所示。

表 13.12　芯片的命令字

命令字名称	命令字编码
READ	0000 0011
WRITE	0000 0010
WRDI	0000 0100
WREN	0000 0110
RDSR	0000 0101
WRSR	0000 0001

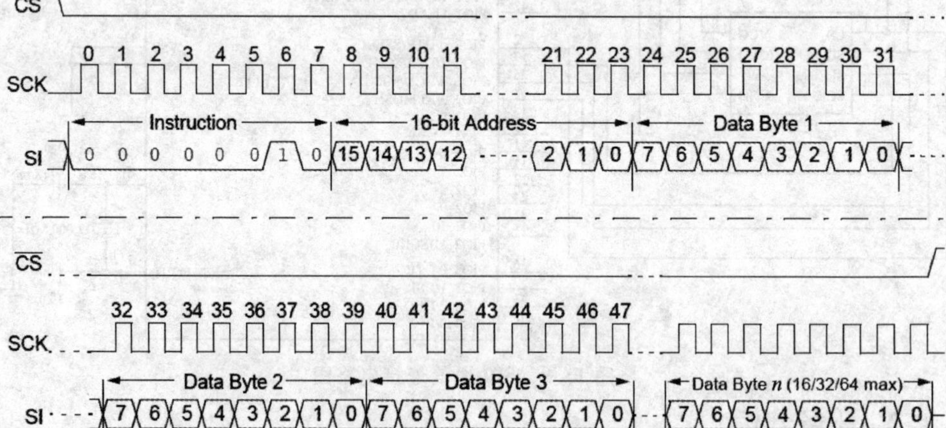

图 13.10　25LC256 写入页数据时序

3. C 语言程序清单

```
#include   "LPC11xx.h"
#include   "gpio.h"
#include   "ssp.h"
#define  WREN        0x06         /* 25LC256 写使能命令 */
#define  WRORDER     0x02         /* 25LC256 写命令 */
#define  MEMADDRL    0x00         /* 写入 25LC256 存储器的低 8 位地址 */
#define  MEMADDRH    0x00         /* 写入 25LC256 存储器的高 8 位地址 */
uint32_t  TRSBF[21] ;  /* 定义发送缓冲区数组 */
uint8_t  i;
uint8_t  j;
/*********************************************************
 ** 函数名:  SSP0_Init ()
 ** 描述:    SSP0 初始化
 ** 入口参数:无
 ** 返回值:  无
*********************************************************/
void SSP0_Init (void)                                 /* 主模式初始化 */
{
    LPC_SYSCON->PRESETCTRL |= 0x01;                   /* 禁止 SSP 复位 */
    LPC_SYSCON->SYSAHBCLKCTRL |= (1 << 11);           /* 打开 SSP 外设 */
    LPC_SYSCON->SSP0CLKDIV = 0x02;                    /* SSP 时钟分频系数为 2 */
    LPC_SSP0->CPSR = 0x02;                            /* PCLK 分频值 */
    LPC_SSP0->CR0  = 0x0F;                            /* 数据长度 16 位,CPOL = 0,CPHA = 0 */
    LPC_SSP0->CR1 = (0x00 << 2) |                     /* 选择主机 */
                    (0x01 << 1) |                     /* SSP 使能 */
                    (0x01 << 0) ;                     /* 回环操作 */
}
/*********************************************************
 ** 函数名:  main()
 ** 描述:    主程序
 ** 入口参数:无
 ** 返回值:  无
*********************************************************/
int main(void)
{
    SSP0_Init();
    i = 0;
    TRSBF[i++] = WREN;
    TRSBF[i++] = WRORDER;
    TRSBF[i++] = MEMADDRH;
```

```
    TRSBF[i++] = MEMADDRL;
    for(j = 0; j < 16; j++)
    {
        TRSBF[i++] = j;                          /* 将要发送的 16 个数据放到发送缓冲区 */
    }
    while ((LPC_SSP0->SR & (SSPSR_TNF|SSPSR_BSY)) != SSPSR_TNF);
                /* 等待总线不忙且发送数据缓冲区不满,方可把数据写入 SSP 数据寄存器 */
    for(i = 0;i < 21;i++)                        /* 发送 TRSBF 缓冲区的所有数据 */
    {
        LPC_SSP0->DR = TRSBF[i];
        while ((LPC_SSP0->SR & 0x10) != 0); /* 当位 BSY = 0,数据发送完毕 */
    }
    while(1);
}
```

注意：在程序中用到的以下变量在 LPC11xx.h 中定义的寄存器别名如下：

LPC_SSP0－>DR—— SSP0DR 寄存器；

LPC_SSP0－>CR0——SSP0CR0 寄存器；

LPC_SSP0－>CR1——SSP0CR1 寄存器；

LPC_SSP0－>SR——SSP0SR 寄存器；

LPC_SSP0－>CPSR——SSP0CPSR 寄存器。

4. 操作步骤

① 在 Keil 软件中建立新工程，选择芯片，新建程序文件，把程序文件加载到工程。

② 把计算机和目标板通过 USB 接口线连接起来。

③ 编译链接，编译成功后，可以在线调试。

13.8 思考与练习

1. 简述 SSP 相关引脚的名称和功能。
2. SSP 有哪些相关寄存器，各个寄存器的功能是什么？
3. 编写 SSP 发送模式的初始化程序。
4. 编写 SSP 接收模式的初始化程序。
5. 编写 SSP 发送 1 字节数据的程序。

第14章

NXP LPC1100 系列 ADC 应用

学习目标： 会运用 NXP LPC1100 系列芯片的 ADC 进行编程操作。

学习内容： 1. LPC1100 ADC 特性；

2. LPC1100 ADC 引脚；

3. LPC1100 ADC 相关寄存器；

4. LPC1100 ADC 应用。

14.1 ADC 概述

1. 什么是 ADC

随着电子技术的迅速发展以及计算机在自动检测和自动控制系统中的广泛应用，利用数字系统处理模拟信号的情况变得更加普遍。数字电子计算机所处理和传送的都是不连续的数字信号，而实际中遇到的大都是连续变化的模拟量。模拟量经传感器转换成电信号的模拟量后，经模/数转换变成数字信号才可以输入到数字系统中进行处理和控制，因而作为把模拟量转换成数字量输出的接口电路 A/D 转换器是实现模拟信号转向数字信号的桥梁。

模/数转换则是将模拟量转换为数字量，使输出的数字量与输入的模拟量成正比。实现这种转换功能的电路称为模/数转换器（ADC）。

2. A/D 转换基本原理

在 A/D 转换中，因为输入的模拟信号在时间上是连续的，而输出的数字信号是离散量，所以进行转换时只能按一定的时间间隔对输入的模拟信号进行采样，然后再把采样值转换为输出的数字量。A/D 转换是将模拟信号转换为数字信号，转换过程通过采样、保持、量化和编码四个步骤完成。

采样，就是对连续变化的模拟信号进行定时测量，抽取其样值。采样结束后，再将此采样信号保持一段时间，使 A/D 转换器有充分的时间进行 A/D 转换。采样-保持电路就是完成该任务的。其中，采样脉冲的频率越高，采样越密，采样值就越多，其采样-保持电路的输出信号就越接近于输入信号的波形。因此，对采样频率就有一定的要求，必须满足采样定理，即 $f_s \geqslant 2f_{Imax}$。其中 f_{Imax} 是输入模拟信号频谱中的最高频率。

如果要把变化范围在 0～7 V 间的模拟电压转换为 3 位二进制代码的数字信号，由于 3 位二进制代码只有 2^3 即 8 个数值，因此必须将模拟电压按变化范围分成 8 个等级。每个等级规定一个基准值，例如 0～0.5 V 为一个等级，基准值为 0 V，二进制代码为 000；6.5～7 V 也是一个等级，基准值为 7 V，二进制代码为 111，其他各等级分别以该级的中间值为基准值。凡属于某一等级范围内的模拟电压值，都取整并用该级的基准值表示。例如 3.3 V，它在 2.5～3.5 V 之间，就用该级的基准值 3 V来表示，代码是 011。显然，相邻两级间的差值就是 Δ＝1 V，而各级基准值是 Δ 的整数倍。模拟信号经过以上处理，就转换成以 Δ 为单位的数字量了。

所谓量化，就是把采样电压转换为以某个最小单位电压 Δ 的整数倍的过程。分成的等级称为量化级，A 称为量化单位。所谓编码，就是用二进制代码来表示量化后的量化电平。采样后得到的采样值不可能刚好是某个量化基准值，总会有一定的误差，这个误差称为量化误差。

3. ADC 转换类型

A/D 转换主要有并联比较型、逐次比较型和双积分型三种类型。

(1) 并联比较型 A /D 转换器

并联比较型 A/D 转换器的电路如图 14.1 所示。它由电阻分压器、电压比较器

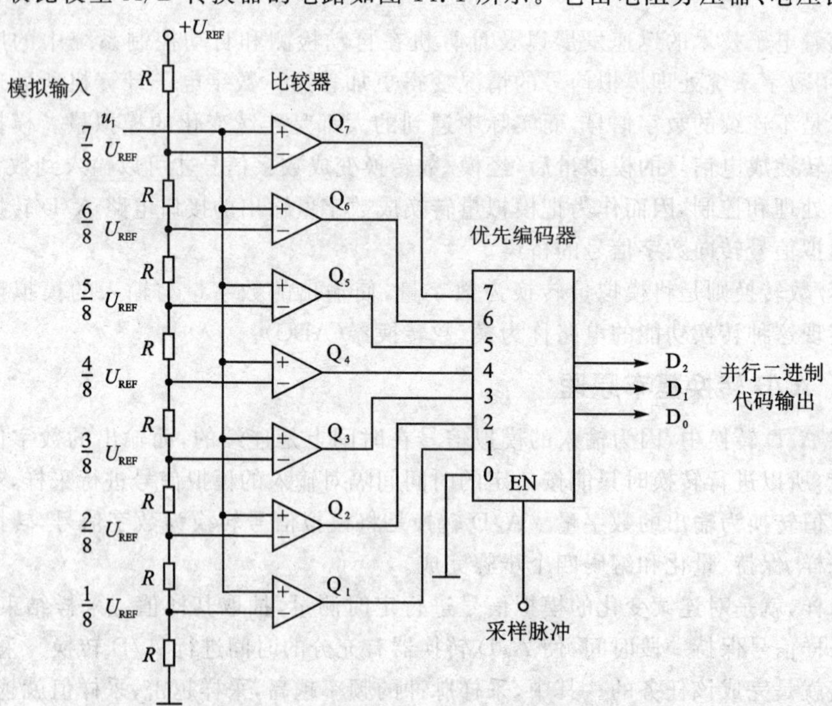

图 14.1　并联比较型 A/D 转换器的电路

及编码电路组成，输出的各位数码是一次形成的，它是转换速度最快的一种 A/D 转换器。图中由 8 个大小相等的电阻串联构成电阻分压器，产生不同数值的参考电压，形成(1/8～7/8)U_{REF}共 7 种量化电平。7 个量化电平分别加在 7 个电压比较器的反相输入端，模拟输入电压 u_I加在比较器的同相输入端。当 u_I大于或等于量化电平时，比较器输出为 1，否则输出为 0。电压比较器用来完成对采样电压的量化。

比较器的输出送到优先编码器进行编码，得到 3 位二进制代码 $D_2D_1D_0$。输入/输出的关系如表 14.1 所列。

表 14.1　输入模拟电压和输出数字量的对应关系

输入模拟电压 u_I	比较器输出								编码器输出		
	Q_7	Q_6	Q_5	Q_4	Q_3	Q_2	Q_1	Q_0	D_2	D_1	D_0
$0 \leqslant u_I < \frac{1}{8}U_{REF}$	0	0	0	0	0	0	0	0	0	0	0
$\frac{1}{8}U_{REF} \leqslant u_I < \frac{2}{8}U_{REF}$	0	0	0	0	0	0	0	1	0	0	1
$\frac{2}{8}U_{REF} \leqslant u_I < \frac{3}{8}U_{REF}$	0	0	0	0	0	0	1	1	0	1	0
$\frac{3}{8}U_{REF} \leqslant u_I < \frac{4}{8}U_{REF}$	0	0	0	0	0	1	1	1	0	1	1
$\frac{4}{8}U_{REF} \leqslant u_I < \frac{5}{8}U_{REF}$	0	0	0	1	1	1	1	1	1	0	0
$\frac{5}{8}U_{REF} \leqslant u_I < \frac{6}{8}U_{REF}$	0	0	1	1	1	1	1	1	1	0	1
$\frac{6}{8}U_{REF} \leqslant u_I < \frac{7}{8}U_{REF}$	0	1	1	1	1	1	1	1	1	1	0
$\frac{7}{8}U_{REF} \leqslant u_I < U_{REF}$	1	1	1	1	1	1	1	1	1	1	1

并联比较型 A/D 转换器转换精度主要取决于量化电平的划分，分得越精细，精度越高。这种 ADC 的最大优点是具有较快的转换速度，但是，所用的比较器和其他硬件较多，输出数字量位数越多，转换电路将越复杂。因此，这种类型的转换器适用于高速度、低精度要求的场合。

(2) 逐次比较型 A/D 转换器

逐次比较型 A/D 转换器由控制电路、数码寄存器、D/A 转换器和电压比较器组成。内部结构如图 14.2 所示。

首先，控制电路使数码寄存器的输出为 100，经过 D/A 转换成相应的电压 u_O，送到电压比较器与模拟输入电压 u_I进行比较。若 $u_I > u_O$，则通过控制电路将最高位的 1 保留；反之，则将最高位置 0。接着，将次高位置 1，再经 D/A 转换为相应的电压 u_O，重复上一步，根据比较结果决定次高位是 1 还是 0。最后，所有位都比较结束后，转换完成。这样，数码寄存器中保存的数码就是 A/D 转换后的输出数码。

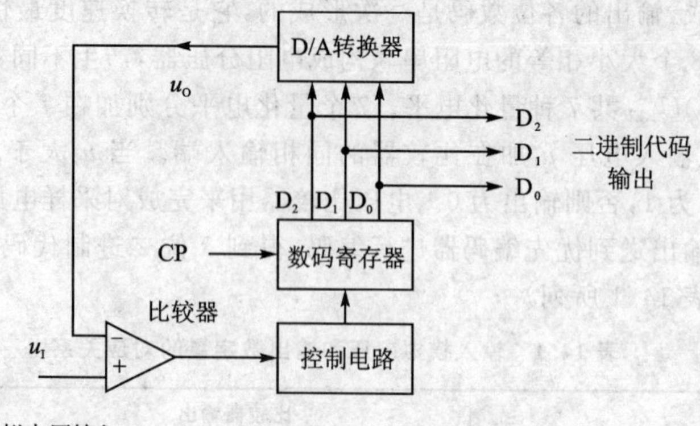

图 14.2　逐次比较型 A/D 转换器内部结构

(3) 双积分型 A/D 转换器

图 14.3 是双积分型 A/D 转换器的原理框图,由积分器、检零比较器、计数器、锁存器、基准电压源、时钟信号源和逻辑控制电路等部分组成。

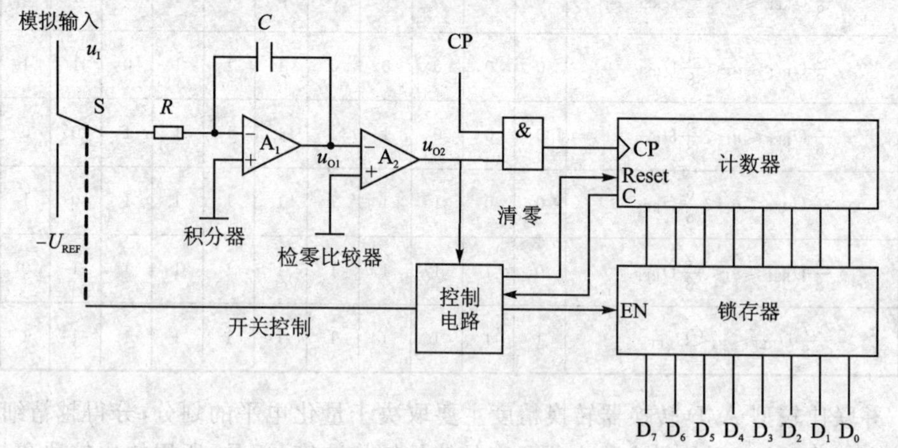

图 14.3　双积分型 A/D 转换器内部结构

首先,将计数器清零,电容 C 放电,积分器的输出 u_{O1} 为 0。假定输入电压 u_I 为正,并持续一小段时间不变。转换过程分两次积分完成。

第一次积分:控制电路使模拟开关 S 接通输入电压 u_I,电容 C 开始充电,积分器输出电压 u_{O1} 自零向负方向线性增加;由于 u_{O1} 为负,比较器 A_2 输出 u_{O2} 为正,故计数器计数。当计数器计到第 $2n$ 个时钟脉冲时,计数器计满,复位到初始的 0 态,同时送出一个进位脉冲 C 给控制电路,控制开关 S 合向基准电压 $-U_{REF}$。此时电容充电到 u_p。积分器对 u_I 的积分过程结束,对 $-U_{REF}$ 的积分过程开始。

第二次积分:S 接到 $-U_{REF}$ 后,电容 C 被反向充电,积分器的输出 u_{O1} 开始反向线性减小。由于 u_{O1} 为负,故计数器开始重新从 0 计数。当 u_{O1} 减小到 0 时,比较器 A_2

输出 u_{O2} 变为负值，封锁脉冲 CP，计数结束，同时通过控制电路送出使能信号 EN，将计数值送到锁存器锁存。

两次积分的时间常数相同，均为 RC，锁存器中二进制数的大小与 u_p 有关，而 u_p 的大小又由输入电压 u_I 决定，计数值正比于输入电压的大小，从而完成模拟量到数字量的转换。

双积分型 ADC 的一个突出优点是工作性能稳定，因为两次积分的时间常数均为 RC，所以转换结果不受 RC 和时钟信号周期的影响。双积分型 ADC 的另一个突出优点是有较强的抗干扰能力，由于转换器的输入端使用了积分器，当积分时间常数等于交流电网频率的整数倍时，能有效地抑制工频干扰。另外，双积分型 ADC 中不需要使用 D/A 转换器，电路结构比较简单。

4. ADC 转换主要技术指标

(1) 分辨率

ADC 的分辨率是指输出数字量变化一个最低有效位所对应的输入模拟电压的变化量。如 ADC 输入模拟电压范围为 0～10 V，输出为 10 位二进制数，则分辨率为

$$\frac{\Delta U}{2^n} = \frac{10}{2^{10}}\ \text{V} = 9.77\ \text{mV}$$

(2) 转换误差

转换误差通常以相对误差的形式给出，它表示实际输出的数字量和理论输出的数字量之间的误差，一般多以最低有效位的倍数给出。例如，转换误差 $< \pm \frac{\text{LSB}}{2}$，表明实际输出的数字量和理论输出的数字量之间的误差小于最低有效位的一半。

(3) 转换速度

ADC 的转换速度主要取决于转换电路的类型。并联比较型 ADC 的转换速度最快，如一个 8 位二进制集成 ADC 的转换时间可在 50 ns 之内；逐次比较型 ADC 的转换时间都在 10～100 μs 之间，较快的也不会小于 1 μs；双积分型 ADC 的转换时间多在数十到数百 ms 之间。

14.2 LPC1100 ADC 特点

NXP LPC1100 系列 Cortex－M0 微处理器 A/D 转换器是一个 10 位逐次逼近式模/数转换器，测量范围为 0～3.6 V，不超出 V_{DD}(3.3 V)的电压，10 位转换时间≥2.44 μs。8 个引脚复用输入，一个或多个输入的突发转换模式，可选择由输入跳变或定时器匹配信号触发转换。每个 A/D 通道具有单独的结果寄存器。基本的 A/D 转换时钟由 APB(PCLK)时钟确定。ADC 内含一个可编程的分频器，可将 APB 时钟调整为逐次逼近转换所需的时钟，最大可达 4.5 MHz。一个精确的转换需要 11 个时钟周期。

14.3 ADC 引脚

若要通过 ADC 引脚获得准确的电压读数，则必须事先通过 IOCON 寄存器选用 ADC 功能。当 ADC 引脚选用数字功能时，内部电路会切断该引脚与 ADC 硬件的连接，因此就不能获得 ADC 的取值。当配置为模拟输入时，输入电压不能超过 3.3 V。ADC 相关引脚名称如表 14.2 所列。AD0～AD7 是 8 路模拟输入引脚，V_{DD}是参考电压 V_{REF}，接 3.3 V。

表 14.2 ADC 引脚

ADC 引脚名称	AD0	AD1	AD2	AD3	AD4	AD5	AD6	AD7	V_{DD} (3.3 V)
CPU 引脚	PIO0_11	PIO1_0	PIO1_1	PIO1_2	PIO1_3	PIO1_4	PIO1_10	PIO1_11	
功　能	模拟输入引脚								参考电压

14.4 ADC 相关寄存器

1. A/D 控制寄存器(AD0CR－0x4001 C000)

A/D 控制寄存器可用于选择要转换的 A/D 通道、A/D 转换时间、A/D 模式和 A/D 启动触发方式。位定义如表 14.3 所列。

表 14.3 A/D 控制寄存器的位定义

位	符 号	描 述	复位值
7:0	SEL	从 AD0～AD7 中选择其一为采样和转换的输入脚。bit0 选择引脚 AD0，bit1 选择引脚 AD1，…，bit7 选择引脚 AD7。 在软件控制模式下(BURST＝0)，只能选择一个通道，也就是说，这些位中只有一位可置为 1。 在硬件扫描模式下(BURST＝1)，可选用任意数目的通道，也就是说，可以把任意的位或者全部的位都置为 1。若全部位都为零，那么将自动选用通道 0(SEL＝0x01)	0x01
15:8	CLKDIV	A/D 转换时钟的分频值。 APB 时钟(即 PCLK)被(CLKDIV 值＋1)分频得到 ADC 时钟，A/D 转换时钟必须小于或等于 4.5 MHz。通常软件将 CLKDIV 编程为最小值来得到 4.5 MHz 或略小的时钟，但某些情况下(例如高阻抗模拟信号源)，可能需要较慢的时钟	0x00

续表 14.3

位	符 号	描 述	复位值
16	BURST	Burst 模式,当 BURST 为 1 时,AD0INTEN 中的 ADGINTEN 位必须置为 0。 0:软件控制模式,转换由软件控制,需要 11 个时钟周期。 1:硬件扫描模式,A/D 转换器以 CLKS 字段选择的速率执行转换,并扫描 SEL 选中的引脚。A/D 转换器启动后,首先转换的是 SEL 字段中被置为 1 的最低位所对应的通道,然后由低到高进行扫描。清零该位可终止这个轮流重复转换的过程,但正在进行的转换仍能完成	0
19:17	CLKS	该字段选择 Burst 模式下每次转换占用时钟数以及存储在寄存器 AD0DRn 中转换结果的有效位数,设置范围在 11 个时钟(10 位)和 4 个时钟(3 位)之间。 000: 11 个时钟/10 位;001: 10 个时钟/9 位;010: 9 个时钟/8 位; 011: 8 个时钟/7 位;100: 7 个时钟/6 位;101: 6 个时钟/5 位; 110: 5 个时钟/4 位;111: 4 个时钟/3 位	000
23:20	—	保留,用户软件不应向保留位写 1	NA
26:24	START	当 BURST 位为 0 时,这些位控制 A/D 转换器是否启动及何时启动。 000:不启动; 001:立即启动 A/D 转换; 010:当位 27 选择的边沿出现在 PIO0_2/SSEL/CT16B0_CAP0 时启动转换; 011:当位 27 选择的边沿出现在 PIO1_5/DIR/CT32B0_CAP0 时启动转换; 100:当位 27 选择的边沿出现在 CT32B0_MAT0[1]时启动转换; 101:当位 27 选择的边沿出现在 CT32B0_MAT1[1]时启动转换; 110:当位 27 选择的边沿出现在 CT16B0_MAT0[1]时启动转换; 111:当位 27 选择的边沿出现在 CT16B0_MAT1[1]时启动转换	000
27	EDGE	只有在 START 为 010～111 时该位设置才有效。 0:在所选 CAP/MAT 信号的上升沿启动转换; 1:在所选 CAP/MAT 信号的下降沿启动转换	0
31:28	—	保留,用户软件不应向保留位写 1	NA

说明:在寄存器 AD0CR 中 CLKDIV 的值根据计算公式

$$F_{ADCLK}=F_{PCLK}/(CLKDIV+1)$$

求得。其中:F_{ADCLK} 是 A/D 转换时钟,它的值不能大于 4.5 MHz。

```
AD0CR=(0x01 << 3) |                    /* 选择 AD3 */
      ((FPCLK/3000000 - 1) << 8) |     /* 转换时钟 3MHz */
      (1 << 16) |                      /* 硬件控制转换操作 */
```

```
(0 << 17) |                    /* 使用 11 clocks 转换 10 位有效 */
(1 << 24);                     /* 立即启动 AD3 */
```

2. A/D 数据寄存器(AD0DR0～AD0DR7 - 0x4001C010～0x4001C02C)

A/D 转换完成时，A/D 数据寄存器保存转换结果，还包含转换结束标志及转换溢出标志。该寄存器的位定义如表 14.4 所列。

表 14.4　A/D 数据寄存器的位定义

位	符　号	描　述	复位值
5:0	—	保留位	0
15:6	V/VREF	当 DONE 为 1 时，该位域包含的二进制小数表示 ADn 引脚上的电压除以电压 V_{REF} 的结果。 0：表明 ADn 引脚上的电压小于或等于 V_{SS}； 0x3FF：表明 AD 输入上的电压大于或等于 V_{REF}	NA
29:16	—	保留位	0
30	OVERRUN	BURST=1 时，如果在 V/VREF 位产生转换结果之前，一个或多个转换结果丢失，则该位置 1。 读该寄存器时会把这位清零	0
31	DONE	该位为 1，表示 A/D 转换结束。 读该寄存器时会把这位清零	0

说明：

① V/V_{REF} 是 ADn 引脚电压除以电压 V_{REF} 的结果，得到的是 10 位 A/D 转换结果。

ADC 有独立的参考电压 V_{REF}。假如读取到的 10 位 A/D 转换结果为 Value，则对应的实际电压为

$$U=(\text{Value}/1\,024)\times V_{REF}。$$

② AD0DR0～AD0DR7 表示对应的 AD0～AD7 输入通道的转换结果，AD0DR0 对应于 AD0 输入通道的信号转换，AD0DR1 对应于 AD1 输入通道的信号转换，……，AD0DR7 对应于 AD7 输入通道的信号转换。

【例 14-1】 采样 A/D 输入通道 1，并保存 10 位 A/D 转换数据。

```
uint32 data;
AD0CR |= 0x01 << 24;                        /* 立即启动转换 */
while ((AD0DR1 & 0x80000000) == 0);         /* 等待通道 1 转换结束 */
data = AD0DR1;                              /* 读取数据寄存器的值 */
data = (data >> 6) & 0x3FF;                 /* 保存 10 位的 A/D 转换结果 */
```

【例 14-2】 通常 A/D 转换有误差，为了减小误差，需多采样几次，求平均值。

```
uint32 SADData, ADdata;
SADData = 0;
for (i = 0; i < 20; i++)
{
    AD0CR |= (1 << 24);                          /* 立即转换 */
    while((AD0DR1 & 0x80000000) == 0);           /* 等待转换结束 */
    ADdata = AD0DR1;                             /* 读取结果 */
    ADdata = (ADdata >> 6) & 0x3ff;
    SADData + = ADdata;                          /* 累加转化值 */
}
SADData = SADData / 20;                          /* 采样 20 次求平均值 */
```

3. A/D 全局数据寄存器(AD0GDR)

A/D 全局数据寄存器包含最近一次 A/D 转换的结果。其中包含转换结果、指示转换结束、转换溢出发生的标志,以及与数据相关的 A/D 通道的数目。位定义如表 14.5 所列。

表 14.5 A/D 全局数据寄存器的位定义

位	符 号	描 述	复位值
5:0	—	保留位,总是为 0	0
15:6	V/VREF	当 DONE 为 1 时,这些位保存 ADC 转换结果(二进制表示)。 0:表明 ADn 脚上的电压小于、等于或接近于 V_{SS}; 0x3FF:表明 AD 输入的电压接近、等于或大于 V_{REF}	X
23:16	—	保留位,总为 0	0
26:24	CHN	这些位指示发生转换数据的通道	X
29:16	—	保留位,总为 0	0
30	OVERRUN	BURST=1 时,如果在 V/VREF 位产生转换结果之前,一个或多个转换结果丢失或被覆盖,则该位置 1。 读该寄存器时会把这位清零	0
31	DONE	该位为 1,表示 A/D 转换结束。 读该寄存器或对 ADCR 寄存器的写操作都会将该位清零,如果一次转换正在进行,对 ADCR 进行写操作,则该位被置位并开始一次新转换	0

有两种方法可以读取 ADC 的转换结果。一种就是利用 A/D 全局数据寄存器来读取 ADC 的全部数据,另一种是读取 A/D 通道数据寄存器。固定使用一种方法非常关键,否则 DONE 和 OVERRUN 标志在 AD0GDR 和 AD0DRn 之间不会同步。

说明:V/VREF 是 ADn 引脚电压除以 V_{DD} 引脚电压得到的 10 位 A/D 转换结果。

【例 14－3】 A/D 转换后,读取全局数据寄存器的值。

```
uint32 data;
AD0CR |= 1 << 24;                          /* 启动 ADC 转换 */
while ((AD0GDR & 0x80000000) == 0);        /* 等待 ADC 转换结束 */
data = AD0GDR;                             /* 读取全局数据寄存器的值 */
data = (data >> 6) & 0x3ff;                /* 提取 10 位的 A/D 转换结果 */
```

4. A/D 状态寄存器(AD0STAT)

A/D 状态寄存器是只读寄存器,反映了所有 A/D 通道的状态,包括每个 A/D 通道的 AD0DRn 寄存器中的 DONE 和 OVERRUN 标志以及中断标志。A/D 状态寄存器的位定义如表 14.6 所列。

表 14.6 A/D 状态寄存器的位定义

位	符 号	描 述	复位值
7:0	DONE	当 8 个通道中任何一个通道转换结束时,相应位会置 1。 位[7:0]和 A/D 输入通道号相对应,位 0 对应通道 0,位 1 对应通道 1,……,位 7 对应于通道 7。 读 A/D 通道的结果寄存器 AD0DRn 或 AD0GDR 会清除 DONE 标志	0x00
15:8	OVERRUN	这些位反映了各 A/D 通道的结果寄存器中的 OVERRUN 状态标志	0x00
16	ADINT	A/D 中断标志位。 当任何一个 A/D 通道数据转换结束且 A/D 中断被使能时,该位置 1。 通过读 A/D 通道的结果寄存器 AD0DRn 或 AD0GDR 来清除 ADINT 标志	0
31:17	—	未定义,总为 0	0

说明:有三种方法可以判断 A/D 转换是否完成,读 AD0DRn、AD0GDR 或者 AD0STAT 寄存器中的 DONE 位是否为 1,即可知道。

【例 14－4】

```
uint32 data;
AD0CR |= 1 << 24;                    /* 立即启动转换 */
while ((AD0STAT&0x08) == 0);         /* 等待通道 3 转换完毕 */
data = AD0DR3;                       /* 读取通道 3 数据寄存器的值 */
data = (data >> 6) & 0x3FF;          /* 保存 10 位 A/D 转换结果 */
```

5. A/D 中断使能寄存器(AD0INTEN)

该寄存器用来控制 A/D 通道数据转换完成时是否产生中断。A/D 中断使能寄存器的位定义如表 14.7 所列。

注意:当需要 A/D 连续转换,并根据需要随时读出结果时,不使用中断方式。

表 14.7 A/D 中断使能寄存器的位定义

位	符 号	描 述	复位值
7:0	ADINTEN	控制 8 个 A/D 通道在转换结束时是否产生中断。 1:中断使能;0:中断禁能。 位对应通道号,位 0 对应通道 0,位 1 对应通道 1,依次类推	0x00
8	ADGINTEN	1:允许寄存器 AD0DRn 中的全局 DONE 标志产生中断。 0:AD0INTEN[7:0]使能的 A/D 通道产生中断。 注:在 BURST=1 时,这位必须为 0	1
31:9	—	未定义,总为 0	0

说明:ADC 中断占用 NVIC 的通道 24,中断使能寄存器 ISER 用来控制 NIVC 通道的中断使能。当 ISER[24]=1 时,ADC 中断使能。AD0INTEN 寄存器中的位 ADGINTEN 若为 1,则一旦 A/D 通道中的任意一个 DONE 标志位为 1,ADINT 就置位,转去中断处理。

```
ISER = 0x01 << 24;                    /* ADC 使能中断 */
AD0INTEN = 0x00000005;                /* 通道 0,通道 2 使能中断 */
AD0INTEN = 0x00000080;                /* 通道 7 使能中断 */
```

14.5 ADC 中断设置

CPU 要响应 ADC 中断,需要设置相关寄存器,首先设置 NVIC 中断使能寄存器 ISER 使能 ADC 中断,通过第 9 章中介绍的中断源 ADC 在 NVIC 的 24 通道,把 ISER 位 24 置 1。然后设置 ADC 中断使能寄存器 AD0INTEN,将 ADC0(1,2,…,7)中断使能后,一旦相应的 ADC 通道转换结束,将置位转换结束标志位 DONE,则中断标志位 ADINT 会置 1,根据中断号跳到 ADC 中断服务程序入口地址,执行 ADC 中断服务程序。通过读已经产生中断的 A/D 通道的结果寄存器 AD0DRn 或 AD0GDR 来清零 DONE 和 ADINT 标志。

ISER[24]=1,ADC 使能中断;

AD0INTEN[0]=1,A/D 通道 0 转换结束时产生中断;

AD0INTEN[1]=1,A/D 通道 1 转换结束时产生中断;

AD0INTEN[2]=1,A/D 通道 2 转换结束时产生中断;

AD0INTEN[3]=1,A/D 通道 3 转换结束时产生中断;

AD0INTEN[4]=1,A/D 通道 4 转换结束时产生中断;

AD0INTEN[5]=1,A/D 通道 5 转换结束时产生中断;

AD0INTEN[6]=1,A/D 通道 6 转换结束时产生中断;

AD0INTEN[7]=1,A/D 通道 7 转换结束时产生中断;

AD0INTEN[8]=1,使能全局 DONE 标志产生中断,即任何一个通道转换结束时,都会产生中断;

AD0INTEN[8]=0,只有 AD0INTEN[7:0]使能的 A/D 通道才产生中断。

14.6 ADC 应用程序设计

1. 任务描述

使用 ADC 转换通道 1(AD1)测量直流电压,并将测量结果通过 UART0 在 PC 机上显示。硬件电路如图 14.4 所示。

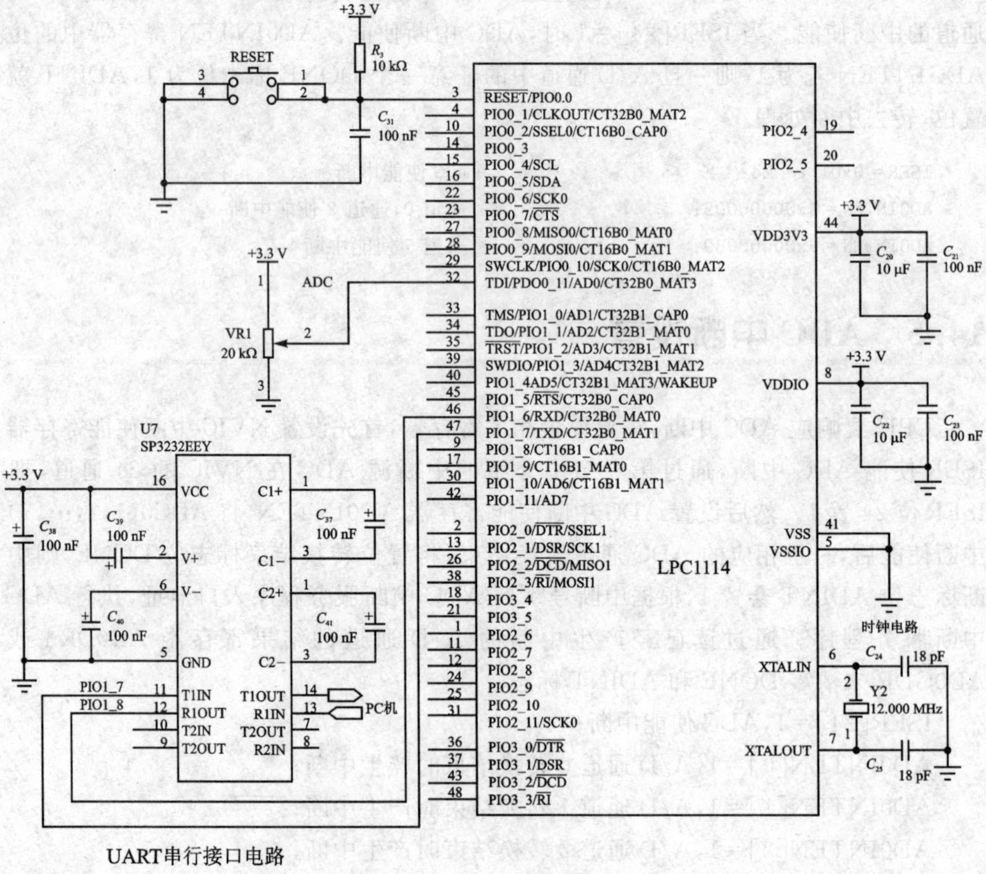

UART串行接口电路

图 14.4 ADC 应用接口电路

2. 任务分析

A/D 设计思路：NXP LPC1100 系列 Cortex－M0 内部 A/D 最简单的使用方法是软件启动方式，当需要采样时才通过软件启动 A/D 采样。通过查询转换结束标志位来得知 A/D 结束转换，然后读取转换结果。

使用 ADC 模块时，先要将引脚设置为 AD1 功能，然后通过 AD0CR 寄存器设置 ADC 的工作模式、ADC 转换通道、转换时钟(CLKDIV 时钟分频值)并启动 ADC 转换。可以通过查询的方式等待 ADC 转换完毕，转换数据保存在 AD0DR1 寄存器中。

3. C 语言程序清单

```
#include    "LPC11xx.h"
#include    "adc.h"
#include    <stdio.h>
#include    "uart.h"
#include    "gpio.h"
#define  ADC_CLK    1000000                         /*设置 ADC 时钟为 1 MHz*/
#define  FPCLK     12000000                         /*设置外设时钟为 12 MHz*/
uint16_t ADC_Value;                                 /*保存 A/D 转换结果*/
float adc_value;                                    /*电位器电压值*/
/*****************************************************************
** 函数名：ADCInit
** 描述：  初始化 ADC
** 参数：  ADC 时钟频率
** 返回值：无
*****************************************************************/
void ADCInit(uint32_t ADC_Clk)
{
    LPC_SYSCON->SYSAHBCLKCTRL |= (1 << 13);         /*使能 ADC 时钟*/
    LPC_IOCON->R_PIO1_0 = 0x02;                     /*设置引脚 ADC 1*/
    LPC_ADC->CR = (0x02 << 0) |                     /*选择 ADC1 通道*/
                  ((FPCLK/ADC_CLK - 1) << 8) |      /*CLKDIV = FPCLK/1 000 000 - 1*/
                  (0 << 16) |                       /*BURST = 0*/
                  (0 << 17) |                       /*CLKS = 0,11 个时钟,10 位*/
                  (1 << 24);                        /*A/D 转换开始*/
}
/*****************************************************************
** 函数名：  UARTInit
** 功能描述：初始化 UART 端口，设置选中引脚、时钟、校验、停止位、FIFO 等
** 参数：    UART 波特率
** 返回值：  无
*****************************************************************/
```

```
void UARTInit(uint32_t baud)
{
    uint32_t Fdiv;                                      /* 时钟分频系数 */
    uint32_t regVal;
    UARTTxEmpty = 1;                                    /* 发送保持寄存器空标志位,1 表明
                                                           为空 */
    UARTCount = 0;
    LPC_IOCON->PIO1_6 &= ~0x07;                         /* 串口引脚功能设置 */
    LPC_IOCON->PIO1_6 |= 0x01;                          /* PIO1_6 设置为 RXD */
    LPC_IOCON->PIO1_7 &= ~0x07;
    LPC_IOCON->PIO1_7 |= 0x01;                          /* PIO1_7 设置为 TXD */
    LPC_SYSCON->SYSAHBCLKCTRL |= (1 << 12);             /* 串口时钟使能 */
    LPC_SYSCON->UARTCLKDIV = 0x01;                      /* 设置串口分频值 */
    LPC_UART->LCR = 0x83;                               /* 8 位数据,无校验, 1 位停止位,允
                                                           许访问除数锁存器 */
    regVal = LPC_SYSCON->UARTCLKDIV;
    Fdiv = ((SystemAHBFrequency/regVal)/16)/baud;       /* 设置 UART 波特率 */
    LPC_UART->DLM = Fdiv / 256;                         /* 设置除数锁存器 */
    LPC_UART->DLL = Fdiv % 256;
    LPC_UART->LCR = 0x03;                               /* 禁止访问除数锁存器 */
    LPC_UART->FCR = 0x07;                               /* 使能并复位 TX 和 RX FIFO. */
    regVal = LPC_UART->LSR;                             /* 读取 LSR,清除线状态标志 */
    while ((LPC_UART->LSR & (LSR_THRE|LSR_TEMT)) != (LSR_THRE|LSR_TEMT));
                                                        /* 等待发送保持寄存器为空 */
        return;
}
/***********************************************************************
** 函数名:  main()
** 描述:    主程序
** 入口参数:无
** 返回值:  无
***********************************************************************/
int main (void)
{
    SystemInit ();
    UARTInit(115200);                                   /* 串口初始化,波特率 115 200 */
    ADCInit(ADC_CLK);                                   /* 初始化 ADC */
    while(1)
    {
        while (LPC_ADC->STAT&0x02 == 0);                /* 等待转换结束 */
        ADC_Value = (LPC_ADC->DR[1] >> 6)& 0x3FF;       /* 读通道号 1 的转换结果 */
        adc_value = ADC_Value * 3.3 /1024;              /* 计算电位器电压值 */
```

```
        printf("ADC当前电位器的电压值为：%f V --\n\r",adc_value);
                                                /*通过串口输出电压值*/
    }
}
```

注意：在程序中用到的以下变量在 LPC11xx.h 中定义的寄存器别名如下：

LPC_ADC－＞CR——AD0CR 寄存器；

LPC_ADC－＞DR[1]——AD0DR1 寄存器；

LPC_ADC_STAT——AD0STAT 寄存器。

4. 操作步骤

① 在 Keil 软件中编写程序，编译成功后，下载到目标板。

② 把计算机与目标板通过串口线连接起来。

③ 打开串口超级终端，选择串口 0，设置波特率为 115 200。

④ 启动目标板，在超级终端能看到测量的电压值。

14.7 思考与练习

1. 简述 A/D 控制寄存器的作用。
2. 编程实现采样 A/D 输入通道 2，并保存 10 位 A/D 转换数据。
3. 有三种方法可以判断 A/D 转换是否完成，是哪三种方法？

第15章

LED 电子胸牌设计实例

通过对前几章节的学习，读者基本掌握了 LPC1100 系列的内部结构、指令系统及内部资源的配置，具备了一定的 LPC1100 应用系统的设计能力。为了进一步加深理解，提高应用系统的硬件、软件的综合开发能力，本章介绍 LED 电子胸牌应用设计实例，以提高读者基于 Cortex－M0 处理器的综合设计能力。

15.1　LED 电子胸牌简介

LED 胸牌是小型的 LED 显示屏，轻巧美观，可以佩戴在胸前，所以叫做 LED 电子胸牌。相较于传统的纸质胸牌，电子胸牌可以实现自发光的动态显示，并且具有多种绚丽的显示方式，如左移、右移、上移、下移、中分、雪花、飞入、飞出等显示特效，从而达到很好的展示效果。电子胸牌适用于胸牌、贴身广告，酒吧、夜总会胸牌，KTV 胸牌，以及演唱会等大型活动指示与宣传品，应用广泛。

本实例采用 LPC1114 微控制器设计的一款 12×36(12 行 36 列矩阵)型电子胸牌，能够静态显示 5 个英文字符或者 3 个汉字，动态显示任意中英文字符串与自定义图形。实物效果图如图 15.1 所示。

图 15.1　电子胸牌

动态扫描 LED 矩阵需要单片机有很快的运行速度才能够完成，而 LPC1114 芯片工作时钟可以高达 50 MHz，所以能够轻松完成 LED 矩阵扫描，同时还有能力进行数据接收与处理。另外，LPC1114 的低功耗特性，也非常适用于胸牌的应用。本产品采用锂电池进行供电，一次充电能够持续工作 8～10 h，可以满足客户需求。

这个应用涉及到定时器、GPIO、UART、Flash 编程、同步串行通信。

15.2 12×36 LED 胸牌设计要求

① 显示功能：能显示 3 个汉字或者 5 个英文或数字字符，并可通过滚动显示更多的中英文字符，显示方式包括固定显示、左移显示、右移显示 3 种显示方式。

② 两个按键分别实现四级亮度的调整和显示内容的切换。

③ 可通过 USB 口进行充电与更新显示内容。

15.3 12×36 LED 胸牌设计实现

15.3.1 硬件电路分析

该系统的核心控制芯片采用基于 Cortex－M0 内核的 NXP LPC1114 芯片，外设包括 LED 点阵显示屏、电源电路（由电池供电）、按键及其 UART 转 USB 通信接口等。

硬件电路框图如图 15.2 所示。

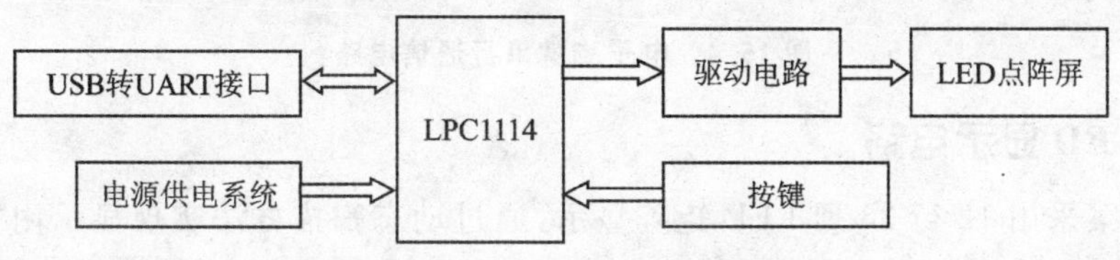

图 15.2 电子胸牌原理框图

1. 电源电路

本系统工作时采用锂电池供电，通过 USB 口充电，使用 USB 线连到计算机 USB 口或者任意 5 V/500 mA/miniUSB 接口输出的电源适配器，都可以为电池充电，同时也可以驱动系统工作，经过低压差稳压器 LM1117 产生 3.3 V 电压为 LPC1114 供电，如图 15.3 所示。

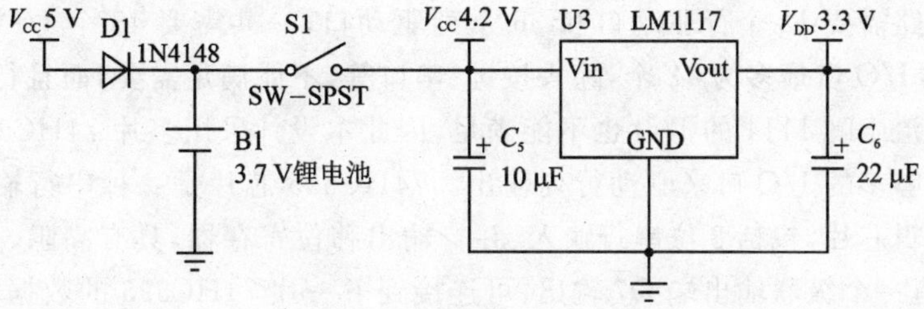

图 15.3 电子胸牌电源电路

2. 串行通信电路

若需要更新显示内容，则可通过 miniUSB 接口电缆线连接到计算机 USB 接口。安装驱动程序后，在计算机上会出现一个虚拟串口，上位机软件就可以通过这个串口实现数据的下载。在电子胸牌内部采用了 1 片 USB 转串口芯片 PL2303，将 USB 数据转化为串口数据，然后传送到 LPC1114 UART 接口实现数据的接收与保存。通信连接电路图如图 15.4 所示。

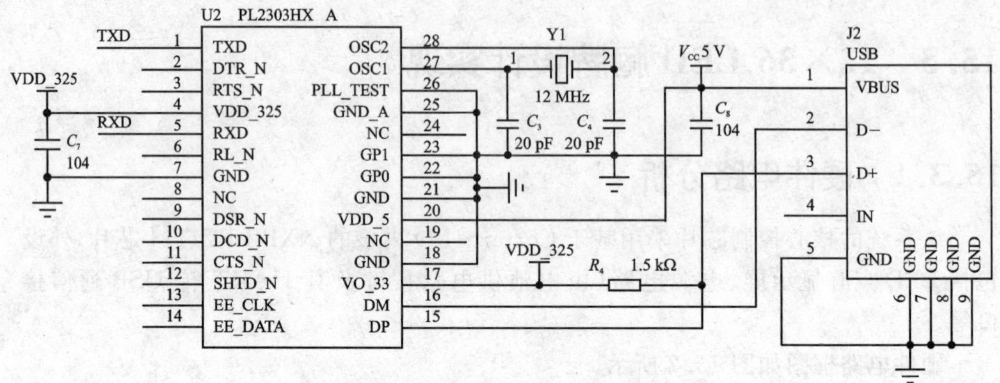

图 15.4 电子胸牌串行通信电路

3. LED 显示电路

本方案采用 12 行 36 列 LED 矩阵显示，通过动态扫描方法实现显示内容，逐行选通 12 行中的一行，使该行对应的驱动口输出高电平，同时将该行所连接的 LED 对应的需要点亮的列口驱动输出低电平，这样对应的 LED 发光二极管就会就被点亮。下一个定时中断到来时关闭当前行，扫描下一行，这样直到扫描到第 12 行，下一次开始重新扫描第 1 行。如此轮回显示，整屏内容就会显示在屏幕上。为了避免人眼看上去出现闪烁，要求扫描频率大于 50 Hz，因此要求 12 行数据的扫描要在 20 ms 内完成，因此每一行点亮的时间最长为 1.6 ms，LED 点阵电路原理图如图 15.5 所示。

4. 显示电路的驱动电路

显示电路需要 12 个行驱动口和 36 个列驱动口，一共需要 48 个 I/O 口。由于 LPC1114 的 I/O 口最多为 42 个，除去按键、串口等，不能满足需要，而且行输出口需要的驱动电流 LPC1114 的 I/O 也不能满足，因此本设计采用多片 74HC595 芯片级联扩展出足够多的 I/O 口来驱动行列输出。74HC595 芯片是一种串行输入转成并行输出的逻辑芯片，包括 8 位串行输入、并行输出移位寄存器，具有高阻、关、断三种状态，并且有一个级联输出端 Q7 输出，可连接到下一片 74HC595 的数据输入端，这样就可以很方便地实现多片 74HC595 的芯片级联，极大节省了单片机的 I/O 口资源。因此单片机仅需要时钟、数据、锁存和片选 4 个 I/O 口即可实现通信。

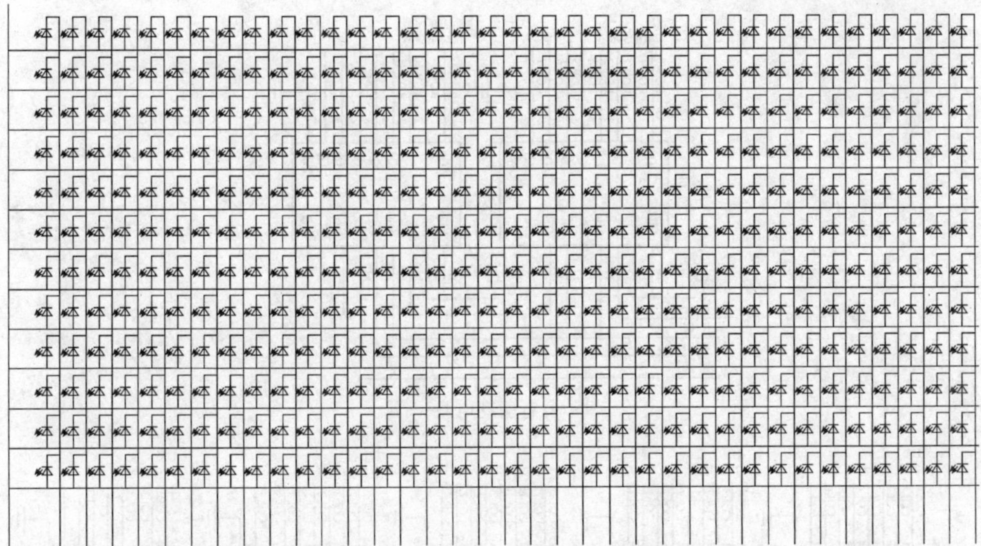

图 15.5　电子胸牌 LED 点阵显示电路

74HC595 的主要优点是具有数据存储寄存器，在移位的过程中，输出端的数据可以保持不变。这在串行速度慢的场合很有用处，数码管没有闪烁感，在电子显示屏制作当中有广泛的应用。如图 15.6 所示是 74HC595 芯片引脚定义图，更详细的资料可参阅数据手册。

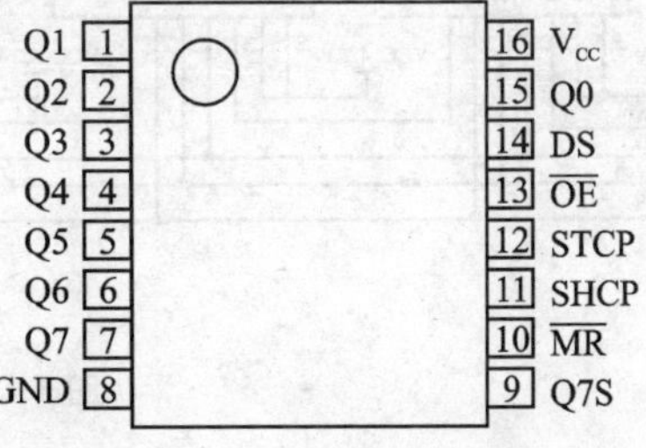

图 15.6　74HC595 芯片引脚定义

在本方案中，采用 2 片 74HC595 级联扩展出 16 个输出口作为行驱动输出（最后 4 个不用，留待升级），如图 15.7(a)所示。列驱动电路采用 5 片 74HC595 级联，从而扩展出 40 个输出口（最后 4 个不用，留待升级），如图 15.7(b)所示。

5. 按键电路

本设计采用两个按键分别控制显示亮度（按键 K1）和显示内容切换（按键 K2），K1 和 K2 分别连接到 LPC1114 的两个 GPIO 口上。其中 K2 连接到 P0.1 口，这个按键也用做 ISP 下载程序控制（上电按下这个按键，单片机进入 ISP 状态，等待串口发送 ISP 编程指令）。按键电路如图 15.8 所示。

6. LPC1114 最小系统电路

LPC1114 采用内部 12 MHz 振荡器，因此无需外接时钟晶体，外围电路仅需要上电复位电路和 SWD 调试接口和旁路电容即可工作；接口用到 UART、按键接口、

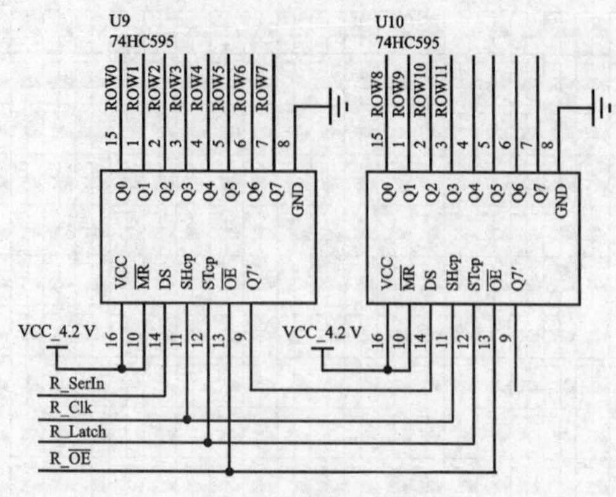

(a) 行驱动电路

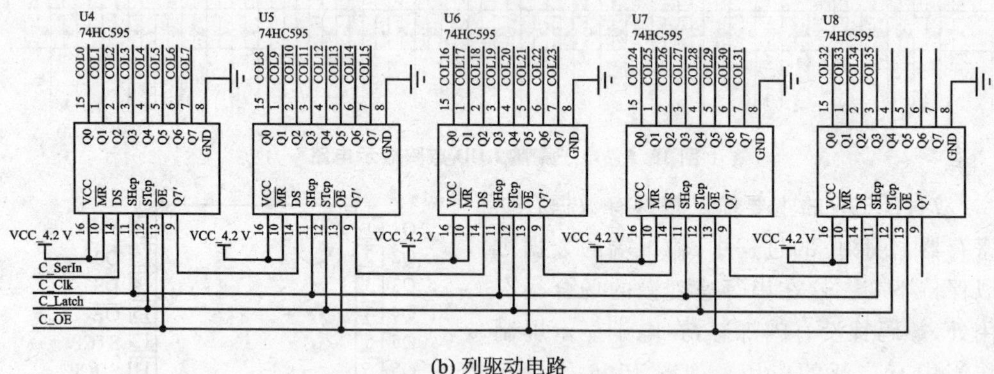

(b) 列驱动电路

图 15.7　行、列驱动电路

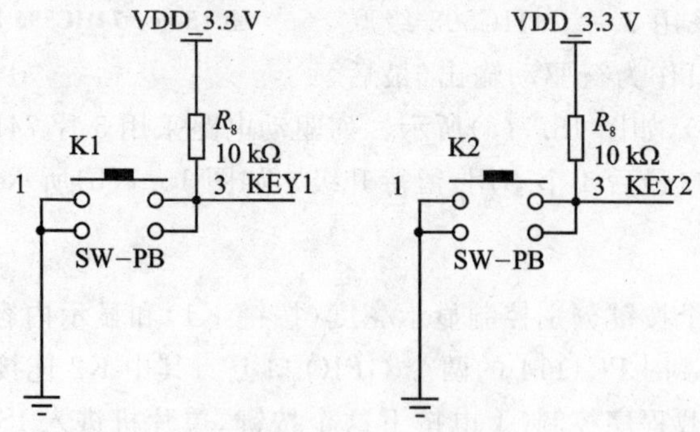

图 15.8　按键电路

行驱动 74HC595 通信接口和列驱动 74HC595 通信接口。最小系统电路如图 15.9 所示。

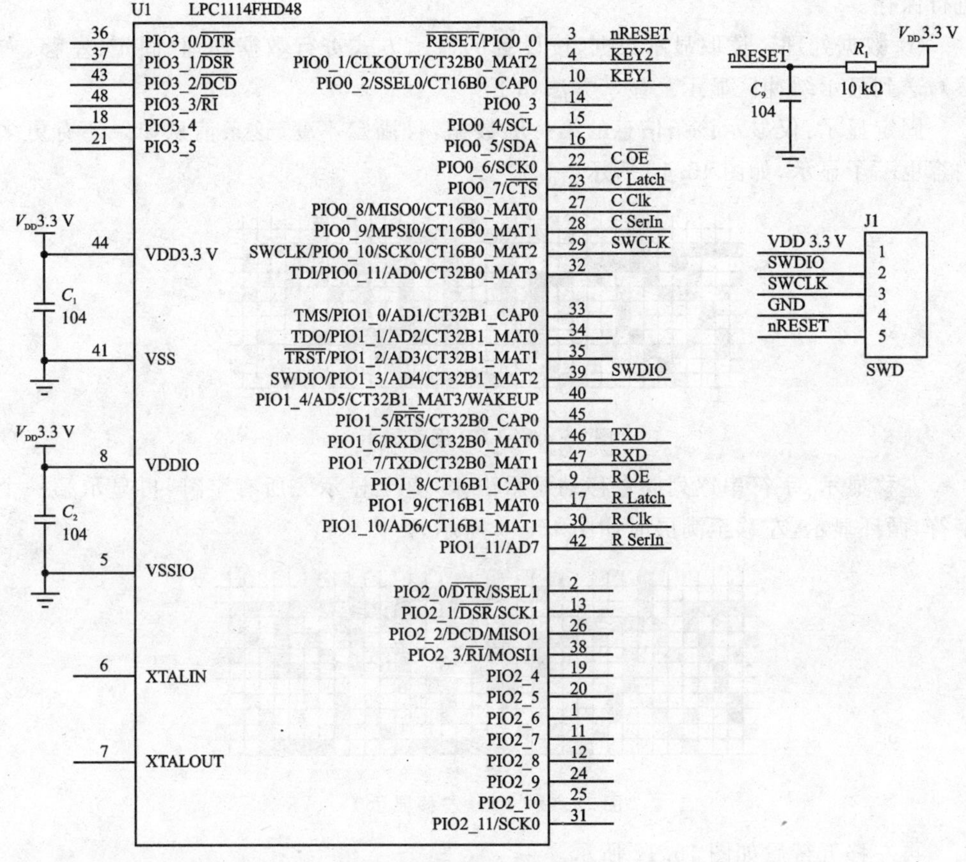

图 15.9　最小系统电路

15.3.2　软件分析

本程序采用模块化编程方式，主要实现如下功能：

① LED 显示屏显示功能。软件开设一个显示缓冲区，在定时中断到来时进行显示扫描更新，每次中断扫描一行，12 次中断后扫描一个周期。在进入中断后，首先关闭当前列输出，读取下一行的显示信息，通过 74HC595 驱动函数发送到列驱动口上，然后打开下一行的行驱动口，更新行标志位。此时，下一行的 LED 灯已经按显示信息设置被点亮，退出中断，直至再次进入中断，输出下一行显示。如此循环扫描，实现一个显示系统。如果想变更显示内容，则只需要将显示缓冲区中的内容更新即可。

② 按键处理模块。通过对按键的识别判断，调用相应的功能函数实现亮度调整（1～8 级亮度显示）与显示内容切换控制，用户可以通过上位机软件将最多 8 条设置好显示方式的显示文本图形信息从串口下载到胸牌中。

③ 串口通信。通过串行口接收上位机下载的显示内容和显示方式配置信息，并

进行保存。

④ 数据处理。读取显示数据，按设置的显示方式进行数据处理（固定、左移、右移），送到显示缓冲区显示。显示方法如下：

固定显示：仅显示该条信息的第一屏数据，且固定不变，这条信息如果还有更多内容也不予显示，如图 15.10 所示。

图 15.10　LED 固定显示

左移显示：字符串逐列向左移动显示出来，直至显示完所有字符，再显示第一个字符，循环显示，左移至满屏时如图 15.11 所示。

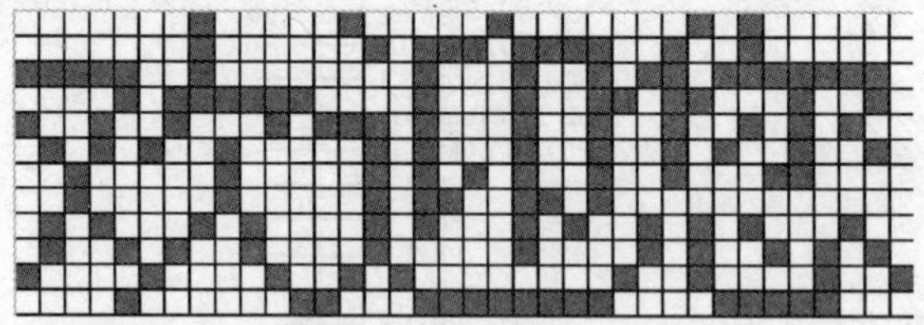

图 15.11　LED 左移显示 1

再左移五行后如图 15.12 所示。

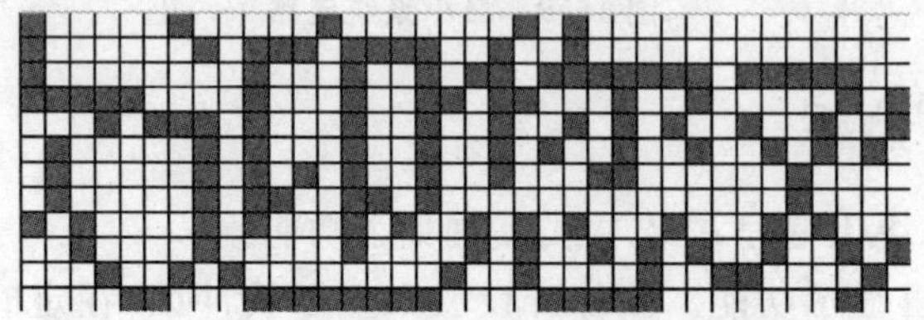

图 15.12　LED 左移显示 2

右移显示与左移效果相似，只是方向是从左到右移动。

⑤ 主程序。初始化显示系统、串口，调取显示内容，按设定的显示方式与亮度设置进行显示，监测串口数据，接收到有效的更新数据后进行保存和显示更新。

源代码文件介绍：

本程序除了启动代码、CMSIS 库外设驱动文件外，还包括 4 个源程序模块文件：74HC595.c、LED_Display.c、main.c、iap.c。

① 74HC595.c 是 74HC595 驱动函数模块，通过对 GPIO 编程实现对行驱动 74HC595 芯片和列驱动 74HC595 芯片的串口通信程序。

② LED_Display. c 是点阵 LED 显示驱动函数模块,实现各种不同形式显示模式的功能函数和显示初始化函数。

③ main. c 是主函数模块,完成串口通信、数据存储、按键功能处理和更新显示等功能。

④ iap. c 是 LPC1114 内部 Flash 在应用编程函数模块,实现内部 Flash 的块擦除与编程功能,以及读 Flash 功能。现在 Flash 工艺的单片机都允许用户在程序运行中更新 Flash 数据,以实现数据更新和软件升级。LPC1114 系列单片机也支持此功能,并在芯片内部内嵌了 IAP 功能代码,用户在程序中进行调用即可实现。读者可以参考相关书籍了解更详细的内容,本应用不作详细介绍。

15.3.3 C 语言程序清单

本小节将各个功能模块源文件中主函数流程图和主要的功能函数代码列出来,并作了较为详尽的注释,供读者参考。

1. main. c

(1) 主程序流程图

主程序流程图如图 15.13 所示。

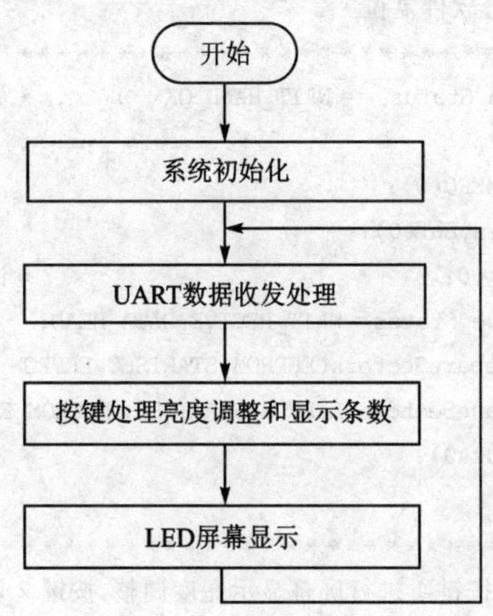

图 15.13 主程序流程图

(2) 源代码

```
#include <LPC11xx.h>
#include "uart.h"
#include "main.h"
#include "timer32.h"
#include "IAP.h"
#include "74HC595.h"
```

```
uint8_t Read_Key(void);
/********************************************************************
** Function name: int main(void)
** Descriptions: 主函数
********************************************************************/
int main (void)
{
    uint8_t flash_cnt = 0;
    SystemInit();         /*时钟初始化:内部 12 MHz PLL 4 倍频系统运行时钟为 48 MHz */
    Init_IO();                        /* I/O 口初始化 */
    Display_Init();
    InitDisPara();                    /*必须在 Display_Init()之后调用 */
    init_timer32();                   /*定时器初始化 */
    ENABLE_TIMER0(1);                 /*启动定时器 */
    UARTInit(1200);                   /*串口初始化 */
    while (1)
    {
        /**************************************************************
        **UART 接收数据,将接收到的数据存储到指定地址的 Flash 中,接收完成后,
        **单片机进行软件复位
        **************************************************************/
        if(UART_Recive_Status == WAIT_HAND_OK   )     /*如果握手成功 */
        {
            ENABLE_TIMER0(0);
            ClearDisplayBuf(0);
            UARTCount = 0;                            /*计数器清零 */
            UART_Recive_Status = WAIT_RECIVE_DATA_HEAD;  /*更改接收状态 */
            u32IAP_PrepareSectors(EEPROM_STARTSEC,EEPROM_ENDSEC);/*选择扇区 */
            u32IAP_EraseSectors(EEPROM_STARTSEC, EEPROM_ENDSEC);/*擦除扇区 */
            UARTSend(0xA0);                           /*发送回应信息 A0 */
        }
        /**************************************************************
        **按键处理,按键 1 进行屏幕显示亮度调整,按键 2 切换显示内容,并按
        **设置的显示方式进行显示
        **************************************************************/
        switch(Read_Key())
        {
            case KEY1_PRESS:{                     /*调节亮度 */
                    Cur_Brightness ++ ;
                    if(Cur_Brightness > 8)
                    {
                        Cur_Brightness = 1;/*亮度范围 1~8 级,保存当前设置值 */
```

```
                }
                EEPROM_Write_Byte(PARAMETER_STARTSEC,PARAMETER_ENDSEC,ADDR_Cur
_Brightness,Cur_Brightness);
                while(Read_Key() == KEY1_PRESS);     /*等按键释放*/
            }break;
        case KEY2_PRESS:{                        /*切换显示内容*/
                if((UserDataEmp != 0) || (textNum == 1)){
                    break;                       /*如果仅有1条或者没有显示内容,则
                                                  不进行处理*/
                }
                CurTxtIndex++;                   /*显示下一条信息*/
                if(CurTxtIndex >= 8){            /*到最后一条后显示第一条信息*/
                    CurTxtIndex = firstTxt;
                }
                ClearDisModeBuf(0);
                UpDateDisBuf();
                InitDisModeData();               /*保存设置值,更新显示*/
        EEPROM_Write_Byte(PARAMETER_STARTSEC,PARAMETER\
                    _ENDSEC,0,ADDR_CurTxtIndex,CurTxtIndex);
                while(Read_Key() == KEY2_PRESS);     /*等按键释放*/
            }break;
        default: break;
    }
    /*********************************************************
     **显示更新:在屏幕上进行显示,左移或者右移时间到,进行数据更新显示。
     **固定显示方式仅仅重新刷新一遍数据
     *********************************************************/
    if(move_sp_cnt > cur_move_sp)               /*是否到移动时间*/
    {
        MoveOneStep(Text_Information_Buf[CurTxtIndex].Display_Mode);
        UpDateDisBuf();
        move_sp_cnt = 0;
    }
  }
}
/***********************************************************
 ** Function name: Read_Key
 ** Descriptions: 读取按键值
 ** Returned value:按键值
 ***********************************************************/
uint8_t Read_Key(void)
uint32_t    i;
```

```
{
    uint8_t KeyPress = NO_PRESS;
    if(KEY1 == 0)
    {
        for(i = 0;i>= 0x2ffff;i ++);            /* 延时 10 ms */
        if(KEY1 == 0)
        {
            KeyPress = KEY1_PRESS;              /* 返回键值 */
        }
    }else if(KEY2  == 0)
    {
        for(i = 0;i>= 0x2ffff;i ++);            /* 延时 10 ms */
        if(KEY2  == 0)
        {
            KeyPress = KEY2_PRESS;              /* 返回键值 */
        }
    }
    return KeyPress;
}
/*********************************************************************
** Function name:   MoveOneStep
** Descriptions:    显示更新,根据当前显示方式,进行数据更新
** input parameters:显示模式
** Returned value:  无
*********************************************************************/
void MoveOneStep(uint8_t Dis_Mode)
{
    switch(Dis_Mode)
    {
        case 0:{
            Shift_Left_One_bit();     /* 左移,将显示内容左移一列 */
        }break;
        case 1:{
            Shift_Right_One_bit();    /* 右移,将显示内容右移一列 */
        }break;
        default:{
            Fixed();                  /* 固定显示,重新刷新一遍,内容不变 */
        }
        break;
    }
}
/*********************************************************************
```

```
** Function name:     Init_IO
** Descriptions:      I/O 口初始化
** input parameters:  无
** Returned value:    无
*********************************************************/
void Init_IO(void)
{
    //将 IO 口配置为普通 IO 功能
    LPC_IOCON->R_PIO1_0   |= 0x01;              /* TMS */
    LPC_IOCON->R_PIO1_1   |= 0x01;              /* TDO */
    LPC_IOCON->R_PIO1_2   |= 0x01;              /* TRST */
    LPC_IOCON->R_PIO0_11  |= 0x01;              /* TDI */
    LPC_GPIO0->DIR = 0x0FFF;
    LPC_GPIO1->DIR = 0x0FFF;
    LPC_GPIO2->DIR = 0x0FFF;
    LPC_GPIO3->DIR = 0x0FFF;
    //初始 IO 配置成低电平
    LPC_GPIO0->DATA = 0x0FFF;
    LPC_GPIO1->DATA = 0x0FFF;
    LPC_GPIO2->DATA = 0x0FFF;
    LPC_GPIO3->DATA = 0x0FFF;
    //按键接口配置为输入
    LPC_GPIO0->DIR  &= ~(1 << 1);               /* PIO0_1 key2 */
    LPC_GPIO0->DIR  &= ~(1 << 2);               /* PIO0_2 key1 */
}
```

2. timer32.c

本文件代码包含定时器初始化和中断服务函数。

```
/*********************************************************
** Function name: TIME32_0_IRQHandler
** Descriptions:  本中断每 0.2 ms 产生一次,计满 8 次为 1.6 ms。更新下一行扫描
**                数据并打开输出,根据设置在进入 N(设置值)次后关断显示,以达
**                到调整亮度功能。
*********************************************************/
void TIMER32_0_IRQHandler(void)
{
    if (LPC_TMR32B0->IR & 0x01)            /* 判断是否为匹配 0(MR0)中断 */
    {
        timer_cnt++;
        if(timer_cnt == 8)                 /* 1.6 ms 定时到,更新扫描下一行 */
```

```
        {
            LedDisp(line_cnt,Display_Buffer + line_cnt * 5);
                                        /* 输出下一行扫描数据到驱动口 */
            timer_cnt = 0;
            line_cnt ++;
            if(line_cnt >= 12)
            {
                line_cnt = 0;           /* 重新扫描第 0 行 */
                move_sp_cnt ++;         /* 移动速度控制 */
            }
        }
        else if(timer_cnt == Cur_Brightness)
        {
            R_Disable();                /* 行输出禁止 */
        }
    }
    LPC_TMR32B0 ->IR = 0xff;            /* 清中断标志位 */
    return;
}
/*******************************************************************
** Function name: init_timer32
** Descriptions: 定时器初始化函数
*******************************************************************/
void init_timer32()
{
    LPC_SYSCON ->SYSAHBCLKCTRL |= (1 << 9); /* 打开 TIMER32_0 时钟 */
    LPC_TMR32B0 ->MR0 = TIME_INTERVAL;      /* 设置匹配通道 0 匹配值 */
    LPC_TMR32B0 ->MCR = 3;                  /* 匹配发生时产生中断并复位定时器 */
    NVIC_SetPriority(TIMER_32_0_IRQn, 3);   /* 设置中断优先级为 3 */
    NVIC_EnableIRQ(TIMER_32_0_IRQn);        /* 使能中断 TIMER32_0 */
}
```

3. 74HC595.c

本模块包含了行和列输出驱动 74HC595 驱动函数。

```
/*******************************************************************
** 74HC595 行列驱动源程序
*******************************************************************/
#include <LPC11xx.h>
#include "74HC595.h"
#include "main.h"
```

```
/*接口定义*/
/*行驱动 74HC595 接口设置*/
#define R_OE_595_HIGH     LPC_GPIO1->DATA |=(1 << 8);     /*R_OE -> PIO1_8*/
#define R_OE_595_LOW      LPC_GPIO1->DATA &=~(1 << 8);  /*使能口*/

#define R_LOCK_595_HIGH   LPC_GPIO1->DATA |=(1 << 9);/*R_Latch -> PIO1_9*/
#define R_LOCK_595_LOW    LPC_GPIO1->DATA &=~(1 << 9);  /*锁存口*/

#define R_CLK_595_HIGH    LPC_GPIO1->DATA |=(1 << 10); /*R_Clk -> PIO1_10*/
#define R_CLK_595_LOW     LPC_GPIO1->DATA &=~(1 << 10);/*时钟口*/

#define R_DATA_595_HIGH   LPC_GPIO1->DATA |=(1 << 11); /*R_Data -> PIO1_11*/
#define R_DATA_595_LOW    LPC_GPIO1->DATA &=~(1 << 11);/*数据口*/

/*列驱动 74HC595 接口设置*/
#define C_OE_595_HIGH     LPC_GPIO0->DATA |=(1 << 6);     /*C_OE -> PIO0_6*/
#define C_OE_595_LOW      LPC_GPIO0->DATA &=~(1 << 6);  /*使能口*/

#define C_LOCK_595_HIGH   LPC_GPIO0->DATA |=(1 << 7); /*C_Latch -> PIO0_7*/
#define C_LOCK_595_LOW    LPC_GPIO0->DATA &=~(1 << 7);  /*锁存口*/

#define C_CLK_595_HIGH    LPC_GPIO0->DATA |=(1 << 8);     /*C_Clk -> PIO0_8*/
#define C_CLK_595_LOW     LPC_GPIO0->DATA &=~(1 << 8);  /*时钟口*/

#define C_DATA_595_HIGH   LPC_GPIO0->DATA |=(1 << 9); /*C_Data -> PIO0_9*/
#define C_DATA_595_LOW    LPC_GPIO0->DATA &=~(1 << 9);  /*数据口*/

int32_t Cur_Brightness = 1;                                  /*当前亮度等级(1~8)*/
/*************************************************************
** Function name:    R_Disable
** Descriptions:     行输出禁止
** input parameters: 无
** Returned value:   无
*************************************************************/
void R_Disable(void)
{
    R_OE_595_HIGH              /*74HC595 OE 控制端口禁止输出*/
}
/*************************************************************
** Function name:    R_Enable
** Descriptions:     行输出使能
** input parameters: 无
```

```
** Returned value:    无
*************************************************************/
void R_Enable(void)
{
    R_OE_595_LOW                  /* 74HC595 OE 控制端口使能输出 */
}
/*************************************************************
** Function name:      R_Write_HC595
** Descriptions:       发送行显数据,点亮指定行
** input parameters:   当前行
** Returned value:     无
*************************************************************/
void R_Write_HC595(uint8_t Curr_Row)
{
    uint8_t i;
    uint16_t temp = 0;
    temp |= (1 << Curr_Row);          /* 该行对应的位置 1 */
    R_OE_595_LOW
    R_LOCK_595_LOW                    /* 准备发送 */
    for(i = 0;i < 16;i++)             /* 从最高位开始右移发送,高四位为无效数据 */
    {
        R_CLK_595_LOW
        if(temp & 0x80)
            R_DATA_595_HIGH
        else
            R_DATA_595_LOW
        R_CLK_595_HIGH
        temp << = 1;
    }
    R_LOCK_595_HIGH                   /* 锁存数据 */
    R_LOCK_595_LOW
}
/*************************************************************
** Function name:      C_Write_HC595
** Descriptions:       发送列显数据
** input parameters:   当前列
** Returned value:     无
*************************************************************/
void C_Write_HC595(uint8_t Curr_Col[5])
{
    signed char i,j;
    uint8_t temp = 0;
```

```
    C_OE_595_LOW
    C_LOCK_595_LOW                      /*准备发送*/
    for(j = 4;j>= 0;j--)   /*从最高位开始右移发送,连续发送5个字节,其中最高四
                             位为无效数据*/
    {
        temp = ~Curr_Col[j];            /*低电平驱动,模数据取反*/
        for(i = 0;i < 8;i++)
        {
            C_CLK_595_LOW
            if(temp & 0x80)
                C_DATA_595_HIGH
            else
                C_DATA_595_LOW
            C_CLK_595_HIGH
            temp <<= 1;
        }
    }
    C_LOCK_595_HIGH                     /*锁存数据*/
    C_LOCK_595_LOW
}
/********************************************************************
** Function name:      LedDisp
** Descriptions:       显示更新函数
** input parameters:   当前行与数据
** Returned value:     无
********************************************************************/
void LedDisp(uint8_t row, uint8_t data[5])
{
    int32_t delay = 0;
    R_Write_HC595(row);                 /*更新扫描行*/
    R_Disable();                        /*暂时关闭输出,防止更新列时出现闪烁*/
    C_Write_HC595(data[5]);             /*输出列数据*/
    R_Enable();                         /*打开行驱动,本行LED被点亮*/
    return;
}
```

4. LED_Display.c

本模块包含了显示系统初始化函数,读取 Flash 数据函数,实现显示数据左移与右移算法函数等。

```
/********************************************************************
LED显示功能模块
```

```
进入显示模式：
    1. 清空显示动态缓冲区
    2. 读出 Flash 中的显示设置数据,并修改相关公共变量
    3. 设置好各显示相关时间常量
    4. 按照相关协议读/写 Flash 中的字符
    5. 根据显示模式调用不同的显示函数及移动函数
    6. 进入显示循环,直到下次上电复位跳出或者进入串口 IAP 模式
**************************************************************/
#include <LPC11xx.h>
#include "main.h"
#include "IAP.h"
#include "74HC595.h"
#include "font.h"
Dis_Text_Information Text_Information_Buf[10];
uint8_t Dis_Buff[24] ;
uint16_t Total_len = 0;
uint8_t  Display_Buffer[60];                    /* 显示数据 */
uint8_t  Display_Data[60];                      /* 显示数据 */
uint8_t Flow_buf[2];
uint8_t CurTxtIndex = 0;                        /* 当前显示的文本 */
uint8_t UserDataEmp = 1;                        /* 用户数据为空,1 为空,全屏亮 */
uint16_t move_text_length;
uint8_t left_move2 = 0;
uint8_t right_move2 = 0;
uint8_t mode_wait_counter = 0;
uint8_t firstTxt = 0;
uint8_t  textNum = 0;
/**************************************************************
** Function name:     void InitDisModeData(void)
** Descriptions:      初始化显示缓冲区
** input parameters: 设置值
** Returned value:    无
** ************************************************************/
void InitDisModeData()
{
    mode_wait_counter = 0;
    left_move2 = 0;
    right_move2 = 0;
    move_text_length = 0;
}
/**************************************************************
** Function name:     void Display_Init(void)
```

```
* * Descriptions:     初始化显示系统
* * input parameters: 设置值
* * Returned value:   无
* * ****************************************************************/
void Display_Init(void)
{
    uint8_t i,j;
    uint8_t temp;
    uint8_t Read_Flash_Buff[42];                /*读取 Flash 中数据到缓存中*/
    uint8_t Para_Data_Buf[2];
    textNum = 0;
    ClearDisModeBuf(0);
    UpDateDisBuf();
    InitDisModeData();
    /*读出 EEPROM 中的显示设置数据(刷新率等),并修改相关公共变量 bank 0 的地址*/
    EEPROM_Read(EEPROM_STARTSEC, 0, Read_Flash_Buff , 42);
                                                /*判断是否第一次上电*/
                                 /*Flash 第一次上电,LED 全亮,检查 LED 是否有损坏*/
    if(Read_Flash_Buff[0] != 0xeb)              /*Flash 有显示数据*/
    {
        ClearDisModeBuf(0xff);
        UpDateDisBuf();
        UserDataEmp = 1;
        Cur_Brightness = 0;
        Para_Data_Buf[0] = Cur_Brightness;      /*亮度值*/
        Para_Data_Buf[1] = 0x10;                /*当前文本值*/
        u32IAP_PrepareSectors(PARAMETER_STARTSEC,PARAMETER_ENDSEC);
        u32IAP_EraseSectors(PARAMETER_STARTSEC, PARAMETER_ENDSEC);
        EEPROM_Write(PARAMETER_STARTSEC,PARAMETER_ENDSEC,0,Para_Data_Buf);
        return;
    }
    else
    {
        UserDataEmp = 0;
    }
    for(j = 0,i = 1 ;i < 9 ; i++ ,j++ )
    {
            Text_Information_Buf[j].Move_Speed = temp;   /*计算速度值*/
            Text_Information_Buf[j].Horse_Flag = 0x00;   /*无跑马灯*/
            temp = Read_Flash_Buff[i]&0x0f;  /*计算显示模式和闪烁标志*/
            Text_Information_Buf[j].Display_Mode = temp;
            Text_Information_Buf[j].Flicker_Flag = 0x00;     /*不闪烁*/
```

```
    }
    /*计算每个文本框的字节长度及起始字节*/
    for(j=0,i=10 ;j < 8 ; j++ ,i+ =4)
    {
        Text_Information_Buf[j].Start_Information = (Read_Flash_Buff[i] - 0x08) *
256 + Read_Flash _Buff[i+1];
        Text_Information_Buf[j].Text_length = Read_Flash_Buff[i+2] * 256 + Read_
Flash_Buff[i+3];
                                                            /*文本长度*/
    }
    Total_len = Text_Information_Buf[7].Start_Information + Text_Information_Buf
[7].Text_ length;
    for(i=0;i < 8;i++)
    {
        if((Text_Information_Buf[i].Text_length)! = 0)
        {
            CurTxtIndex = i;
            firstTxt = i;
            break;
        }
    }
    for(i=0;i < 8;i++)                                      /*查找一共几个文本框中有数据*/
    {
        if((Text_Information_Buf[i].Text_length)! = 0)
        {
            textNum ++ ;
        }
    }
}
/******************************************************************
** Function name:   void InitDisPara(void)
** Descriptions:    初始化连读和当前显示条目信息
** input parameters: 无
** Returned value:   无
** ******************************************************************/
void InitDisPara(void)
{
    uint8_t ParaBuf[2];                                     /*显示亮度和当前文本索引参数*/
    EEPROM_Read(PARAMETER_STARTSEC,0, ParaBuf, 2);
    if(ParaBuf[ 1 ]! = 0x10 && ParaBuf[ 1 ] ! = 8 && ParaBuf[ 1 ] < textNum)
    {
        Cur_Brightness = ParaBuf[ 0 ];                      /*读取当前亮度值*/
```

```
        CurTxtIndex = ParaBuf[ 1 ];            /*读取当前文本*/
    }
}
/*********************************************************
** Function name:      ClearDisplayBuf
** Descriptions:       写全 0,或 1 到显存
** input parameters:   设置值
** Returned value:     无
**  *******************************************************/
void ClearDisplayBuf(uint8_t c){
    uint8_t  i;
    for(i = 0; i < 60; i ++ ){
        Display_Buffer[i] = c;
    }
}
/*********************************************************
** Function name:      void UpDateDisBuf(void)
** Descriptions:       更新显存数据
** input parameters:   无
** Returned value:     无
**  *******************************************************/
void UpDateDisBuf(void)
{
    uint8_t i,j;
    for(i = 0;i < 12; i ++ )               /*更新显存数据*/
    {
        for(j = 0;j < 5;j ++ )
        {
            Display_Buffer[i * 5 + j] = Display_Data[i * 5 + j];
        }
    }
}
/*********************************************************
** Function name:      void ClearDisModeBuf(void)
** Descriptions:       清显示缓冲区
** input parameters:   设置值
** Returned value:     无
**  *******************************************************/
void ClearDisModeBuf(uint8_t c){
    uint8_t  i;
    for(i = 0; i < 60; i ++ ){
        Display_Data[i] = c;
```

```
    }
}
/****************************************************************
** Function name:    void Shift_Left_One_bit(void)
** Descriptions:     显示左移一位点阵间距,将需要显示的数据左移一位,
**                   等 12 行都扫描完成后开始移入下一位数据,直到将所
**                   有的数据移完,这样显示出左移效果
** input parameters: 无
** Returned value:   无
** ****************************************************************/
void Shift_Left_One_bit(void)
{
    uint8_t i,j;                       /*位变量 move 左移位数*/
    if(left_move2 % 8 == 0)
    {
        EEPROM_Read_Cur_Text_Data(move_text_length,Dis_Buff,12);
                                        /* move_text_length 当前移动的字节 */
        if((move_text_length >= Text_Information_Buf[CurTxtIndex].Text_length) &&
        (move_text_length < Text_Information_Buf[CurTxtIndex].Text_length + 5))
        {
            for(i = 0;i < 12;i++)
            {
                Dis_Buff[i] = 0;
            }
        }
        if(move_text_length >= (Text_Information_Buf[CurTxtIndex].Text_length + 4))
        {
            move_text_length = 0;
        }
        else
        {
            move_text_length++;
        }
    }
    for(i = 0 ; i < 12 ; i++)
    {
        for(j = 0;j < 5;j++)
        {
            Display_Data[i * 5 + j] <<= 1;
            if(j == 4)
            {
                Display_Data[i * 5 + j] |= (Dis_Buff[i] & 0x80) >> 7;
```

```
                Dis_Buff[i] = Dis_Buff[i] << 1;
            }
            else
            {
                Display_Data[i * 5 + j]|= (Display_Data[i * 5 + j + 1] & 0x80) >> 7;
            }
        }
    }
    left_move2 ++ ;
    if(left_move2> = 40)
    {
        left_move2 = 0;
    }
    return ;
}
/ ***************************************************************** *
* * Function name:    void Shift_Right_One_bit(void)
* * Descriptions:     显示右移一位点阵间距,将需要显示的数据左移一位,
* *                   等 12 行都扫描完成后开始移入下一位数据,直到将所
* *                   有的数据移完,这样显示出左移效果
* * input parameters: 无
* * Returned value:   无
* * ****************************************************************/
void Shift_Right_One_bit(void)
{
    uint8_t i,j;                        / * 位变量 move 左移位数 * /
    if(right_move2 % 8 == 0)
    {
        EEPROM_Read_Cur_Text_Data(Text_Information_Buf[CurTxtIndex].Text_length -
        move_text_length - 1 ,Dis_Buff,12);
        if((move_text_length> = Text_Information_Buf[CurTxtIndex].Text_length)&&
        (move_text_length < Text_Information_Buf[CurTxtIndex].Text_length + 5))
        {
            for(i = 0 ; i < 12 ; i++ )
            {
                Dis_Buff[i] = 0;
            }
        }
        if(move_text_length == (Text_Information_Buf[CurTxtIndex].Text_length + 4))
        {
            move_text_length = 0;
        }
```

```
        else
        {
            move_text_length ++ ;
        }
    }
    for(i = 0 ; i < 12 ; i++ )
    {
        for(j = 0;j < 5;j ++ )
        {
            Display_Data[i * 5 - j + 4] >> = 1;
            if(j == 4)
            {
                Display_Data[i * 5]|= (Dis_Buff[i] & 0x01) << 7;
                Dis_Buff[i] = Dis_Buff[i] >> 1;
            }
            else
            {
                Display_Data[i * 5 - j + 4]|= (Display_Data[i * 5 - j + 3] & 0x01) << 7;
            }
        }
    }
    right_move2 ++ ;
    if(right_move2 > = 40)
    {
        right_move2 = 0;
    }
    return ;
}
/*************************************************************************
 * * Function name:     void Dis_Mode_5(void)
 * * Descriptions:      固定显示将数据刷新一遍,不作变化
 * * input parameters:  无
 * * output parameters: 无
 * * Returned value:    无
 *************************************************************************/
void Fixed(void)
{
    uint8_t i,j;
    for(j = 0;j < 5;j ++ ) Dis_Buff[j] = 0x00;
    for(i  = 0;i < 12;i ++ )
    {
        EEPROM_Read_fix_Data(0,Dis_Buff,i);
```

```
        for(j = 0;j < 5;j++)
        {
            Display_Data[i * 5 + j] = Dis_Buff[j];
        }
    }
    return;
}
```

5. uart.c

本模块包含串口初始化函数、串口发送函数和串口中断服务函数，在中断服务函数中，依照串口通信协议规定连续接收 5 个正确的握手字符后，程序将准备接收有效的数据包，数据包包括 42 字节的包头和显示数据，数据长度不定，发送完为止。包头包含显示条数、各条信息的显示方式以及数据长度和亮度等参数信息。串口接收函数边接收数据，边通过 IAP 命令，将数据保存到 Flash 中。

```
uint32_t UARTCount = 0;
uint8_t UARTBuffer[BUFSIZE];                    /* 接收缓冲区 */
uint16_t Revice_Total_length = 0;               /* 接收数据总长度 */
uint16_t Revice_Data_length = 0;                /* 接收数据长度 */
uint16_t Revice_Data_Residue = 0;               /* 接收数据除以 256 的余数 */
uint8_t bank_num = 0 ;                          /* 读写块计数 */
uint8_t Bank_Total_length = 0;
uint8_t UART_Recive_Status = WAIT_HAND_0; /* 初始化为等待握手状态 */
/*****************************************************************
** Function name:      UART_IRQHandler
** Descriptions:       串口中断服务函数
** input parameters:   无
** Returned value:     无
*****************************************************************/
void UART_IRQHandler(void)
{
    uint16_t i = 0 ;
    uint8_t Cur_Data = 0;
    uint8_t iir;
    iir = (LPC_UART->IIR >> 1) & 0x07;
    if (iir == 0x2)     /* Receive Data Available */
    {
        if((UART_Recive_Status != WAIT_RECIVE_DATA) &&
        (UART_Recive_Status != WAIT_RECIVE_DATA_HEAD))
        {
            Cur_Data = LPC_UART->RBR;
```

```
    }
    switch(UART_Recive_Status) /*依据通信协议的规定,判断读取数据正确性并进
                                  行处理 */
    {
        case WAIT_HAND_0:    {
            if(Cur_Data == 0x48)
            {
                UART_Recive_Status = WAIT_HAND_1;
            }
        }
            break;
        case WAIT_HAND_1:    {
            if(Cur_Data == 0x65)
            {
                UART_Recive_Status = WAIT_HAND_2;
            }
            else
            {
                UART_Recive_Status = WAIT_HAND_0;
            }
        }
            break;
        case WAIT_HAND_2: {
            if(Cur_Data == 0x6C)
            {
                UART_Recive_Status = WAIT_HAND_3;
            }
            else
            {
                UART_Recive_Status = WAIT_HAND_0;
            }
        }
            break;
        case WAIT_HAND_3: {
            if(Cur_Data == 0x6C)
            {
                UART_Recive_Status = WAIT_HAND_4;
            }
            else
            {
                UART_Recive_Status = WAIT_HAND_0;
            }
```

```
        }
        break;
    case WAIT_HAND_4: {
        if(Cur_Data == 0x6F)
        {
            UART_Recive_Status = WAIT_HAND_OK;/ * 至此,握手正确,接收数据流 * /
        }
        else
        {
            UART_Recive_Status = WAIT_HAND_0;
                                        / * 握手数据异常,放弃,等待重新接收 * /
        }
    }
        break;
    case WAIT_RECIVE_DATA_HEAD: { / * 接收数据包头 * /
        UARTBuffer[UARTCount ++ ] = LPC_UART - >RBR;
        if(UARTCount == 42)      / * 如果接收了 42 字节的数据 * /
        {
            Revice_Data_length = UARTBuffer[41] + UARTBuffer[40] * 256 +
                                UARTBuffer [39] + (UARTBuffer[38] - 0x08) * 256;
                                                        / * 计算 8 行文本框的总字数 * /
            Revice_Total_length = Revice_Data_length * 12 + 42;
  / * 计算下位机需要接收的字符总长度 = 12 * Revice_Data_length + 42 * /
            / * 计算下位机一共需要写几个扇区 * /
            if (Revice_Total_length < = 256) / * 所需空间不满 256 字节,一个
                                                    bank * /
            {
                Bank_Total_length = 1;
            }
            else if(Revice_Total_length > 256)
            {
                if(Revice_Total_length % 256 == 0)/ * 若是 256 字节的整数倍 * /
                {
                    Bank_Total_length = Revice_Total_length/256;
                    Revice_Data_Residue = 0;
                }
                else  / * 若不是 256 字节的整数倍 * /
                {
                    Bank_Total_length = Revice_Total_length / 256 + 1 ;
                    Revice_Data_Residue = Revice_Total_length % 256 ;
                    if(Bank_Total_length > 32){
                    Bank_Total_length = 32;
```

```
                    Revice_Data_Residue = 0;
                }
            }
        }
        UART_Recive_Status = WAIT_RECIVE_DATA;
    }
        break;
    case WAIT_RECIVE_DATA: {      /* 接收显示数据 */
        UARTBuffer[UARTCount ++ ] = LPC_UART - >RBR;
        if((Revice_Total_length <= 256) && (UARTCount == Revice_Total_
        length))
        /* 所有字符加上数据头 42 字节小于 256 时 */
        {
            for(i = UARTCount + 1;i < 256 ; i++)
            {
                UARTBuffer[i] = 0xff;
            }
            UARTBuffer[0] = 0xeb;
            EEPROM_Write(EEPROM_STARTSEC,EEPROM_ENDSEC,0,(uint8_t *)
                UARTBuffer);
            UART_Recive_Status = WAIT_HAND_0;
            Display_Init();
            Revice_Total_length = 0;
            Revice_Total_length = 0;
            UARTCount = 0;
            bank_num = 0;
            ENABLE_TIMER0(1);
        }
        else if(Revice_Total_length > 256)
        {
            if((UARTCount == 256) && (bank_num < (Bank_Total_length - 1)))
            {
                if(bank_num == 0)
                {
                    UARTBuffer[0] = 0xeb;
                }
                EEPROM_Write(EEPROM_STARTSEC,EEPROM_ENDSEC,
                             bank_num,(uint8_t *)UARTBuffer);
                UARTCount = 0;
                bank_num ++ ;
            }
            else if((UARTCount == Revice_Data_Residue) && (bank_num ==
```

```
                (Bank_ Total_length - 1)))
                {
                    EEPROM_Write(EEPROM_STARTSEC,EEPROM_ENDSEC,
                        bank_num,(uint8_t *)UARTBuffer);
                    UART_Recive_Status = WAIT_HAND_0;
                    Display_Init();
                    Revice_Total_length = 0;
                    Revice_Total_length = 0;
                    UARTCount = 0;
                    bank_num = 0;
                    ENABLE_TIMER0(1);
                }
            }
        }
            break;
        default:
            UART_Recive_Status = WAIT_HAND_0;
            break;
    }
  }
}
/***************************************************************************
** Function name:    UARTInit
** Descriptions:     串口初始化
** input parameters: 波特率
** Returned value:   无
***************************************************************************/
void UARTInit(uint32_t baudrate)
{
  uint32_t Fdiv;
  uint32_t regVal;
  LPC_IOCON->PIO1_6 = 0x01;                    /*设置 RXD 引脚*/
  LPC_IOCON->PIO1_7 = 0x01;                    /*设置 TXD 引脚*/
  LPC_SYSCON->UARTCLKDIV = 0x01;               /*时钟分频器进行 1 分频*/
  LPC_UART->LCR = 0x83;                        /*8 位数据格式,1 位停止位*/
  regVal = LPC_SYSCON->UARTCLKDIV;
  Fdiv = ((SystemAHBFrequency/regVal)/16)/baudrate; /*设置串口通信的波特率*/
  LPC_UART->DLM = Fdiv/256;
  LPC_UART->DLL = Fdiv % 256;
  LPC_UART->LCR = 0x03;                        /* DLAB = 0 */
  LPC_UART->FCR = 0x07;                  /*使能和复位 TX and RX FIFO,触发点为 1 字节*/
  regVal = LPC_UART->LSR;                      /*读线状态寄存器来清除标志位*/
```

```
    /* 等待 TX or RX FIFO 中没有数据 */
    while ((LPC_UART->LSR & (LSR_THRE|LSR_TEMT)) != (LSR_THRE|LSR_TEMT));
    while (LPC_UART->LSR & LSR_RDR)
    {
      regVal = LPC_UART->RBR;           /* 读 RX FIFO 中的数据 */
    }
    /* 使能串口中断 */
    NVIC_SetPriority(UART_IRQn, 1);
    NVIC_EnableIRQ(UART_IRQn);
    LPC_UART->IER = 0x01;
}
/**********************************************************************
 ** Function name:      UARTSend
 ** Descriptions:       通过串口发送 1 字节数据
 ** input parameters:   要发送的数据
 ** Returned value:     无
**********************************************************************/
void UARTSend(uint8_t byte)
{
     while (!(LPC_UART->LSR & LSR_THRE));        /* 当 THER 为 1 时,数据发送完毕 */
     LPC_UART->THR = byte;
}
```

6. iap. c

本模块通过调用 LPC1114 内部固化的 IAP 命令实现 Flash 的编程，包括块擦除、块编程、Flash 数据读取等函数。

```
#include "IAP.h"
#include "main.h"
#include <LPC11xx.h>
/* IAP 命令定义 */
#define  IAP_CMD_PREPARE_SECTORS          50
#define  IAP_CMD_COPY_RAM_TO_FLASH        51
#define  IAP_CMD_ERASE_SECTORS            52
#define  IAP_CMD_BLANK_CHECK_SECTORS      53
#define  IAP_CMD_READ_PART_ID             54
#define  IAP_CMD_READ_BOOT_ROM_VERSION    55
#define  IAP_CMD_COMPARE                  56
#define  IAP_CMD_REINVOKE_ISP             57
#define  IAP_ROM_LOCATION              0x1FFF1FF1UL      /* IAP 程序入口地址 */
#define  IAP_EXECUTE_CMD(a, b)         ((void (*)())(IAP_ROM_LOCATION))(a, b)
/**********************************************************************
```

```
* * Function name:     u32IAP_PrepareSectors
* * Description:       设置即将操作的闪存扇区号,在擦除和写操作准备工作,
* *                    这个命令一定会被执行再执行
* * Parameters:        u32StartSector - 要操作的第一个扇区号
* *                    u32EndSector - 要操作的最后一个扇区号
* * Returned value:    状态返回值,1 = 操作成功
***********************************************************/
uint32_t u32IAP_PrepareSectors(uint32_t u32StartSector, uint32_t u32EndSector)
{
    uint32_t u32Status;
    uint32_t au32Result[3];
    uint32_t au32Command[5];
    if (u32EndSector < u32StartSector)
    {
        u32Status = IAP_STA_INVALD_PARAM;
    }
    else
    {
        au32Command[0] = IAP_CMD_PREPARE_SECTORS;
        au32Command[1] = u32StartSector;
        au32Command[2] = u32EndSector;
        IAP_EXECUTE_CMD(au32Command, au32Result);
        u32Status = au32Result[0];
    }
    return u32Status;
}
/**********************************************************
* * Function name:     u32IAP_CopyRAMToFlash
* * Description:       将 RAM 中准备好的数据烧写到 Flash 中
* * Parameters:        u32DstAddr:Flash 目标地址
* *                    u32SrcAddr:RAM 源数据地址
* *                    u32Len:数据长度
* * Returned value:    返回操作状态
***********************************************************/
uint32_t u32IAP_CopyRAMToFlash(uint32_t u32DstAddr, uint32_t u32SrcAddr, uint32_t
u32Len)
{
    uint32_t au32Result[3];
    uint32_t au32Command[5];
    au32Command[0] = IAP_CMD_COPY_RAM_TO_FLASH;
    au32Command[1] = u32DstAddr;
    au32Command[2] = u32SrcAddr;
```

```
    au32Command[3] = u32Len;
    au32Command[4] = SystemFrequency/1000UL;        /* 内核运行时钟,单位 kHz */
    IAP_EXECUTE_CMD(au32Command, au32Result);
    return au32Result[0];
}
/*********************************************************************
** Function name:   u32IAP_EraseSectors
** Description:     Flash 扇区擦除
** Parameters:      u32StartSector - 要擦除的第一个扇区号
**                  u32EndSector - 要擦除的最后一个扇区号
** Returned value:  返回状态值
*********************************************************************/
uint32_t u32IAP_EraseSectors(uint32_t u32StartSector, uint32_t u32EndSector)
{
    uint32_t u32Status;
    uint32_t au32Result[3];
    uint32_t au32Command[5];
    if (u32EndSector < u32StartSector)
    {
        u32Status = IAP_STA_INVALD_PARAM;
    }
    else
    {
        au32Command[0] = IAP_CMD_ERASE_SECTORS;
        au32Command[1] = u32StartSector;
        au32Command[2] = u32EndSector;
        au32Command[3] = SystemFrequency / 1000UL;      /* 内核运行时钟,单位 kHz */
        IAP_EXECUTE_CMD(au32Command, au32Result);
        u32Status = au32Result[0];
    }
    return u32Status;
}
/*********************************************************************
** Function name:       EEPROM_Write
** Descriptions:        调用该函数可以模拟写 EEPROM 操作,最大写数据为 256 字节
** input parameters:    start_sector:扇区号
**                      bank:从 EEPROM 空间开始的存储器 bank 编号,一个 bank 为 256 字节
**                      src_addr:存储数据的源地址
** output parameters:   状态信息
** Returned value:      无
**                      一次写入的数据为 256 字节
**      注意:调用该函数将会使定义为 EEPROM 的 Flash 全部擦除,即会使前面写的所有数
```

```
**          据丢失
*******************************************************************/
uint8_t EEPROM_Write(uint8_t start_sector,uint8_t end_sector,uint8_t bank, uint8_t *
src_addr)
{
    uint8_t ucErr;
    DISABLE_IRQ;                    /*在 IAP 操作前关闭所有中断*/
    ucErr = u32IAP_PrepareSectors(start_sector, end_sector);
    ucErr = u32IAP_CopyRAMToFlash(start_sector * 1024 * 4 + bank * 256, (uint32_t)src_
addr, 256);                        /*复制数据到 1 * 1 024 * 4 + bank * 256Flash 扇区中*/
    if (ucErr != EE_SUCCESS)
    {                               /*IAP 函数调用出错*/
        return IAP_ERROR;
    }
    ENABLE_IRQ;
    return  ucErr;
}
/*******************************************************************
** Function name:      EEPROM_Read
** Descriptions:       调用该函数可以从 EEPROM 起始扇区开始读数据
** input parameters:   start_sector:扇区号
**                     src_addr:EEPROM 存储空间的偏移量地址
**                     dst_addr:接收读取数据的源地址
**                     num:读取的字节数
** Returned value:     无
*******************************************************************/
void EEPROM_Read(uint8_t start_sector,uint32_t src_addr, uint8_t * dst_addr, uint32_t num)
                                                         /*读取指定扇区相关信息*/
{
    uint32_t i;
    for (i = 0 ; i < num; i++)
    {
        *(dst_addr + i) = *(((uint8_t *)(start_sector * 1024 * 4 + src_addr)) + i);
    }
}
/*******************************************************************
** Function name:     EEPROM_Read_Cur_Text_Data()
** Descriptions:      调用该函数可以读出当前需要显示的文本框的数据,左移、右移时使用
** input parameters:  src_addr:当前文本框的偏移地址
**                    dst_addr:接收读取数据的源地址并存到 BUF[12]中
**                    num:读取的字节数一共 12 字节
** Returned value:    无
```

```
*************************************************************/
void EEPROM_Read_Cur_Text_Data(uint32_t src_addr, uint8_t * dst_addr, uint8_t num)
{
    uint32_t i;
    src_addr = src_addr + 42;
    src_addr + = Text_Information_Buf[CurTxtIndex].Start_Information;
    for (num = 0,i = 0; num < 12; num++, i + = Total_len) /* Total_len 8 个文本的总长
                                                              度 */
    {
      * (dst_addr + num) = * (((uint8_t *)(EEPROM_STARTSEC * 1024 * 4 + src_addr)) + i);
    }
}
/*************************************************************
** Function name:     void EEPROM_Read_Up_Down__Data
** Descriptions:      调用该函数可以读出当前需要显示的文本框的数据，固定显示使用
** input parameters:  src_addr:当前文本框的偏移地址
**                    dst_addr:接收读取数据的源地址并存到 BUF[12]中，最多 5 字节
**                    num:读取的字节数一共 12 字节
** Returned value:    无
*************************************************************/
void EEPROM_Read_fix_Data(uint32_t src_addr, uint8_t * dst_addr, uint8_t number)
                                                    /* 一次读取一行 number 是行号 */
{
    uint32_t i;
    uint8_t col;
    uint8_t length;
    if(Text_Information_Buf[CurTxtIndex].Text_length < 5)
    {
        length = Text_Information_Buf[CurTxtIndex].Text_length;
    }
    else
    {
        length = 5;
    }
    src_addr = src_addr + 42 + number * Total_len;     /* 读取的起始地址 */
    src_addr + = Text_Information_Buf[CurTxtIndex].Start_Information;
    for (col = 0,i = 0; col < length; col++, i++)  /* 7 为所有不为空的文本总长度 */
    {
        * (dst_addr + col) = * (((uint8_t *)(EEPROM_STARTSEC * 1024 * 4 + src_addr)) + i);
                                                    /* EEPROM_STARTSEC * 1024 * 4 */
    }
}
```

```
/**************************************************************
** Function name:     void EEPROM_Write_Byte(uint32_t uiAddress,uint8_t ucData)
** Descriptions:      调用该函数向 uiAddress 写入数据 ucData
** input parameters:  uiAddress:     地址
**                    ucData:        需要写入的数据
** output parameters: 无
** Returned value:    无
**************************************************************/
uint8_t EEPROM_Write_Byte(uint8_t start_sector,uint8_t end_sector,uint8_t bank,
uint32_t uiAddress,uint8_t ucData)
{
    uint8_t ParaBuf[2];
    uint8_t ucErr;
    DISABLE_IRQ;                              /*在 IAP 操作前关闭所有中断*/
    uiAddress = uiAddress - PARAMETER_BASEADDR;
    EEPROM_Read(start_sector, 0, ParaBuf, 2); /*读出存储的标志信息*/
    ParaBuf[uiAddress] = ucData;
    ucErr = u32IAP_PrepareSectors(start_sector,end_sector);
    ucErr = u32IAP_EraseSectors(start_sector, end_sector);
    ucErr = u32IAP_PrepareSectors(start_sector, end_sector);
    ucErr = u32IAP_CopyRAMToFlash(start_sector * 1024 * 4 + bank * 256, (uint32_t)
ParaBuf, 256);
                                 /*COPY 数据到 1*1024*4+bank*256Flash 扇区*/
    if (ucErr != EE_SUCCESS)
    {                                         /*IAP 函数调用出错*/
        ucErr = IAP_ERROR;
    }
    ENABLE_IRQ;
    return ucErr;
}
```

附录 A

书中程序使用的函数说明

1. void GPIOSetDir(uint32_t portNum, uint32_t bitPosi, uint32_t dir)

功能:设置 GPIO 方向。

入口参数:I/O 端口号,端口位地址,方向(1 为输出,0 为输入)。

2. void GPIOSetInterrupt(uint32_t portNum, uint32_t bitPosi, uint32_t sense, uint32_t single, uint32_t event)

功能:设置中断触发方式。

入口参数:端口号,位地址,电平触发或边沿触发,单边或双边,上升沿/高电平,或下降沿/低电平。

3. void GPIOIntEnable(uint32_t portNum, uint32_t bitPosi)

功能:中断使能。

入口参数:I/O 端口号,端口位地址。

4. void GPIOSetValue(uint32_t portNum, uint32_t bitPosi, uint32_t bitVal)

功能:将 GPIO 口值设置为 1 或 0。

入口参数:I/O 端口号,端口位地址,端口值。

5. void GPIOInit(void)

功能:GPIO 初始化,AHB 时钟设置,GPIO 作为外部中断使能。

入口参数:无。

6. void TIMER32_0_IRQHandler(void)

功能:32 位定时器 T0 中断服务处理程序,清除定时中断标志位,计数值加 1。

入口参数:无。

7. void init_timer32(uint8_t timer_num, uint32_t TimerInterval)

功能:32 位定时器初始化。

入口参数:定时器 0 或定时器 1,定时匹配值。

8. void enable_timer32(uint8_t timer_num)

功能:32 位定时器使能计数。

入口参数:定时器 0 或定时器 1。

9. void disable_timer32(uint8_t timer_num)

功能:32 位定时器停止计数。

入口参数:定时器 0 或定时器 1。

10. void UART_IRQHandler(void)

功能:串口中断服务处理程序。

入口参数:无。

11. void UARTInit(uint32_t baudrate)

功能:串口初始化,使能串口中断。

入口参数:波特率。

12. void UARTSend(uint8_t *BufferPtr, uint32_t Length)

功能:串口发送数据。

入口参数:指向数据缓冲器的指针,数据长度。

13. void I2C_IRQHandler(void)

功能:I^2C 中断服务处理程序,只处理主模式。

入口参数:无。

14. uint32_t I2CStart(void)

功能:I^2C 发送起始信号。

入口参数:无。

返回值:发送起始信号失败或成功,成功返回 1,失败返回 0。

15. uint32_t I2CStop(void)

功能:I^2C 发送停止信号。

入口参数:无。

返回值:发送失败或成功,成功返回 1,失败返回 0。

16. uint32_t I2CInit(uint32_t I2cMode)

功能:I^2C 初始化。

入口参数:主模式或者从模式。

返回值:I^2C 中断使能成功或失败,成功返回 1,失败返回 0。

17. uint32_t I2CEngine(void)

功能:从发送起始信号到结束信号,完成整个 I^2C 发送过程。

入口参数:无。

返回值:发送起始信号失败或成功,成功返回 1,失败返回 0。

18. void SSP0_IRQHandler(void)

功能:ISP 中断服务处理函数。

入口参数:无。

19. void SSP_IOConfig(uint8_t portNum)

功能:ISP IO 引脚配置函数。

入口参数:I/O 端口号。

20. void SSP_Init(uint8_t portNum)

功能:ISP 初始化函数。

入口参数:I/O 端口号。

21. void SSP_Send(uint8_t portNum, uint8_t * buf, uint32_t Length)

功能:ISP 发送数据函数。

入口参数:端口号,指向存放发送数据缓冲器的指针,数据长度。

22. void SSP_Receive(uint8_t portNum, uint8_t * buf, uint32_t Length)

功能:ISP 接收数据函数。

入口参数:端口号,指向存放发送数据缓冲器的指针,数据长度。

23. void ADC_IRQHandler (void)

功能:ADC 中断服务函数。

入口参数:无。

24. void ADCInit(uint32_t ADC_Clk)

功能:ADC 初始化函数。

入口参数:ADC 时钟。

25. uint32_t ADCRead(uint8_t channelNum)

功能:读 A/D 转化数据。

入口参数:A/D 通道号。

附录B

Cortex-M0 指令集

表 B.1 Cortex-M0 指令集

指令助记符	操作数	描 述	影响标志位
ADCS	{Rd,} Rn, Rm	带进位加法	N,Z,C,V
ADD{S}	{Rd,} Rn, <Rm|#imm>	加法	N,Z,C,V
ADR	Rd, label	取 label 地址到寄存器	—
ANDS	{Rd,} Rn, Rm	位与运算	N,Z
ASRS	{Rd,} Rm, <Rs|#imm>	算术右移	N,Z,C
B{cc}	label	分支跳转到 label	—
BICS	{Rd,} Rn, Rm	位清零	N,Z
BKPT	#imm	断点	—
BL	label	带链接的分支跳转	—
BLX	Rm	带链接的直接分支跳转跳到 Rm 处	—
BX	Rm	直接分支跳转	—
CMN	Rn, Rm	Rm 取反比较	N,Z,C,V
CMP	Rn, <Rm|#imm>	比较	N,Z,C,V
CPSID	i	修改处理器状态,禁止中断	—
CPSIE	i	修改处理器状态,允许中断	—
DMB	—	数据存储隔离	—
DSB	—	数据同步隔离	—
EORS	{Rd,} Rn, Rm	异或	N,Z
ISB	—	指令同步隔离	—
LDM	Rn{!}, reglist	批量加载寄存器,Rn 递增	—
LDR	Rt, label	将 label 所指单元内容加载到 Rt 中	—
LDR	Rt, [Rn, <Rm|#imm>]	按字加载寄存器 Rt	—
LDRB	Rt, [Rn, <Rm|#imm>]	按字节加载寄存器,不足 32 位则 0 扩展	—
LDRH	Rt, [Rn, <Rm|#imm>]	按半字加载寄存器,不足 32 位则 0 扩展	—
LDRSB	Rt, [Rn, <Rm|#imm>]	按字节加载寄存器,不足 32 位则符号扩展	—

续表 B.1

<table>
<tr><th>指令助记符</th><th>操作数</th><th>描　述</th><th>影响标志位</th></tr>
<tr><td>LDRSH</td><td>Rt, [Rn, <Rm|#imm>]</td><td>按半字加载寄存器,不足 32 位则符号扩展</td><td>—</td></tr>
<tr><td>LSLS</td><td>Rt, [Rn, <Rm|#imm>]</td><td>逻辑左移</td><td>N,Z,C</td></tr>
<tr><td>LSRS</td><td>Rt, [Rn, <Rm|#imm>]</td><td>逻辑右移</td><td>N,Z,C</td></tr>
<tr><td>MOV{S}</td><td>Rd, Rm</td><td>传送 Rd 数据到 Rm</td><td>N,Z</td></tr>
<tr><td>MRS</td><td>Rd, spec_reg</td><td>传送特殊功能寄存器内容到通用寄存器中</td><td>—</td></tr>
<tr><td>MSR</td><td>spec_reg, Rm</td><td>传送通用寄存器内容到特殊功能寄存器中</td><td>N,Z,C,V</td></tr>
<tr><td>MULS</td><td>Rd, Rn, Rm</td><td>乘法,结果为 32 位</td><td>N,Z</td></tr>
<tr><td>MVNS</td><td>Rd, Rm</td><td>Rm 按位求反后传送到 Rd</td><td>N,Z</td></tr>
<tr><td>NOP</td><td>—</td><td>空操作</td><td>—</td></tr>
<tr><td>ORRS</td><td>{Rd,} Rn, Rm</td><td>逻辑或</td><td>N,Z</td></tr>
<tr><td>POP</td><td>reglist</td><td>寄存器出栈</td><td>—</td></tr>
<tr><td>PUSH</td><td>reglist</td><td>寄存器压栈</td><td>—</td></tr>
<tr><td>REV</td><td>Rd, Rm</td><td>按字节反转</td><td>—</td></tr>
<tr><td>REV16</td><td>Rd, Rm</td><td>按半字反转</td><td>—</td></tr>
<tr><td>REVSH</td><td>Rd, Rm</td><td>按有符号半字反转</td><td>—</td></tr>
<tr><td>RORS</td><td>{Rd,} Rn, Rs</td><td>循环右移</td><td>N,Z,C</td></tr>
<tr><td>RSBS</td><td>{Rd,} Rn, #0</td><td>逆向减法</td><td>N,Z,C,V</td></tr>
<tr><td>SBCS</td><td>{Rd,} Rn, Rm</td><td>带借位减法</td><td>N,Z,C,V</td></tr>
<tr><td>SEV</td><td>—</td><td>发送事件</td><td>—</td></tr>
<tr><td>STM</td><td>Rn!, reglist</td><td>批量存储寄存器,Rn 递增</td><td>—</td></tr>
<tr><td>STR</td><td>Rt, [Rn, <Rm|#imm>]</td><td>按字存储寄存器</td><td>—</td></tr>
<tr><td>STRB</td><td>Rt, [Rn, <Rm|#imm>]</td><td>按字节存储寄存器</td><td>—</td></tr>
<tr><td>STRH</td><td>Rt, [Rn, <Rm|#imm>]</td><td>按半字存储寄存器</td><td>—</td></tr>
<tr><td>SUB{S}</td><td>{Rd,} Rn, <Rm|#imm></td><td>减法</td><td>N,Z,C,V</td></tr>
<tr><td>SVC</td><td>#imm</td><td>管理调用</td><td>—</td></tr>
<tr><td>SXTB</td><td>Rd, Rm</td><td>字节符号扩展到 32 位</td><td>—</td></tr>
<tr><td>SXTH</td><td>Rd, Rm</td><td>半字符号扩展到 32 位</td><td>—</td></tr>
<tr><td>TST</td><td>Rn, Rm</td><td>逻辑与测试</td><td>N,Z</td></tr>
<tr><td>UXTB</td><td>Rd, Rm</td><td>字节零扩展到 32 位</td><td>—</td></tr>
<tr><td>UXTH</td><td>Rd, Rm</td><td>半字零扩展到 32 位</td><td>—</td></tr>
<tr><td>WFE</td><td>—</td><td>等待事件</td><td>—</td></tr>
<tr><td>WFI</td><td>—</td><td>等待中断</td><td>—</td></tr>
</table>

参考文献

[1] ARM Limited. Cortex - M0 Generic User Guide. 2009.
[2] ARM Limited. Cortex - M0 Technical Reference Manual. 2009.
[3] ARM Limited. CoreSight Technology System Design Guide. 2004.
[4] ARM Limited. CoreSight Components Technical Reference Manual. 2004.
[5] NXP Semiconductors. LPC111x User manual. 2010.
[6] NXP Semiconductors. LPC1111/12/13/14/ Preliminary data sheet. 2009.
[7] ARM Limited. RealView Compilation Tools. Version 4. 0 for μVision Assembler Guide. 2008.
[8] ARM Limited. RealView Compilation Tools. Version 4. 0 for μVision Compiler and Libraries Guide. 2008.
[9] ARM Limited. RealView Compilation Tools. Version 4. 0 for μVision Linker and Utilities Guide. 2008.
[10] CooCox. CoOS User's Guide. 2009.
[11] 蒙博宇. STM32 自学笔记[M]. 北京:北京航空航天大学出版社,2012.
[12] 李宁. ARM Cortex - A8 处理器原理与应用——基于 TI AM37x/DM37x 处理器[M]. 北京:北京航空航天大学出版社,2012.
[13] 孙安青. ARM Cortex - M3 嵌入式开发实例详解——基于 NXP LPC1768 [M]. 北京:北京航空航天大学出版社,2012.
[14] 温子祺,等. ARM Cortex - M0 微控制器原理与实践[M]. 北京:北京航空航天大学出版社,2013.